中国科学院规划教材
大学数学系列教材

概率论与数理统计

主　编　张好治　王　健
副主编　王殿坤　袁冬梅　李冬梅

科学出版社
北　京

内 容 简 介

本书分两部分：第 1～5 章为概率论部分，包括随机事件及其概率、随机变量及其概率分布、多维随机变量及其概率分布、随机变量的数字特征、大数定律与中心极限定理；第 6～9 章为数理统计部分，包括数理统计的基本知识、参数估计、假设检验、方差分析与回归分析. 每章配有难易适中的习题，书末附有习题参考答案.

本书通俗易懂、适应性广泛，可作为高等学校非数学类专业概率论与数理统计课程的教材以及考研和自学的参考书.

图书在版编目（CIP）数据

概率论与数理统计/张好治，王健主编. —北京：科学出版社，2017.9

中国科学院规划教材. 大学数学系列教材

ISBN 978-7-03-054699-9

Ⅰ. ①概… Ⅱ. ①张… ②王… Ⅲ. ①概率论-高等学校-教材 ②数理统计-高等学校-教材 Ⅳ. ①O21

中国版本图书馆 CIP 数据核字（2017）第 239069 号

责任编辑：滕亚帆 李梦华 / 责任校对：朱光兰

责任印制：徐晓晨 / 封面设计：华路天然工作室

科学出版社 出版

北京东黄城根北街 16 号

邮政编码：100717

http://www.sciencep.com

北京虎彩文化传播有限公司 印刷

科学出版社发行 各地新华书店经销

*

2017 年 9 月第 一 版 开本：720×1000 B5

2020 年11月第二次印刷 印张：16

字数：322 000

定价：39.80 元

（如有印装质量问题，我社负责调换）

本书编委会

主　编　张好治　王　健

副主编　王殿坤　袁冬梅　李冬梅

编　者（按姓氏笔画排序）

于加举　王　健　王　萍

王广彬　王忠锐　王敏会

王殿坤　尹晓翠　孙金领

李冬梅　李桂玲　张好治

单小杰　袁冬梅　程　冰

前　言

概率论与数理统计是专门研究随机问题的一门学科，基于现代社会中自然科学、社会科学和工程技术等各领域随机问题存在的广泛性以及大量应用，概率论与数理统计被列为高等学校理工科类、农科类以及经济管理类等各专业的一门重要基础课，根据教育部大学数学课程教学指导委员会最新修订的各科类数学基础课程教学基本要求，我们结合 20 多年的教学实践经验，编写了本书. 针对随机问题解决的抽象性和复杂性，本书力求严谨性与趣味性、灵活性相结合，通过基本理论和基本概念的介绍，循序渐进地导入随机问题处理的基本规律和方法，注重学生的基本素养和应用能力的培养和提高. 本书在如下几个方面做了努力.

(1)从通俗易懂的实际例子入手，引入基本概念和介绍基本方法，对一些抽象的内容多以实际例子做直观说明，淡化一些定理和性质的证明. 在表述上尽量保持数学学科本身的严谨性和系统性，重点强调和突出有关理论和方法在各方面的应用.

(2)在内容选取上充分考虑非数学类各专业对概率论与数理统计知识的需求，尽量保持概率论与数理统计学科知识的系统性、通用性. 对一些较深入的知识，留给有需求时的后续课程学习.

(3)考虑到应用的广泛性，我们注意举例选择的多样性. 例题与习题的选择涉及工业、农业、经济管理、医药、商业和保险等领域. 这样既可以突出学科应用的广泛性，也可以提高学生处理不同领域随机问题的应用能力.

本书由青岛农业大学张好治教授、山东理工大学王健教授主编，适合非数学类各专业使用. 全书内容大约需要讲授 60 学时. 对不需要讲授数理统计知识的专业，可只讲授前 5 章概率论部分的内容，这部分内容可在 32～36 学时讲授完.

在本书的编写过程中，得到了科学出版社和兄弟院校的大力支持，对本书质量的提高起到了重要作用，对此我们深表感谢. 由于我们水平有限，本书的疏漏和不足恳请各位读者批评指正.

编　者

2017 年 2 月

目　　录

第1章 随机事件及其概率

概率论与数理统计是研究随机现象及其统计规律的一门学科，是近代数学的重要组成部分.概率论是随机数学的理论基础.本章将介绍事件之间的关系及其运算，概率的定义与性质，以及古典概型、几何概型、全概率公式、贝叶斯公式、二项概率公式等计算方法，这些都是我们学习概率论与数理统计的基础.

随机事件在一次试验中发生与否带有不确定性.但在大量重复实验中，这些无法准确预测的现象并非杂乱无章的，而是存在着某种规律，我们称这种规律为随机现象的统计规律.概率论与数理统计的理论和方法在物理学、医学、生物学等学科以及农业、工业、国防和国民经济等方面具有极广泛的应用.

1.1 随机事件与样本空间

1.1.1 随机现象和确定性现象

人们在生产活动、社会实践和科学试验中所遇到的自然现象和社会现象大体分为两类：一类是确定性现象，是事先可预知的，即在一定条件下必然发生某种结果的现象.例如，每天早晨太阳从东方升起；在标准大气压下，水加热到100℃时会沸腾；竖直向上抛一重物，则该重物一定会竖直落下等.这类现象的结果是可以准确预知的.

另一类是不确定性现象，又称为随机现象.是指事先不能预知的，即在一定的条件下可能发生这样的结果，也可能发生那样的结果，具有偶然性的现象.例如，掷一枚硬币，观察下落后的结果，有可能正面向上，也可能反面向上；观察种子发芽的情况，某粒种子可能发芽，也可能不发芽；某个射手向一目标射击，结果可能命中，也可能不中.这类现象的结果在测试之前是不可准确预知的.

1.1.2 随机试验和样本空间

为了获得随机现象的统计规律，必须在相同的条件下做大量的重复试验，若一个试验满足以下三个特点：

(1)在相同的条件下可以重复进行；

(2)每次试验的结果不止一个，但是在试验之前可以确定一切可能出现的结果；

(3)每次试验结果恰好是这些结果中的一个，但在试验之前不能准确地预知哪种结果会出现.

称这种试验为**随机试验**，简称**试验**，记作 E.

定义 1　随机试验 E 可能发生的最基本结果称为随机试验的一个**基本事件**，如果把基本事件视为一个单点构成的集合，就称为**样本点**．基本事件或样本点常用 ω 表示．样本点的全体构成的集合称为随机试验的样本空间，用 Ω 表示，$\Omega=\{\omega\}$. 显然 $\omega\in\Omega$.

例 1　观察一粒种子的发芽情况，一次观察就是一次试验，试验的结果为

$$\omega_1=\text{“发芽”},\quad \omega_2=\text{“不发芽”},\quad \Omega=\{\omega_1,\omega_2\}.$$

例 2　掷两枚硬币，观察正反面的情况，用 T 表示正面向上，用 H 表示反面向上，试验的可能结果有

$$\omega_1=\{T,T\},\quad \omega_2=\{H,T\},\quad \omega_3=\{T,H\},\quad \omega_4=\{T,T\},\quad \Omega=\{\omega_1,\omega_2,\omega_3,\omega_4\}.$$

例 3　观测某地的年降雨量，写出样本空间：$t=$“年降雨量”，$\Omega=\{t|t\in[0,+\infty)\}$.

例 4　从 J、Q、K、A 四张扑克中随意抽取两张，写出其样本空间：

$\omega_1=\{\mathrm{J,Q}\}$，　$\omega_2=\{\mathrm{J,K}\}$，　$\omega_3=\{\mathrm{J,A}\}$，　$\omega_4=\{\mathrm{Q,K}\}$，　$\omega_5=\{\mathrm{Q,A}\}$，　$\omega_6=\{\mathrm{K,A}\}$，

$\Omega=\{\omega_1,\omega_2,\omega_3,\omega_4,\omega_5,\omega_6\}$.

例 5　某人向一圆形平面靶 G 射击，观察击中点位置的分布情况，假设射击不会脱靶，并且在此平面上建立了坐标系，则样本空间为

$$(x,y)=\text{“击中点 }P(x,y)\text{”},\quad \Omega=\{(x,y)\,|\,(x,y)\in G\}.$$

需要注意的是：

(1)样本空间中的基本事件不但要涵盖随机试验的全部结果，而且基本事件不能重复出现.

(2)样本空间中的元素可以是数，也可以不是数.

(3)从样本空间含有样本点的个数来看，样本空间可以分为有限样本空间和无限样本空间两类.

在观察随机现象时，不仅要考虑基本事件，而且还要考虑复杂事件.

随机试验 E 的样本空间 Ω 的任一子集称为一个**随机事件**，简称**事件**，常用大写的字母 $A,B,C,\cdots$表示. 在试验中，如果事件 A 中所包含的任一个基本事件 ω 出现了，则称 A 发生. 反之，则称 A 不发生. 样本空间 Ω 是自身的子集，从而是随机事件，它包含所有样本点，在每次试验中必然发生，称为**必然事件**. $\varnothing$是 Ω 的子集，从而是随机事件，但它不包含任何样本点，故在每次试验中都不发生，称为**不可能事件**.

1.1.3　随机事件的关系与运算

为了将复杂事件用简单事件来表示，以便研究复杂事件发生的可能性，需要建立事件之间的关系和事件之间的运算.

设 Ω 为随机试验 E 的样本空间，$A,B,A_i(i=1,2,3,\cdots)$ 是 Ω 的子集.

1. 随机事件之间的关系

(1)事件的包含.

若事件 A 中任一样本点都属于 B，称事件 A 包含于事件 B（或称事件 B 包含事件 A）. 记作：$A\subset B$ 或 $B\supset A$. 若事件 A 发生，则事件 B 必然发生，如图 1-1 所示.

(2)事件的相等.

若事件 $A\subset B$，同时 $B\subset A$，则称 A 与 B 为相等事件，记作 $A=B$.

(3)互不相容事件.

若事件 A 和 B，满足 $AB=\varnothing$，则称 A,B 为互不相容事件或互斥事件，在一次试验中 A,B 两个事件不能同时发生，如图 1-2 所示.

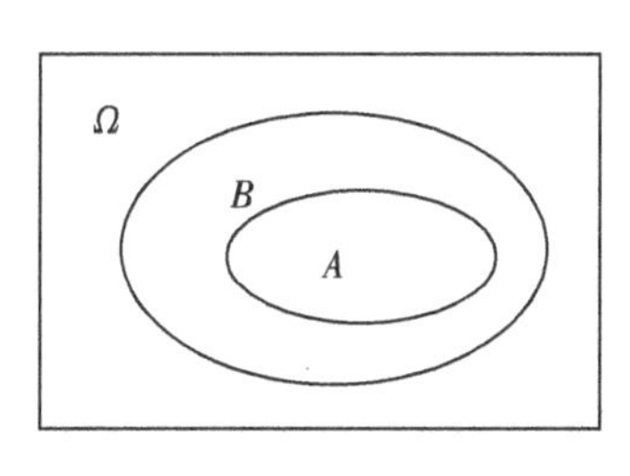

图 1-1

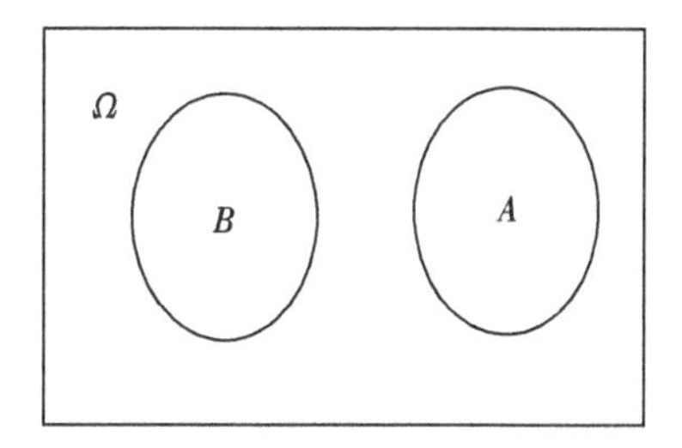

图 1-2

(4)对立事件.

由样本空间 Ω 中不属于 A 的样本点组成的集合 B，称事件 A 与 B 互为对立事件或互为逆事件，记为 $B=\overline{A}=\Omega-A$.

显然有 $A\overline{A}=\varnothing, A\cup\overline{A}=\Omega, \overline{\overline{A}}=A$.

2. 事件之间的运算

(1)事件的并.

由事件 A 和 B 中所有样本点组成的集合称为事件 A 和 B 的并事件或和事件，记为 $A\cup B$ 或 $A+B$. 若 $A\cup B$ 发生，则两个事件至少有一个发生，如图 1-3 所示.

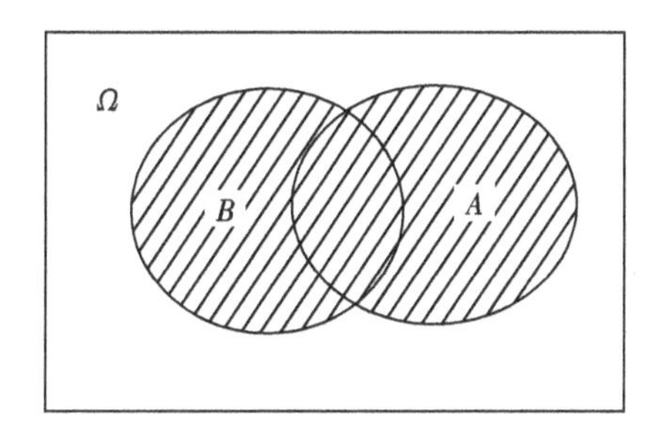

图 1-3

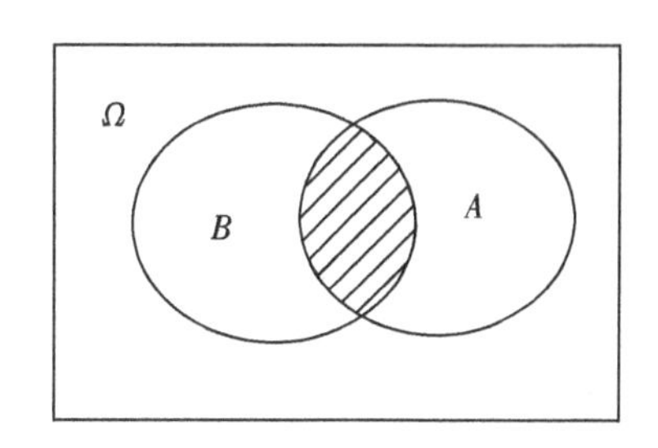

图 1-4

类似地，n 个事件的和事件记为 $\bigcup_{i=1}^{n} A_i = A_1 \cup A_2 \cup \cdots \cup A_n$，若 $\bigcup_{i=1}^{n} A_i$ 发生，则 n 个事件中至少有一个发生.

(2)事件的交.

由既属于 A 又属于 B 的样本点组成的集合，称为事件 A 和 B 的交事件或积事件，记作 $A \cap B$ 或 AB，若事件 AB 发生，则 A,B 两个事件同时发生，如图 1-4 所示.

类似地，n 个事件的积事件记为 $\bigcap_{i=1}^{n} A_i = A_1 \cap A_2 \cap \cdots \cap A_n$，若事件 $\bigcap_{i=1}^{n} A_i$ 发生，则 n 个事件同时发生.

(3)事件的差.

由属于 A 但不属于 B 的所有样本点组成的集合，称为事件 A 和 B 的差事件，记作 $A-B$. 当事件$A-B$发生，则事件 A 发生而事件 B 不发生，如图 1-5 所示.

在一次试验中 A 与 $\overline{A}$ 不能同时发生，但在每次试验中必有一个发生，且仅有一个发生，如图 1-6 所示.

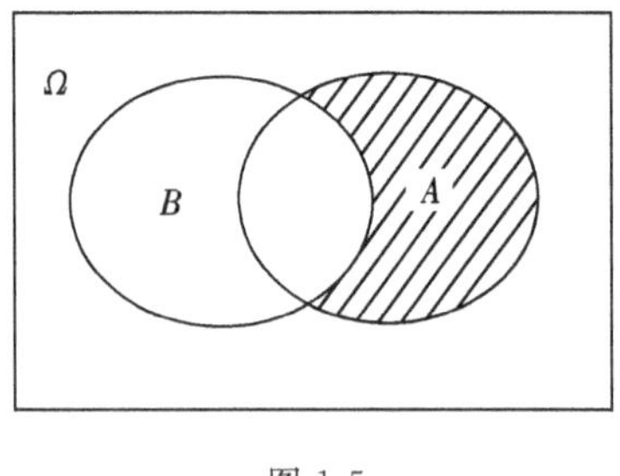

图 1-5

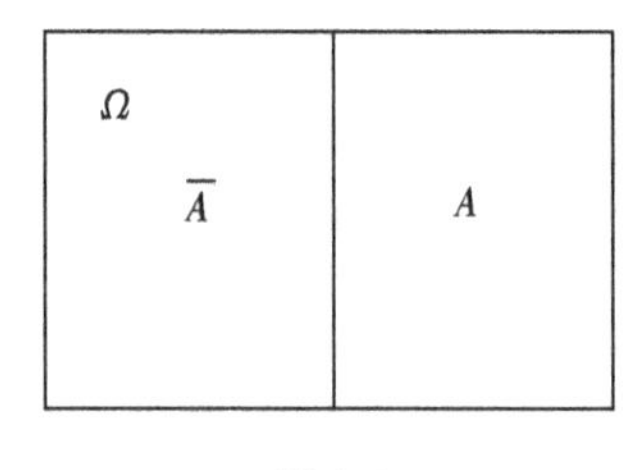

图 1-6

对于事件的差有如下的结论：

$$A-A=\varnothing,\quad A-\varnothing=A,\quad A-B=A-AB=A\overline{B},\quad \Omega-A=\overline{A},$$
$$A-\Omega=\varnothing,\quad (A-B)\cup B=A\cup B.$$

事件之间的运算存在如下规律.

(1)交换律：$A\cup B=B\cup A, A\cap B=B\cap A$.

(2)结合律：

$$A\cup(B\cup C)=(A\cup B)\cup C;$$
$$A\cap(B\cap C)=(A\cap B)\cap C.$$

(3)分配律：

$$(A\cup B)\cap C=(A\cap C)\cup(B\cap C);$$
$$(A\cap B)\cup C=(A\cup C)\cap(B\cup C).$$

(4)De Morgan 公式：

$$\overline{A\cup B}=\overline{A}\cap\overline{B};\quad \overline{A\cap B}=\overline{A}\cup\overline{B};$$

$$\overline{\bigcup_{i=1}^{n} A_i}=\bigcap_{i=1}^{n}\overline{A_i};\quad \overline{\bigcap_{i=1}^{n} A_i}=\bigcup_{i=1}^{n}\overline{A_i}.$$

例 6　设 A,B,C 是 Ω 中的三个事件，用事件的运算式子表示下列各事件：

(1)三个事件中恰好有两个发生：$AB\overline{C}\cup A\overline{B}C\cup\overline{A}BC$.

(2)三个事件中至少发生一个：$A\cup B\cup C$.

(3)三个事件中至少发生两个：$AB\cup BC\cup AC$.

(4)A 与 B 发生，C 不发生：$AB\overline{C}$ 或 $AB-C$.

(5)三个事件都不发生：$\overline{A}\ \overline{B}\ \overline{C}$或$\overline{A\cup B\cup C}$.

(6)三个事件中至多发生一个：$\overline{A}\ \overline{B}\ \overline{C}\cup A\overline{B}\overline{C}\cup\overline{A}B\overline{C}\cup\overline{A}\overline{B}C$.

1.2　随机事件的概率

对于随机事件，在一次试验中是否发生，有很大的不确定性，不同的事件在同样的试验中发生的可能性有大有小，如一只口袋中有 5 只球，其中 2 只白球，3 只黑球，随机取一球，取到两种颜色球的可能性大小是不同的. 为了对随机试验有更深入的了解，人们希望对任一事件发生的可能性大小都能做出客观描述，并用一个数值对它进行度量.

简单来说，我们把度量随机事件发生的可能性大小的数值，称为事件 A **发生的概率**，记为 $P(A)$.

1.2.1　概率的统计定义

定义 1　若随机事件 A 在 n 次重复试验中发生了 n_A 次，则称 n_A 为 A 在这 n 次试验中发生的**频数**，称 $f_n(A)=\frac{n_A}{n}$为 A 在这 n 次试验中发生的**频率**(frequency).

频率的性质：

(1)非负性：$0\leqslant f_n(A)\leqslant 1$；

(2)规范性：$f_n(\Omega)=1$；

(3)有限可加性：对于 n 个两两互不相容事件 $A_1,\cdots,A_n$，有 $f_n\left(\bigcup_{i=1}^{n}A_i\right)=\sum_{i=1}^{n}f_n(A_i)$.

每 n 次试验，事件 A 的频率一般来说是不同的，具有随机性. 但当 n 不断增大时，$f_n(A)$能呈现某种规律性. 历史上，著名统计学家蒲丰(Comte de Buffon)和皮尔逊(Karl Pearson)曾进行过大量的抛掷硬币试验. A 表示硬币正面向上，结果见表 1-1.

表 1-1

试验者	n	n_A	$f_n(A)$
蒲丰	4040	2048	0.5069
皮尔逊	12000	6019	0.5016
皮尔逊	24000	12012	0.5005

从上述数据可以看出，随着 n 的增大，频率 $f_n(A)$呈现一定的稳定性，即当 n 逐渐增大时，$f_n(A)$总是在 0.5 附近波动，且逐渐稳定于 0.5.

定义 2 在相同的条件下，重复进行 n 次试验，如果随着试验次数的增大，事件 A 出现的频率 $f_n(A)$稳定地在某一确定的常数 p 附近摆动，则称常数 p 为**事件 A 发生的概率**. 记为 $P(A)=p$，这个定义称为概率的统计定义. 概率与频率不同，概率是固定不变的，而频率是变化的.

概率的统计定义有以下性质：

(1)非负性：$0\leqslant P(A)\leqslant 1$；

(2)规范性：$P(\Omega)=1$；

(3)有限可加性：对于 n 个两两互不相容的事件 $A_1,\cdots,A_n$，有 $P\left(\bigcup_{i=1}^{n} A_i\right)=\sum_{i=1}^{n} P(A_i)$.

1.2.2 古典概率模型

人们在生活中最早研究的是一类简单的随机试验，它们满足以下条件：

(1)有限性：样本空间中含有有限个样本点.

(2)等可能性：每次试验中，每个样本点出现的可能性大小相同.

这类随机试验是概率论发展过程中最早的研究对象，通常称这类随机试验为**古典概率模型**，简称**古典概型**.

定义 3 设 $\Omega=\{\omega_1,\cdots,\omega_n\}$为古典概型 E 的样本空间，其中 $P(\omega_i)=\frac{1}{n}$，设事件 A 包含 n_A 个样本点，则定义 $P(A)=\frac{n_A}{n}=\frac{A\text{ 中基本事件的个数}}{\Omega\text{ 中基本事件的个数}}$为事件 A 发生的概率.

法国数学家拉普拉斯(Laplace)在 1812 年把上式作为概率的定义，并在 19 世纪广泛流传，现在称它为**概率的古典定义**. 但这种定义只适合于具有有限性、等可能性的古典概型，有一定的局限性. 后来这个结果虽然推广到了拥有无限多个可能发生的结果，每个结果具有等可能性的随机试验，如几何概率，但还是没有解决概率的定义问题.

例1　将一枚均匀的硬币连续掷两次,计算(1)正面只出现一次的概率;(2)正面至少出现一次的概率.

解　设 H="正面向上",T="反面向上",

$$\Omega=\{(H,H),(H,T),(T,H),(T,T)\}.$$

设 A="正面只出现一次",B="正面至少出现一次",则 $n_A=2$,$n_B=3$,故 (1)$P(A)=\frac{2}{4}$,(2)$P(A)=\frac{3}{4}$.

例2　设有 N 个产品,其中有 M 个次品,从这批产品中,任取 n 个产品,求其中恰有 m 个次品的概率.

解　Ω 中样本点的总数为C_N^n,设 A="n 件产品中恰有 m 个次品",则 $n_A=C_M^m C_{N-M}^{n-m}$,$P(A)=\frac{C_M^m C_{N-M}^{n-m}}{C_N^n}$(超几何分布).

例3　10张奖券,其中2张有奖,8张无奖.有10人依次去抽,每人一张,问第 k($k=1,\cdots,10$)个人抽到有奖的概率是多少?

解　样本空间中含有样本点个数 $n_\Omega=10!$.A="第 k 个人抽中有奖",则 A 中样本总数为 $n_A=C_2^1\cdot 9!$,故 $P(A)=\frac{n_A}{n_\Omega}=\frac{C_2^1\cdot 9!}{10!}=\frac{1}{5}$.

例4　有5条线段,长度分别为1,3,5,7,9,任取3条,求恰好能构成三角形的概率.

解　Ω 中含样本点的总数为$n_\Omega=C_5^3$,设 A="3条线段恰好能构成三角形",则 $n_A=3$,故 $P(A)=\frac{n_A}{n_\Omega}=\frac{3}{C_5^3}=\frac{3}{10}$.

例5　假设有 r 个球,随机放入 n 个盒子中,试求

(1)某指定的 r 个盒子中各有一球的概率.

(2)恰有 r 个盒子中各有一球的概率.

解　样本空间中共有 n^r 个样本点,即 $n_\Omega=n^r$.

A="某指定的 r 个盒子中各有一球",$n_A=r!$;

B="恰有 r 个盒子中各有一球",$n_B=C_n^r r!$;

$P(A)=\frac{n_A}{n_\Omega}=\frac{r!}{n^r}$,$P(B)=\frac{n_B}{n_\Omega}=\frac{C_n^r r!}{n^r}$.

1.2.3　几何概率

在古典概率模型中,试验的结果是有限的,具有非常大的限制.在概率发展早期,人们当然要竭尽全力突破这个限制,尽量扩大自己的研究范围.一般情况下,当试验结果为无限时,会出现一些本质性的困难,这里我们讨论一种简单的情况,即具有某种等可能性的问题.

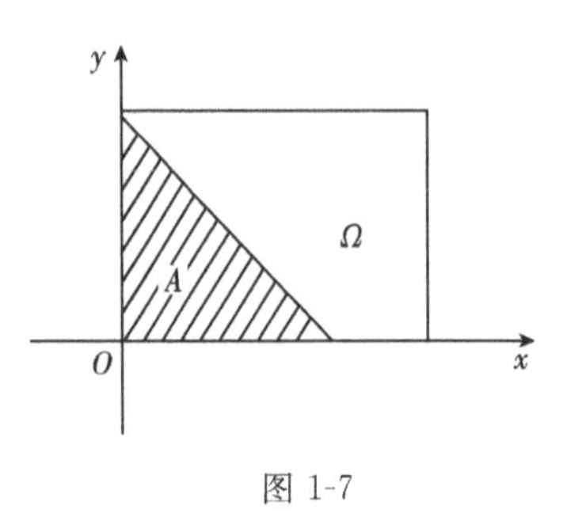

图 1-7

引例　设 Ω 为平面内的一个区域，其面积为 S_Ω，A 为 Ω 一个子区域，面积为 S_A，向区域 Ω 内等可能地投点，即每个点被投中的可能性大小相等. 求点落入 A 的概率（图 1-7）.

解　A＝"点落在子区域 A 中"，则点落在 A 中的概率与 S_A 成正比，与 A 的位置形状没有关系. 故 $P(A)=\frac{S_A}{S_\Omega}$.

定义 4　若一个随机试验 E 满足如下两条：

(1)样本空间 Ω 可以用一个几何区域 G 来表示；

(2)样本点 ω 落在 G 的任一个子区域 A 中的可能性与区域 A 的几何测度（曲线的长度、曲面的面积、立体的体积）成正比，但与 A 的形状以及 A 在 G 中所处的位置无关，即样本点出现具有等可能性，称随机试验 E 为**几何概型**.

定义 5　在几何概型 E 中，Ω 可用区域 G 表示，A 是 E 的任一事件（G 的子区域），其概率定义为

$$P(A)=\frac{A\text{ 的几何测度}}{G\text{ 的几何测度}},$$

并称之为**几何概率**(geometric probability).

例 6　假设在 3mL 血液中有一个肝炎病菌，今从中任取 $\frac{1}{30}$mL 血液作检查，求恰好发现病菌的概率.

解　设 A＝"恰好发现病菌"，$P(A)=\frac{\frac{1}{30}}{3}=\frac{1}{90}$.

例 7　甲、乙两人相约在 0 到 T 这段时间内在约定地点会面，先到的人等候另一人，经过时间 $t(t<T)$ 后离去，设每人在 0 到 T 内到达的时刻是等可能的，且两个人到达的时刻互不牵连，求甲、乙两人能会面的概率.

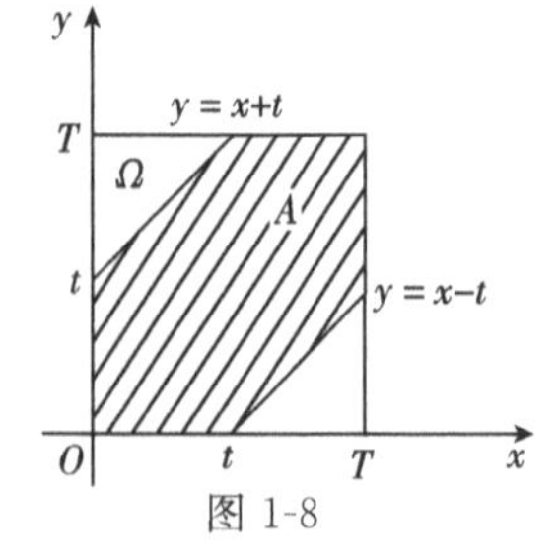

图 1-8

解　设 x,y 分别表示甲、乙两人到达的时刻（图 1-8），A＝"两人能会面"，(x,y)表示平面上的点，则

$$\Omega=\{(x,y)\mid 0\leqslant x\leqslant T,0\leqslant y\leqslant T\},$$
$$A=\{(x,y)\mid |x-y|\leqslant t\},$$

因此 $P(A)=\frac{T^2-(T-t)^2}{T^2}=1-\left(1-\frac{t}{T}\right)^2$.

1.2.4　概率的公理化定义

定义 6　设随机试验 E 的样本空间为 Ω，对于试验 E 的每一个随机事件 A，都赋

予一个实数 $P(A)$，若 $P(A)$ 满足

(1)非负性：$0\leqslant P(A)\leqslant 1$；

(2)规范性：$P(\Omega)=1$；

(3)可列可加性：若 $A_1,A_2,\cdots,A_i,\cdots$ 两两互不相容，即 $A_iA_j=\varnothing(i\neq j,i,j=1,2,\cdots)$ 有 $P(\bigcup\limits_{i=1}^{\infty}A_i)=\sum\limits_{i=1}^{\infty}P(A_i)$.

称实数 $P(A)$ 为事件 A 的概率. 称定义 6 为**概率的公理化定义**(the axioms of probability). 可以验证，概率的统计定义、古典定义、几何定义都满足这个定义的要求.

1.2.5　概率的性质

性质 1　$P(\varnothing)=0$.

证　因为 $\Omega=\Omega\cup\varnothing\cup\varnothing\cup\cdots$，所以 $P(\Omega)=P(\Omega)+P(\varnothing)+P(\varnothing)+\cdots$，从而 $P(\varnothing)=0$.

性质 2　若 $A_1,A_2,\cdots,A_n$ 两两互不相容，则 $P(\bigcup\limits_{i=1}^{n}A_i)=\sum\limits_{i=1}^{n}P(A_i)$.

证　因为 $\bigcup\limits_{i=1}^{n}A_i=A_1\cup A_2\cup\cdots\cup A_n\cup\varnothing\cup\cdots$，由可列可加性及 $P(\varnothing)=0$ 得

$$P\left(\bigcup_{i=1}^{n}A_i\right)=P(A_1)+P(A_2)+\cdots+P(A_n)+P(\varnothing)+\cdots=\sum_{i=1}^{n}P(A_i).$$

性质 3　若 $\overline{A}$ 为 A 的对立事件，则 $P(\overline{A})=1-P(A)$.

性质 4　若 $B\subset A$，则 $P(A-B)=P(A)-P(B)$，且 $P(A)\geqslant P(B)$.

一般地，对任意两个事件 A,B 有 $P(A-B)=P(A)-P(AB)$.

性质 5　对任意两个事件 A,B 有

$$P(A\cup B)=P(A)+P(B)-P(AB).$$

此性质不难推广到任意 n 个事件 $A_1A_2\cdots A_n$，有

$$P\left(\bigcup_{i=1}^{n}A_i\right)=\sum_{i=1}^{n}P(A_i)-\sum_{1\leqslant i<j\leqslant n}P(A_iA_j)+\sum_{1\leqslant i<j<k\leqslant n}P(A_iA_jA_k)+\cdots+(-1)^{n-1}P(A_1\cdots A_n).$$

例 8　设 A,B 为两事件，且 $P(A)=p$，$P(AB)=P(\overline{A}\cap\overline{B})$，求 $P(B)$.

解

$$\begin{aligned}P(\overline{A}\cap\overline{B})&=P(\overline{A\cup B})=1-P(A\cup B)\\&=1-P(A)-P(B)+P(AB),\end{aligned}$$

故 $P(B)=1-P(A)=1-p$.

例 9　设事件 A,B 的概率分别为 $\frac{1}{3}$ 和 $\frac{1}{2}$，求在以下三种情况下 $P(B\overline{A})$ 的值：

(1)A,B 互斥;(2) $A\subset B$;(3) $P(AB)=\frac{1}{8}$.

解 (1) 因为 $AB=\varnothing$,所以 $P(AB)=0$.

$$P(B\overline{A})=P(B)-P(AB)=\frac{1}{2}.$$

(2)$A\subset B$ 时,

$$P(B\overline{A})=P(B-A)=P(B)-P(A)=\frac{1}{6}.$$

(3)$P(B\overline{A})=P(B)-P(BA)=\frac{1}{2}-\frac{1}{8}=\frac{3}{8}$.

1.3 条件概率、乘法公式、独立性

1.3.1 条件概率、乘法公式

在实际问题中,不仅需要研究某事件 A 发生的概率 $P(A)$,而且有时需要研究在另一事件 B 已经出现的条件下,事件 A 发生的概率,一般说来,后者与 $P(A)$不同,称它为 B 发生条件下 A 发生的条件概率,记为 $P(A|B)$.

引例 两台车床加工同一种机械零件见表 1-2.

表 1-2

	正品数	次品数	总计
第一台加工零件	35	5	40
第二台加工零件	50	10	60
总计	85	15	100

从这 100 个零件中任取一个零件,问

(1)取得的零件为正品的概率.

(2)如果已知取得的零件为第一台车床加工的,求取得的这个零件为正品的概率.

解 (1)设 A 表示取得的零件为正品,故 $P(A)=\frac{85}{100}=0.85$.

(2)B 表示任意取一件产品为第一台车床加工的,故在 B 发生的条件下 A 发生的概率为 $P(A|B)=\frac{35}{40}=\frac{7}{8}=0.875$.

分析 上式在 B 这个新的样本空间中,AB 发生的概率记为 $P(AB)$.

将计算式变形为 $P(A|B)=\frac{35}{40}=\frac{\frac{35}{100}}{\frac{40}{100}}=\frac{P(AB)}{P(B)}$.

定义 1　设 A,B 为随机试验 E 的两个随机事件，Ω 为样本空间，如果 $P(B)>0$，称

$$P(A|B)=\frac{P(AB)}{P(B)}$$

为在事件 B **发生的条件下** A **发生的条件概率**.

对两个事件 A,B，由条件概率定义可得

$$P(AB)=P(A|B)P(B),\quad P(B)>0,$$
$$P(AB)=P(B|A)P(A),\quad P(A)>0.$$

称以上两式为乘法公式. 我们可以将乘法公式推广到有限个事件的情况，即下面的定理.

定理 1　若 $P(A_1A_2\cdots A_{n-1})>0$，则有

$$P(A_1A_2\cdots A_n)=P(A_1)P(A_2|A_1)P(A_3|A_1A_2)\cdots P(A_n|A_1A_2\cdots A_{n-1}).$$

1.3.2　条件概率的性质

设 B 是一事件，且 $P(B)>0$，则有下面的性质.

性质 1　$0\leqslant P(A|B)\leqslant 1$.

性质 2　$P(\Omega|B)=1$.

性质 3　设 $A_1,\cdots,A_n$ 两两互不相容，则 $P\left(\bigcup\limits_{i=1}^{n}A_i|B\right)=\sum\limits_{i=1}^{n}P(A_i|B)$.

例 1　一批产品 100 件，有 80 件正品，20 件次品，其中甲生产的为 60 件(50 件正品，10 件次品)，乙生产的为 40 件(30 件正品，10 件次品)，现从中任取一件产品：若令 A=“任取一产品为正品”，B=“任取一产品为甲生产的产品”，试求 $P(A)$，$P(B)$，$P(AB)$，$P(B|A)$，$P(A|B)$.

解　由题 $P(A)=\frac{80}{100}$，$P(B)=\frac{60}{100}$，$P(AB)=\frac{50}{100}$.

$P(B|A)=\frac{P(AB)}{P(A)}=\frac{50}{80}$，同理 $P(A|B)=\frac{P(AB)}{P(B)}=\frac{50}{60}$.

例 2　一批产品共有 100 个，10 个次品，每次从中任取一个，不放回，求第三次才能取到合格品的概率 .

解　设 A_1=“第一次取到次品”，A_2=“第二次取到次品”，A_3= “第三次取到合格品”则

$$P(A_1)=\frac{10}{100},$$

$$P(A_2|A_1)=\frac{9}{99},$$

$$P(A_3|A_1A_2)=\frac{90}{98}.$$

故

$$P(A_1A_2A_3)=P(A_1)P(A_2|A_1)P(A_3|A_1A_2)$$
$$=\frac{10}{100}\times\frac{9}{99}\times\frac{90}{98}\approx 0.0083.$$

例 3 掷两颗均匀的骰子,已知第一颗掷出 6 点,问掷出点数之和不小于 10 的概率是多少?

解 设 A=“掷出点数之和不小于 10”,B=“第一颗掷出 6 点”,则

$$P(A|B)=\frac{P(AB)}{P(B)}=\frac{3/36}{6/36}=\frac{1}{2}.$$

1.3.3 事件的独立性

不难看出,一般情况下 $P(A)\neq P(A|B)$,但是 $P(A)=P(A|B)$,即 $P(AB)=P(A)P(B)$ 却是一种非常重要的情况,它说明事件 B 的出现并不影响事件 A 发生的概率,也就是说事件 A 的发生与事件 B 是否出现无关,我们把这种情况称为 A 与 B 相互独立.

定义 2 设 A,B 为两个事件,如果 $P(AB)=P(A)P(B)$,则称 A,B 为相互独立的事件.

定理 2 当 $P(A)>0$(或 $P(B)>0$)时,A,B 相互独立的充要条件是

$$P(A|B)=P(A)\ (P(B|A)=P(B)).$$

定理 3 若事件 A,B 相互独立,则 A 与 $\overline{B}$,$\overline{A}$ 与 B,$\overline{A}$ 与 $\overline{B}$ 也独立.

证 只证 $\overline{A}$ 与 $\overline{B}$ 独立.

$$\begin{aligned}P(\overline{A}\overline{B})&=P(\overline{A\cup B})\\&=1-P(A\cup B)\\&=1-P(A)-P(B)+P(AB)\\&=1-P(A)-P(B)+P(A)P(B)\\&=(1-P(A))(1-P(B))\\&=P(\overline{A})P(\overline{B}).\end{aligned}$$

故 $\overline{A}$ 与 $\overline{B}$ 相互独立.

值得注意的是,事件 A,B 相互独立,与事件 A,B 互不相容有着本质的区别. 事件 A,B 相互独立,实际是事件 A 的概率与 B 是否发生没有关系;而事件 A,B 互不相容意味着 A 发生则 B 不发生,B 发生则 A 不能发生,即 A 发生与否和 B 发生与否不是无关的.

(1)若 A,B 互不相容,且 $P(A)>0,P(B)>0$,则 A,B 不是相互独立的.

(2)若 A,B 相互独立,且 $P(A)>0,P(B)>0$,则 A,B 不是互不相容的.

例 4 甲、乙两射手同时向一目标射击,甲击中目标的概率为 0.9,乙击中目标的

概率为 0.8,求目标被击中的概率.

解　设 A=“甲击中目标”,B=“乙击中目标”,则

$$\begin{aligned}P(A\cup B)&=P(A)+P(B)-P(AB)\\&=P(A)+P(B)-P(A)P(B)\\&=0.98.\end{aligned}$$

1.3.4　多个事件的独立性

定义 3　设事件 A_1,A_2,A_3 满足

$$\begin{aligned}&P(A_1A_2)=P(A_1)P(A_2),\\&P(A_1A_3)=P(A_1)P(A_3),\\&P(A_2A_3)=P(A_2)P(A_3),\\&P(A_1A_2A_3)=P(A_1)P(A_2)P(A_3),\end{aligned}$$

则称 A_1,A_2,A_3 **相互独立**.

一般地,设 $A_1,A_2,\cdots,A_n$ 是 n 个事件,若对于其中任意 k 个事件 $A_{i_1}A_{i_2}\cdots A_{i_k}$ $(1\leqslant i_1\leqslant i_2\leqslant\cdots\leqslant i_k\leqslant n)$都有

$$P(A_{i_1}A_{i_2}\cdots A_{i_k})=P(A_{i_1})P(A_{i_2})\cdots P(A_{i_k}),$$

称事件 $A_1,A_2,\cdots,A_n$ **相互独立**.

由上述定义及定理知:

(1)$A_1,A_2,\cdots,A_n$ 相互独立,则其中任意 k 个事件相互独立.

(2)$A_1,A_2,\cdots,A_n$ 相互独立,则 $A_1,A_2,\cdots,A_n$ 中任意多个事件换成它们的对立事件,所得的 n 个事件仍然相互独立.

(3)$A_1,A_2,\cdots,A_n$ 相互独立,则 $A_1,A_2,\cdots,A_n$ 两两相互独立,反之不成立.

例 5　三人同时独立地破译一份密码,已知每人能译出的概率分别为$\frac{1}{5},\frac{1}{3},\frac{1}{4}$,求密码被译出的概率?

解　设 A_i=“第 i 个人译出密码”,$i=1,2,3$,则

$$P(A_1)=\frac{1}{5},\quad P(A_2)=\frac{1}{3},\quad P(A_3)=\frac{1}{4}.$$

故

$$\begin{aligned}P(A_1\cup A_2\cup A_3)&=1-P(\overline{A_1}\,\overline{A_2}\,\overline{A_3})\\&=1-P(\overline{A_1})P(\overline{A_2})P(\overline{A_3})\\&=1-\left(1-\frac{1}{5}\right)\left(1-\frac{1}{3}\right)\left(1-\frac{1}{4}\right)\\&=1-0.4=0.6.\end{aligned}$$

1.4 全概率公式和贝叶斯公式

前面讨论的是直接用概率的可加性及乘法公式计算的简单事件的概率. 但是, 对于复杂事件的概率,经常要把它先分解为一些互不相容事件的和,再利用概率的可加性,得到需要的概率.

1.4.1 全概率公式

首先介绍关于样本空间划分的概念.

定义 1 设 Ω 是随机试验 E 的样本空间,$A_1,\cdots,A_n$ 为 E 的一组事件,若满足

(1) $A_iA_j=\varnothing, i\neq j, i,j=1,2,3,\cdots,n$;

(2) $A_1\cup\cdots\cup A_n=\Omega$.

称 $A_1,\cdots,A_n$ 为样本空间的一个**划分**,或者为样本空间的一个**完备事件组**.

定理 1 设 Ω 是随机试验 E 的样本空间,B 为 Ω 中的一个事件,$A_1,\cdots,A_n$ 为 Ω 的一个划分,且 $P(A_i)>0(i=1,2,\cdots,n)$,则

$$P(B)=\sum_{i=1}^{n}P(A_i)P(B\mid A_i).$$

此公式称为**全概率公式**,它是概率论中一个非常重要的公式,它是计算复杂事件概率的一条有效途径,使复杂事件的概率计算问题化繁为简.

例 1 甲、乙、丙三人同时对飞机进行射击,三个人击中的概率分别为 0.4,0.5,0.7. 飞机被一人击中而落的概率为 0.2,被两人击中而落的概率为 0.6,若三人击中,飞机必落,求飞机被击落的概率 .

解 设 B="飞机被击落". A_i="飞机被 i 人击中",$i=1,2,3$. 则 A_i 互不相容且 $A_1\cup A_2\cup A_3=\Omega$,$B=A_1B\cup A_2B\cup A_3B$. 由全概率公式

$$P(B)=\sum_{i=1}^{3}P(A_i)P(B\mid A_i),$$

而

$$P(B|A_1)=0.2,\quad P(B|A_2)=0.6,\quad P(B|A_3)=1.$$

设 H_i="第 i 个人击中飞机",$i=1,2,3$ 则

$$P(A_1)=P(H_1\overline{H}_2\overline{H}_3+\overline{H}_1H_2\overline{H}_3+\overline{H}_1\overline{H}_2H_3)=0.36,$$

$$P(A_2)=P(H_1H_2\overline{H}_3+H_1\overline{H}_2H_3+\overline{H}_1H_2H_3)=0.41,$$

$$P(A_3)=P(H_1H_2H_3)=0.14.$$

故 $P(B)=\sum\limits_{i=1}^{3}P(A_i)P(B\mid A_i)=0.458$,即飞机被击落的概率为 0.458.

例 2 一等麦种混入 2%的二等麦种,1.5%的三等麦种,1%的四等麦种,一、二、

三、四等结 50 颗麦粒以上的穗的概率分别为 0.5,0.15,0.1,0.05,求用这批麦种播种时,结 50 颗麦粒以上的概率.

解　设 A_i="麦种为 i 等",B="结 50 颗麦粒以上的穗",A_i 两两互不相容且

$$A_1\cup A_2\cup A_3\cup A_4=\Omega,$$

得

$$\begin{aligned}P(B)&=\sum_{i=1}^{4}P(A_i)P(B\mid A_i)\\&=0.955\times0.5+0.02\times0.15+0.015\times0.1+0.01\times0.05\\&=0.4825.\end{aligned}$$

现实中还有一类问题,是"已知结果寻找原因".

例如,已知一批产品由三个工厂生产,现有一批产品,从中任取一件发现是次品,现要追究三工厂的责任,已知三工厂的产品合格率为 98%,95%,90%,问各工厂应承担多大责任?

这类问题在现实中更为常见,它所求的是条件概率,是在已知某结果发生的条件下,求引发结果的各原因的可能性大小.为解决这类问题,我们介绍贝叶斯公式.

1.4.2　贝叶斯公式

定理 2　设 $A_1,A_2,\cdots,A_n$ 为样本空间 Ω 的一个划分,且 $P(A_i)>0(i=1,\cdots,n)$,B 为 Ω 中的任一事件,$P(B)>0$,则

$$P(A_i\mid B)=\frac{P(A_iB)}{P(B)}=\frac{P(A_i)P(B\mid A_i)}{\sum\limits_{j=1}^{n}P(A_j)P(B\mid A_j)}(i=1,\cdots,n).$$

此公式称为贝叶斯(Bayes)公式.

该公式由贝叶斯于 1763 年提出,它是在观察到事件 B 发生的条件下,寻找导致 B 发生的每一个原因.贝叶斯公式在实际中有很多应用,可以帮助人们确定某结果发生的最可能的原因.

例 3　有三个箱子,分别编号为 1,2,3.1 号箱有 1 个红球 4 个白球,2 号箱有 2 个红球 3 个白球,3 号箱有 3 个红球,某人从三箱中任取一箱,再从中任取一球,发现是红球,求该球取自 1 号箱的概率.

解　设 A_i="任取一箱为 i 号箱",$i=1,2,3$.B="任取一球取得红球",则

$$P(A_i)=\frac{1}{3},\quad i=1,2,3,\quad P(B|A_1)=\frac{1}{5},\quad P(B|A_2)=\frac{2}{5},\quad P(B|A_3)=1,$$

$$P(A_1\mid B)=\frac{P(A_1B)}{P(B)}=\frac{P(A_1)P(B\mid A_1)}{\sum\limits_{i=1}^{3}P(A_i)P(B\mid A_i)}=\frac{\frac{1}{15}}{\frac{8}{15}}=\frac{1}{8}.$$

例 4　某地区患癌症的人占总人数的 0.005，患者对一种试验反应是阳性的概率为 0.95，正常人对这种试验反应是阳性的概率为 0.04，现抽查了一人试验反应是阳性，问此人患癌症的概率是多大?

解　设 A＝"试验结果是阳性"，B＝"抽查的人患癌症"，则 $\bar{B}$＝"抽查的人不患癌症". 已知

$$P(B)=0.005,\quad P(\bar{B})=0.995,\quad P(A|B)=0.95,\quad P(A|\bar{B})=0.04,$$

由贝叶斯公式 $P(B|A)=\dfrac{P(B)\cdot P(A|B)}{P(B)\cdot P(A|B)+P(\bar{B})\cdot P(A|\bar{B})}=0.1066.$

这种试验对诊断一个人是否患病很有意义，若不做这种试验，一个人患病的概率为 0.005，若做试验后呈阳性，此人患病的概率为 0.1066，增加了近 21 倍. 因此对试验呈阳性的人来说，有必要保持高度警惕，必要时应做进一步检查.

1.5　伯努利概型

随机现象的统计规律性，只有在相同的条件下进行大量的重复试验才能呈现出来.

1.5.1　重复独立试验

定义　若 A 为试验 E 的事件，$P(A)=p$，在相同的条件下，重复地做 n 次试验，且各试验及其结果都是相互独立的，称这一类试验为 n **重伯努利试验**，或 n **重伯努利概型**.

1.5.2　二项概率公式

对于伯努利概型有如下定理.

定理 1　设在一次试验中事件 A 出现的概率为 $p(0<p<1)$，在 n 重伯努利试验中，事件 A 恰好发生 k 次的概率为

$$P_n(k)=C_n^k p^k(1-p)^{n-k}(k=0,1,2,\cdots,n).$$

证　设 A_i＝"第 i 次试验中 A 发生"，$i=1,2,\cdots,n$，在 n 次试验中指定 k 次试验中 A 发生，$n-k$ 次 A 不发生的概率为 $p^k(1-p)^{n-k}$，且这指定的方式有 C_n^k 种，因此 $P_n(k)=C_n^k p^k(1-p)^{n-k}(k=0,1,2,\cdots,n)$.

特别地，$P_n(0)+P_n(1)+\cdots+P_n(n)=\sum\limits_{k=0}^{n}C_n^k p^k(1-p)^{n-k}=(p+1-p)^n$，此公式恰好是$[p+(1-p)]^n$ 的二项展开式，称为**二项概率公式**.

例 1　一批产品有 20%的次品，进行重复抽样检查，从其中取 5 件样品，计算(1)这种样品中恰好有 3 件次品的概率；(2)至多有 3 件次品的概率.

解　A_i＝"表示 5 件产品中含有 i 件次品". $i=0,1,2,\cdots,5$，$p=0.2$.

(1) $P_5(3)=C_5^3p^3(1-p)^2=0.512$.

(2) $P(A_0+A_1+A_2+A_3)=P_5(0)+P_5(1)+P_5(2)+P_5(3)=0.9933$.

例 2　甲、乙篮球运动员的投篮命中率分别为 0.7 和 0.6，每人投三次，求

(1)两人进球相等的概率.

(2)甲比乙进球多的概率.

解　设 $A_i=$"甲三次投篮进 i 个球"，$i=1,2,3$，$B_j=$"乙三次投篮进 j 个球"，$j=1,2,3$，则

$$P(A_0)=C_3^0(0.7)^0(0.3)^3=0.027,\quad P(B_0)=C_3^0(0.6)^0(0.4)^3=0.064,$$

$$P(A_1)=C_3^1(0.7)^1(0.3)^2=0.189,\quad P(B_1)=C_3^1(0.6)^1(0.4)^2=0.288,$$

$$P(A_2)=C_3^2(0.7)^2(0.3)^1=0.441,\quad P(B_2)=C_3^2(0.6)^2(0.4)^1=0.432,$$

$$P(A_3)=C_3^3(0.7)^3(0.3)^0=0.343,\quad P(B_3)=C_3^3(0.6)^3(0.4)^0=0.216.$$

(1)设 $C=$"两人进球数相等"，则

$$C=A_0B_0+A_1B_1+A_2B_2+A_3B_3\ (A_i, B_j\ 相互独立),$$

故 $P(C)=P(A_0B_0+A_1B_1+A_2B_2+A_3B_3)\approx 0.321$.

(2)设 $D=$"甲比乙进球多"，则

$$D=A_1B_0+A_2(B_0+B_1)+A_3(B_0+B_1+B_2),$$

$$\begin{aligned}P(D)&=P[A_1B_0+A_2(B_0+B_1)+A_3(B_0+B_1+B_2)]\\&=P(A_1)P(B_0)+P(A_2)[P(B_0)+P(B_1)]+P(A_3)[P(B_0)+P(B_1)+P(B_2)]\\&\approx 0.436.\end{aligned}$$

例 3　一批种子发芽率为 0.8，试问每穴至少播种几粒种子，才能保证 0.99 以上的概率不空苗？

解　设至少播种 n 粒种子，才能保证 0.99 以上的概率不空苗. 因为 P(至少一粒出苗)$\geqslant 0.99$，所以 P(没有一粒出苗)<0.01.

故 n 满足

$$P_n(0)<0.01,\quad 即\ 0.2^n<0.01.$$

进而得 $n>\dfrac{-2}{\lg 2-1}\approx 2.861$.

可见，每穴至少要播种 3 粒，才能保证 0.99 以上的概率不空苗.

习　题　1

1. 写出下列随机试验的样本空间：

(1)抛三枚硬币，观察出现的正反面的情况；

(2)抛三颗骰子，观察出现的点数；

(3)连续抛一枚硬币，直到出现正面为止；

(4)在某十字路口,观察一小时内通过的机动车辆数;

(5)观察某城市一天内的用电量.

2.某工人生产了 n 个零件,以事件 A_i 表示他生产的第 i 个零件是合格品($1\leqslant i\leqslant n$),用 A_i 表示下列事件:

(1)没有一个零件是不合格品;

(2)至少有一个零件是不合格品.

3.设 A,B 是两个事件,且 $P(A)=0.7,P(A-B)=0.4$,求 $P(\overline{AB})$.

4.设 A,B 是两个事件,证明 $P(AB)=1-P(\bar{A})-P(\bar{B})+P(\bar{A}\bar{B})$.

5.已知 10 个灯泡中有 7 个正品 3 个次品,从中不放回地抽取两次,每次取一个灯泡,求

(1)取出的两个灯泡都是正品的概率;

(2)取出的两个灯泡都是次品的概率;

(3)取出一个正品,一个次品的概率;

(4)第二次取出的灯泡是次品的概率.

6.某班有 30 个同学,其中 8 个女同学,随机地选 10 个,求

(1)正好有 2 个女同学的概率;

(2)最多有 2 个女同学的概率;

(3)至少有 2 个女同学的概率.

7.将 3 个球随机地投入到 5 个盒子中,求

(1)有 3 个盒子中各有 1 个球的概率;

(2)3 个球放入 1 个盒子中的概率;

(3)1 个盒子中有 2 个球,另 1 个盒子中有 1 个球的概率.

8.在 11 张卡片上分别写上 engineering 这 11 个字母,从中任意连抽 6 张,求依次排列结果为 ginger 的概率.

9.(抽奖券问题)设某超市有奖销售,投放 n 张奖券只有 1 张有奖,每位顾客可抽 1 张,求第 k 位顾客中奖的概率($1\leqslant k\leqslant n$).

10.(生日问题)设某班级有 n 个人($n\leqslant 365$),问至少有两个人的生日在同一天的概率是多大?

11.某公共汽车站从上午 7 点起,每隔 15min 有一辆公共汽车通过,现有一乘客在 7:00 到7:30之间随机到站候车.求

(1)该乘客候车时间小于 5min 的概率;

(2)该乘客候车时间超过 10min 的概率.

12.(相遇问题)甲、乙二人相约在中午 12 点到 1 点在预订地点会面,先到者等待 10min 就可离去,试求二人能会面的概率(假设二人在该时段到达预订地点是等

可能的).

13. 在区间(0,1)内任取两个数,求它们的乘积不大于$\frac{1}{4}$的概率.

14. 已知男人寿命大于60岁的概率为70%,大于50岁的概率为85%,若某男人今年已50岁,问他活到60岁的概率为多少?

15. 假设一批产品中一、二、三等品各占60%,30%,10%,从中任意取出一件,结果不是三等品,则取到的是一等品的概率为多少?

16. 10个签中有4个是难签,3人参加抽签(无放回),甲先、乙次、丙最后,求甲抽到难签、甲乙都抽到难签、甲没有抽到难签而乙抽到难签及甲乙丙都抽到难签的概率.

17. 电路如图1-9所示,其中A,B,C,D为开关.设各开关闭合与否相互独立,且每一开关闭合的概率均为p,求L与R为通路(用T表示)的概率.

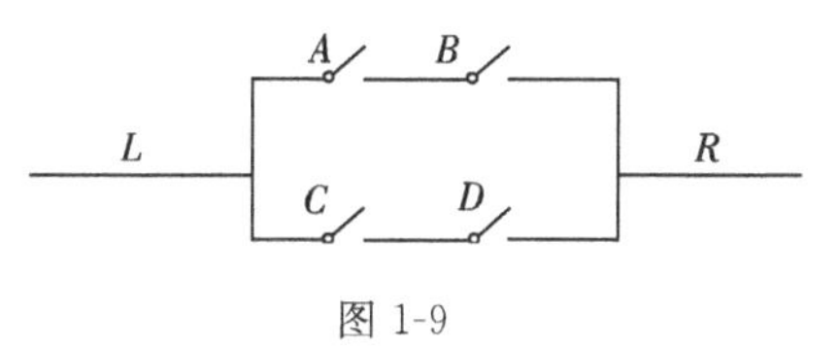

图1-9

18. 三个人独立地猜一个谜语,个人单独能猜出的概率分别为0.2,0.25,0.3,问能将这个谜语猜出的概率是多少?

19. 从某单位外打电话给该单位某一办公室,要由单位总机转进,若总机打通的概率为0.6,办公室的分机占线率为0.3,设二者是独立的,求从单位外向该办公室打电话能打通的概率.

20. 设$P(A)=0.6,P(B)=0.8,P(A|B)=0.7$,求$P(B|A)$.

21. 设$P(A)=0.1,P(B|A)=0.9,P(B|\overline{A})=0.2$,求$P(A|B)$.

22. 设有两个相同的盒子,第一盒中有4个红球6个白球,第二盒中有5个红球5个白球,随机地取一盒,从中随机地取一个球,求取到红球的概率.

23. 已知男人中有5%是色盲患者,女人中有0.25%是色盲患者,今从男女人数相等的人群中随机挑选一人,恰好是色盲患者,问此人是男性的概率是多少?

24. 在通信网络中装有密码钥匙,设全部收到的信息中有95%是可信的,又设全部不可信的信息中只有0.1%是使用密码钥匙传送的,而全部可信信息是使用密码钥匙传送的.求由密码钥匙传送的一信息是可信信息的概率.

25. 一批产品的废品率为0.1,每次抽取1个,观测后放回,下次再取1个,共重复3次,求3次中恰有两次抽到废品的概率.

26. 某人有一串m把外形相同的钥匙,其中只有一把能打开家门,有一天此人酒醉回家,下意识地每次从m把钥匙中随便拿一把去开门,问此人在第k次才把门打开的概率.

27. 设三次独立试验中,事件A出现的概率相等,若已知A至少出现一次的概率等于$\frac{19}{27}$,求在一次试验中事件A出现的概率是多少?

28.甲、乙两名棋手进行比赛.已知甲的实力较强,每盘获胜的概率为0.6.假定每盘棋的胜负是相互独立的,且不会出现和棋.在下列哪种赛制下,甲胜的可能性更大?

(1)采用三局两胜制;

(2)采用五局三胜制.

29. 某一型号的高射炮,每一门炮发射一弹击中飞机的概率为0.6,现若干门炮同时发射(每炮一发),问欲以99%的把握击中来犯的一架敌机,至少需要几门炮?

30.若电灯泡的耐用时数在1000h以上的概率为0.2,求三个电灯泡在使用1000h以后最多只有一个损坏的概率.设这三个电灯泡是相互独立地使用的.

第2章　随机变量及其概率分布

随机变量的引入在概率论的发展史上有重要意义，通过变量与随机现象建立联系，使人们能够进一步应用数学方法来分析和研究随机事件的概率及其性质，更深刻地揭示随机现象的统计规律性. 本章主要介绍离散型和连续型两种类型的随机变量及其常见的分布.

2.1　随机变量的概念

在研究随机现象的过程中，我们看到许多随机试验的结果都是与数值有关的. 例如，10 件产品中有 3 件不合格品，现从中任取两件，取到不合格品的件数可能为 0,1,2. 同时也有一些试验的结果是与数值无关的. 例如，抛一枚硬币，可能的结果只有两个：出现正面或者出现反面，但是对于这种情形我们如果约定用数字 1 来表示出现正面，数字 0 来表示出现反面，这样试验的结果也就与数值有关系了.

总而言之，无论随机试验的结果是否直接表现为数量，我们总可以使其数量化，从而使随机试验的每一个可能结果对应于一个数值，而这些数值可以看做是一个变量的不同取值，这样我们就可以用这个变量来描述这个随机试验了. 这个变量不同于一般的变量，它的取值依赖于试验结果，而试验结果具有随机性，因此这个变量的取值也具有随机性，我们称之为随机变量.

定义 1　设 Ω 为随机试验 E 的样本空间，若对 Ω 中每一个样本点 ω，都有唯一确定的实数 $X(\omega)$ 与之对应，则称 $X=X(\omega)$ 为**随机变量**(random variable)，简记为 R. V. X.

随机变量一般用大写英文字母 X,Y,Z 等来表示，也可以用希腊字符 ξ,η,ζ 等表示.

由定义可知，随机变量就是定义在样本空间上的实值函数，其值域为实数集的子集，但它与高等数学中的函数有着本质的区别：

(1)高等数学中的函数的定义域是数集 D，而随机变量的定义域是样本空间 Ω.

(2)高等数学中的函数取值完全由定义域和对应法则所确定，而随机变量的取值则完全由样本点 ω 确定，若 ω 出现，则随机变量 X 取值 $X(\omega)$. 由于在一次试验中究竟哪一个样本点出现是随机的，因而随机变量取值也是随机的.

下面举几个关于随机变量的例子.

例 1　某人投篮一次，投中规定 $X=a$，未投中规定 $X=b$，则 X 是一个随机变量，

写成

$$X=\begin{cases}a, & \omega=\text{投中},\\ b, & \omega=\text{未投中}.\end{cases}$$

我们将此例换一种说法，令 X="某人投篮 1 次投中的次数"，则"$X=1$"表示投中 1 次，"$X=0$" 表示投中 0 次，即

$$X=\begin{cases}1, & \omega=\text{投中},\\ 0, & \omega=\text{未投中},\end{cases}$$

X 是一随机变量，这样定义随机变量更形象.

以后对样本空间 Ω 只含有两个样本点 ω_1 和 ω_2 的随机试验，我们都可以引入随机变量 X：

$$X=\begin{cases}1, & \omega=\omega_1,\\ 0, & \omega=\omega_2.\end{cases}$$

例 2 掷一颗骰子，考察骰子出现的点数，$\Omega_1=\{\omega_1,\omega_2,\cdots,\omega_6\}$，$\omega_i$ 表示骰子出现 i 点，$i=1,2,\cdots,6$. 令 X_1="骰子出现的点数"，则 X_1 为一随机变量，$X_1=X_1(\omega)=1,2,3,4,5,6$.

在例 2 中若考察骰子出现点数的奇偶性，则 $\Omega_2=\{\omega_{\text{奇}},\omega_{\text{偶}}\}$，$\omega_{\text{奇}}$，$\omega_{\text{偶}}$ 分别表示骰子出现奇数点和偶数点，规定出现奇数点 $X_2=1$，出现偶数点 $X_2=0$，即

$$X_2=\begin{cases}1, & \omega=\omega_{\text{奇}},\\ 0, & \omega=\omega_{\text{偶}},\end{cases}$$

则 X_2 为一随机变量.

从此例可以看出，同是掷骰子这个随机试验，由于样本空间不同，随机变量也不同.

引入随机变量之后，可以用随机变量来描述随机事件，从而把对随机事件的研究转化为对随机变量的研究，为我们运用各种数学工具深入研究随机现象奠定了基础. 例如，在例 1 中，$\{X=1\}$ 表示事件"投中"，$\{X=0\}$ 表示事件"未投中". 例 2 中 $\{X_1\leqslant 3\}$ 表示事件"掷骰子出现的点数不超过 3"，$\{2\leqslant X_1\leqslant 4\}$ 表示事件"掷骰子出现的点数大于等于 2 小于等于 4"，事件 A="出现偶数点"的概率为

$$\begin{aligned}P(A)&=P\{X_1=2\}+P\{X_1=4\}+P\{X_1=6\}\\&=\frac{1}{6}+\frac{1}{6}+\frac{1}{6}=\frac{1}{2},\end{aligned}$$

或者 $P(A)=P\{X_2=0\}=\dfrac{1}{2}$.

随机变量概念的引入是概率论发展史上的一个具有里程碑意义的重大事件，对于概率论与数理统计的发展具有十分重要的作用. 根据所描述随机现象的特点，随机变量大致分为两类，一类为离散型随机变量，另一类为连续型随机变量. 同时，随着近

年来对随机问题的进一步研究,也发现了一些既不能用离散型变量描述,也不能用连续随机变量描述的新的随机问题例证,这进一步说明概率论与数理统计这个学科是来源于实际生活的一门应用性很强的学科,也是一门不断发展的生机勃勃的新兴学科.

2.2　离散型随机变量及其概率分布

常见的随机变量根据其取值的特点,可大致分为离散型和连续型两类.本节介绍离散型随机变量及其概率分布.

2.2.1　离散型随机变量及其概率分布

定义 1　如果随机变量 X 的所有可能取值为有限个或可列个,则称 X 为**离散型随机变量**(discrete random variable),简记为 D.R.V.

在掷骰子并观察其出现的点数的试验中,X 表示掷一次骰子出现的点数,则 X 是一个离散型随机变量,其取值为 1,2,3,4,5,6.观察某网站一天内的浏览次数,令 X 表示一天内的浏览次数,则 X 是一个离散型随机变量.

对于离散型随机变量,我们不仅仅关心它的可能取值,更关心它取各个值的概率,也就是它的概率分布.

定义 2　若离散型随机变量 X 的所有可能的取值为 $x_1,x_2,\cdots$,且取各个值的概率为

$$P\{X=x_k\}=p_k,\quad k=1,2,\cdots,\tag{1}$$

称(1)式为离散型随机变量 X 的**概率分布或分布列(律)**,简称为随机变量 X 的**概率分布.**

离散型随机变量 X 的概率分布通常写成如下表格形式:

X	x_1	x_2	$\cdots$	x_k	$\cdots$
P	p_1	p_2	$\cdots$	p_k	$\cdots$

离散型随机变量的概率分布有如下的性质:

(1) 非负性:$p_k\geqslant 0,k=1,2,\cdots$;

(2) 规范性:$\sum\limits_{k=1}^{\infty}p_k=1$.

例 1　现有 7 件产品,其中一等品 4 件,二等品 3 件,从中任取 3 件,用 X 表示取出的 3 件产品中的一等品数,求 X 的分布列.

解　X 的可能取值为 0,1,2,3,则 X 的概率分布为

$$P\{X=k\}=\frac{C_4^k C_3^{3-k}}{C_7^3},\quad k=0,1,2,3.$$

写成表格形式为

X	0	1	2	3
P	$\frac{1}{35}$	$\frac{12}{35}$	$\frac{18}{35}$	$\frac{4}{35}$

例 2 两台机器独立地运转,它们发生故障的概率分别为 0.1,0.2,用 X 表示发生故障的机器数,求 X 的分布列.

解 X 的可能取值为 0,1,2,可设 A_i 表示事件"第 i 台机器发生故障",$i=1,2$,则

$$P(A_1)=0.1,\quad P(A_2)=0.2$$

$$\{X=0\}=\overline{A_1}\ \overline{A_2},\quad \{X=1\}=A_1\overline{A_2}\cup\overline{A_1}A_2,\quad \{X=2\}=A_1A_2.$$

考虑到事件的独立性,我们有

$$P\{X=0\}=P(\overline{A_1}\ \overline{A_2})=0.9\times0.8=0.72,$$

$$P\{X=1\}=P(A_1\overline{A_2})+P(\overline{A_1}A_2)=0.1\times0.8+0.9\times0.2=0.26,$$

$$P\{X=2\}=P(A_1A_2)=0.1\times0.2=0.02.$$

故所求分布列为

X	0	1	2
P	0.72	0.26	0.02

2.2.2 常见的离散型随机变量的分布

1. 两点分布

若随机变量 X 只取 x_1,x_2 两个值,其概率分布为

$$P\{X=x_1\}=p,\quad P\{X=x_2\}=1-p(0<p<1),$$

即

X	x_1	x_2
P	p	$1-p$

则称 X 服从参数为 p 的两点分布.

特别地,当 $x_1=1,x_2=0$ 时,称 X 服从 0-1 分布,其分布列也可以表示为

$$P\{X=k\}=p^kq^{1-k}(k=0,1),$$

其中 $0<p<1,q=1-p$.

如果一个随机试验的结果只有两个,我们就可以用两点分布来描述它,如抛一枚硬币,观察哪面向上;或向一个目标射击,观察中与不中.有时试验的结果虽然不止两个,但是我们只关心某一个结果是否出现时,也可以用两点分布来描述它,只需令

“$X=1$”表示该结果出现,“$X=0$” 表示该结果未出现即可.如一盒子中装有仅颜色不同的10个球,其中3个白色球,5个红色球,2个黑色球,现从中任取一球,观察是否取到红色球,只需令

$$X=\begin{cases}1, & \text{取到红色球},\\ 0, & \text{未取到红色球},\end{cases}$$

且 X 的分布列为

X	0	1
P	0.5	0.5

2.二项分布

若随机变量 X 的可能取值为 $0,1,2,\cdots,n$,其概率分布为

$$P\{X=k\}=C_n^k p^k (1-p)^{n-k}(k=0,1,2,\cdots,n),\quad 0<p<1,q=1-p,$$

则称随机变量 X 服从参数为 n 和 p 的二项分布,记作 $X\sim B(n,p)$.

之所以称为二项分布,是因为概率 $P\{X=k\}=C_n^k p^k (1-p)^{n-k}$ 是二项式 $(p+q)^n$ 的展开式中的通项.

显然,在 n 重伯努利试验中,令 X 表示事件 A 在这 n 次试验中出现的次数,则 $X\sim B(n,p)$.特别地,当 $n=1$ 时,$B(1,p)$ 即为0-1分布.

例3　某人投篮的命中率为0.8,若连续投5次,求至多投中2次的概率.

解　每一次投篮可看作一次伯努利试验,则5次投篮可看作5重伯努利试验,设 X 表示5次投篮中投中的次数,则 $X\sim B(5,0.8)$,$\{X\leqslant 2\}$ 表示“至多投中2次”:

$$\begin{aligned}P\{X\leqslant 2\}&=P\{X=2\}+P\{X=1\}+P\{X=0\}\\&=C_5^2 p^2 (1-p)^3+C_5^1 p (1-p)^4+C_5^0 (1-p)^5\\&=0.02792.\end{aligned}$$

3.泊松分布

若设随机变量 X 的可能取值为 $0,1,2,\cdots$,且其概率分布为

$$P\{X=k\}=\frac{\lambda^k e^{-\lambda}}{k!},\quad k=0,1,2,\cdots,$$

其中 $\lambda>0$ 为常数,则称随机变量 X 服从参数为 λ 的**泊松**(Poisson)**分布**,记作 $X\sim P(\lambda)$.

泊松分布是应用非常广泛的分布之一,它可以用来描述客观世界中存在的大量稀疏现象的试验模型.例如,单位时间内到达某商场的顾客人数;大型铸件的单位体积中气孔的数目;单位质量的作物种子中杂草种子的数目;某地区在某段时间内发生交通事故的次数;电话交换台在固定时间段内接到的呼叫次数等都服从或近似服从泊松分布.

例4　已知某电话交换台每分钟的呼唤次数 X 服从参数为4的泊松分布,求(1)每分钟恰有8次呼唤的概率;(2)每分钟呼唤次数大于8次的概率.

解 $X\sim P(4)$,则 X 的分布列为 $P\{X=k\}=\frac{4^k e^{-4}}{k!}, k=0,1,2,\cdots$.

(1) $P\{X=8\}=\frac{4^8 e^{-4}}{8!}\approx 0.029771$;

(2) $P\{X>8\}=1-P\{X\leqslant 8\}=1-\sum\limits_{k=0}^{8}\frac{4^k e^{-4}}{k!}\approx 0.021363$.

例 5 由某商店过去的销售记录可知,某种商品每月的销售量(单位:件)可用参数 $\lambda=5$ 的泊松分布来描述,为了以 99%以上的把握保证不脱销,问商店在月底至少应进该种商品多少件(假设只在月底进货)?

解 设 X 表示该商品的月销售量,月底进货为 N 件,则 $X\sim P(5)$,且当 $X\leqslant N$ 时不致脱销. 由题意知

$$P\{X\leqslant N\}=\sum_{k=0}^{N}\frac{5^k}{k!}e^{-5}\geqslant 0.99,$$

即 $\sum\limits_{k=N+1}^{\infty}\frac{5^k}{k!}e^{-5}\leqslant 0.01$.

查附表中的泊松分布表知 $\sum\limits_{k=12}^{\infty}\frac{5^k}{k!}e^{-5}=0.005453\leqslant 0.01$.

于是,商店在月底至少应进该种商品 11 件,就可以 99%以上的把握保证不脱销.

在二项分布 $B(n,p)$ 中,当 n 值较大,而 p 值较小时,有一个很好的近似公式,这就是泊松定理.

泊松定理 设随机变量 X_n 服从二项分布 $B(n,p_n)$ $(n=1,2,\cdots)$,其中 p_n 与 n 有关,若 p_n 满足 $\lim\limits_{n\to\infty}np_n=\lambda>0$($\lambda$ 为常数),则有

$$\lim_{n\to\infty}P\{X_n=k\}=\lim_{n\to\infty}C_n^k p_n^k(1-p_n)^{n-k}=\frac{\lambda^k e^{-\lambda}}{k!}\ (k=0,1,\cdots,n).$$

证明略.

在实际应用中,当 n 值较大,p 值较小,而 np 适中时,可直接利用以下近似公式

$$C_n^k p^k(1-p)^{n-k}\approx\frac{\lambda^k e^{-\lambda}}{k!}\ (\text{其中 }\lambda=np).$$

例 6 为保证设备正常工作,配备 10 名维修工,负责 500 台设备,如果各台设备是否发生故障是相互独立的,且每台设备发生故障的概率都是 0.01(每台设备发生故障可由 1 名维修工排除),求设备发生故障而不能被及时维修的概率.

解 令 X 表示 500 台设备中同时发生故障的设备台数,则 $X\sim B(500,0.01)$,根据泊松定理,X 可用参数为 $\lambda=np=5$ 的泊松分布近似计算,故所求概率为

$$P\{X>10\}\approx\sum_{k=11}^{\infty}\frac{5^k}{k!}e^{-5}\approx 0.013695.$$

4. 几何分布

若随机变量 X 的可能取值为 $1,2,\cdots$，且其概率分布为

$$P\{X=k\}=(1-p)^{k-1}p,\quad k=1,2,\cdots,$$

其中 $0<p<1$，则称 X 服从参数为 p 的几何分布，记作 $X\sim G(p)$.

之所以称其为**几何分布**，是因为 $(1-p)^{k-1}p(k=1,2,\cdots)$ 是一个几何数列. 在伯努利试验中，设事件 A 出现的概率为 p，令 X 表示事件 A 首次出现时所需的试验次数，则 $X\sim G(p)$.

5. 超几何分布

若随机变量 X 的概率分布为

$$P\{X=k\}=\frac{C_M^k C_{N-M}^{n-k}}{C_N^n},\quad k=0,1,\cdots,r,r=\min\{M,n\},M\leqslant N,n\leqslant N,$$

n,N,M 均为正整数，则称 X 服从**超几何分布**，记为 $X\sim h(n,N,M)$.

一般地，设 N 件产品中有 M 件不合格品，从中不放回地随机抽取 n 个，若令 X 表示取到的不合格品的个数，则 $X\sim h(n,N,M)$.

2.3　随机变量的分布函数

为了全面描述随机变量的统计规律，我们引入随机变量的分布函数的概念.

2.3.1　随机变量的分布函数

定义　设 X 为一个随机变量，x 为任意实数，称

$$F(x)=P\{X\leqslant x\}(-\infty<x<+\infty)$$

为随机变量 X 的**分布函数**(distribution function).

由此定义可知，无论随机变量 X 的取值情况如何，分布函数 $F(x)$ 的定义域均为 $(-\infty,+\infty)$.

如果将 X 看成是数轴上的随机点的坐标，那么，分布函数 $F(x)$ 在点 x 处的函数值就表示 X 落入区间 $(-\infty,x]$ 内的概率，因此若随机变量 X 的分布函数 $F(x)$ 已知，则 X 落入任一区间 $(x_1,x_2]$ 内的概率可表示为

$$P\{x_1<X\leqslant x_2\}=P\{X\leqslant x_2\}-P\{X\leqslant x_1\}=F(x_2)-F(x_1).$$

从而，可由 $F(x)$ 计算随机变量 X 取任何值以及 X 落入任意区间内的概率. 如：

$$P\{X>a\}=1-P\{X\leqslant a\}=1-F(a),$$

$$P\{X<a\}=F(a-0),$$

$$P\{X=a\}=F(a)-F(a-0),$$

$$P\{a\leqslant X\leqslant b\}=F(b)-F(a-0)\text{等},$$

这里 $F(a-0)=\lim\limits_{x\to a^-}F(x)$ 是 $F(x)$ 在 $x=a$ 点的左极限.

因此，知道了随机变量的分布函数，也就掌握了随机变量的统计规律性. 从这种意义上说，分布函数 $F(x)$完整地描述了随机变量 X 取值的概率规律.

由分布函数的定义知，分布函数有如下的基本性质：

(1)$0\leqslant F(x)\leqslant 1, x\in\mathbf{R}$，且 $F(-\infty)=\lim\limits_{x\to-\infty}F(x)=0, F(+\infty)=\lim\limits_{x\to+\infty}F(x)=1$；

(2)若 $x_1<x_2$，则 $F(x_1)\leqslant F(x_2)$，即 $F(x)$单调不减；

(3)$F(x+0)=F(x)$，即 $F(x)$为右连续函数.

证明 (1)因为 $F(x)=P\{X\leqslant x\}$，由概率的性质可得 $0\leqslant F(x)\leqslant 1$；对于 $F(-\infty)$和 $F(+\infty)$，我们只从几何上加以说明，当区间端点 x 沿数轴无限向左移动($x\to-\infty$)时，则"X 落在 x 左边"这一事件趋于不可能事件，故其概率 $P\{X\leqslant x\}=F(x)$趋于 0；又若 x 沿数轴无限向右移动($x\to+\infty$)时，则"X 落在 x 左边"这一事件趋于必然事件，故其概率$P\{X\leqslant x\}=F(x)$趋于 1.

(2) 设 $x_1<x_2$，则

$$F(x_2)-F(x_1)=P\{x_1<X\leqslant x_2\}\geqslant 0.$$

(3) 略.

这三个性质是分布函数的基本性质，任何一个随机变量的分布函数均满足以上三个性质，反之，任何一个满足上面三个性质的函数，均可看作是某个随机变量的分布函数.

例 1 设随机变量 X 的分布函数为

$$F(x)=\begin{cases}0, & x\leqslant -1,\\ Ax+B, & -1<x\leqslant 1,\\ 1, & x>1,\end{cases}$$

求(1)常数 A,B；

(2)概率 $P\{-0.2<X\leqslant 0.8\}, P\{0.5<X\leqslant 2\}$.

解 (1)因为 $F(x)$右连续，所以有

$$\begin{cases}\lim\limits_{x\to-1^+}F(x)=F(-1),\\ \lim\limits_{x\to1^+}F(x)=F(1),\end{cases}\quad \text{即}\begin{cases}-A+B=0,\\ 1=A+B,\end{cases}\quad \text{解方程得}\begin{cases}A=\dfrac{1}{2},\\ B=\dfrac{1}{2}.\end{cases}$$

(2)$P\{-0.2<X\leqslant 0.8\}=F(0.8)-F(-0.2)=0.9-0.4=0.5$，

$P\{0.5<X\leqslant 2\}=F(2)-F(0.5)=1-0.75=0.25$.

2.3.2 离散型随机变量的分布函数

设随机变量 X 的概率分布为 $P\{X=x_k\}=p_k(k=1,2,\cdots)$，则 X 的分布函数为

$$F(x)=P\{X\leqslant x\}=\sum_{x_k\leqslant x}p_k.$$

例 2　设随机变量 X 的分布列为

X	-1	1	2
P	$\frac{1}{6}$	$\frac{1}{3}$	$\frac{1}{2}$

求(1) X 的分布函数并画出图形;

(2) $P\left\{X\leqslant\frac{1}{2}\right\}, P\left\{\frac{3}{2}<X\leqslant\frac{5}{2}\right\}, P\left\{-1\leqslant X\leqslant\frac{3}{2}\right\}$.

解　(1) X 的取值 $-1,1,2$ 将整个数轴分为4个部分,由于分布函数定义在整个数轴上,因此,我们应该分段考虑如下:

当 $x<-1$ 时,由于 X 不取小于 -1 的数,因此事件 $\{X\leqslant x\}$ 是不可能事件,故 $F(x)=0$;

当 $-1\leqslant x<1$ 时, $\{X\leqslant x\}=\{X=-1\}$,因此

$$F(x)=P\{X\leqslant x\}=P\{X=-1\}=\frac{1}{6};$$

当 $1\leqslant x<2$ 时, $\{X\leqslant x\}=\{X=-1\}\cup\{X=1\}$,因此

$$F(x)=P\{X\leqslant x\}=P\{X=-1\}+P\{X=1\}=\frac{1}{6}+\frac{1}{3}=\frac{1}{2};$$

当 $2\leqslant x$ 时,由于 X 的取值不超过2,因此事件 $\{X\leqslant x\}$ 是必然事件,故 $F(x)=1$. 故 X 的分布函数为

$$F(x)=\begin{cases}0, & x<-1,\\ \frac{1}{6}, & -1\leqslant x<1,\\ \frac{1}{2}, & 1\leqslant x<2,\\ 1, & 2\leqslant x.\end{cases}$$

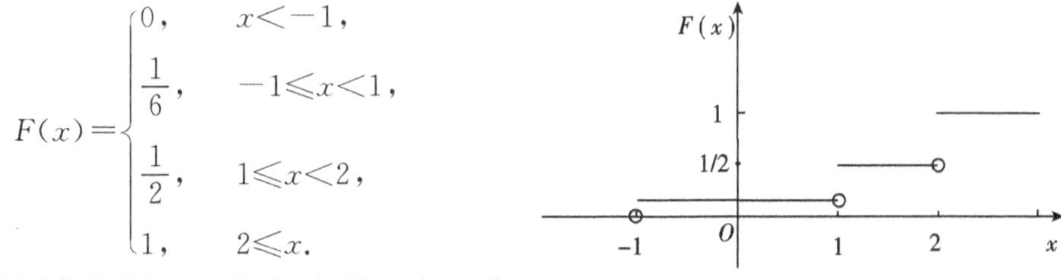

图 2-1

$F(x)$ 的图像如图2-1所示,这是一个上升的、右连续的阶梯形函数. 随机变量 X 的取值点即 $x=-1, x=1, x=2$ 为函数的跳跃间断点,且函数在每一间断点上的跳跃高度分别为 $\frac{1}{6},\frac{1}{3},\frac{1}{2}$,此为随机变量 X 在相应取值点处的概率.

例 3　设随机变量 X 的分布函数为

$$F(x)=\begin{cases}0, & x<0,\\ 0.2, & 0\leqslant x<2,\\ 0.5, & 2\leqslant x<4,\\ 0.6, & 4\leqslant x<5,\\ 1, & x\geqslant 5,\end{cases}$$

求(1)X 的分布列;(2)$P\{1<X\leqslant 2\}$,$P\{X>3\}$.

解 (1)由离散型随机变量分布函数的特点知:随机变量 X 的分布函数的间断点即为随机变量 X 的可能取值点,分布函数在间断点处函数值的跳跃高度即为随机变量 X 取相应值时的概率,故随机变量 X 的分布列为

X	0	2	4	5
P	0.2	0.3	0.1	0.4

(2)$P\{1<X\leqslant 2\}=F(2)-F(1)=0.5-0.2=0.3$,

$P\{X>3\}=1-P\{X\leqslant 3\}=1-F(3)=1-0.5=0.5$.

例 1 和例 2 中相应的概率计算也可以利用第 1 章概率的计算方法求得,请读者自己练习.

2.4 连续型随机变量及其分布

2.4.1 连续型随机变量

若随机变量的取值充满某个区间,即在某个区间上连续取值,则称其为连续型随机变量,其确切定义如下.

定义 1 设随机变量 X 的分布函数为 $F(x)$,如果存在非负可积函数 $f(x)$,使得对于任意的实数 x,有

$$F(x)=\int_{-\infty}^{x} f(t)\mathrm{d}t\,(-\infty<x<+\infty),$$

则称随机变量 X 为**连续型随机变量**(continuous random variable,简记为 C. R. V.),其中 $f(x)$称为连续型随机变量 X 的**概率密度函数**(probability density function,简记为 P. D. F.)或概率密度,简称密度.

概率密度函数具有以下性质:

(1)$f(x)\geqslant 0$,$-\infty<x<+\infty$;

(2)$\int_{-\infty}^{+\infty} f(x)\mathrm{d}x=1$;

(3)对任意实数 $a,b(a<b)$,有

$$P\{a<X\leqslant b\}=F(b)-F(a)=\int_{a}^{b} f(x)\mathrm{d}x;$$

(4)如果 $f(x)$在 x 点连续,则 $F'(x)=f(x)$.

证 (1)由定义,显然有 $f(x)\geqslant 0$.

(2)由分布函数的性质

$$\int_{-\infty}^{+\infty} f(x)\mathrm{d}x = \lim_{x\to+\infty}\int_{-\infty}^{x} f(t)\mathrm{d}t = \lim_{x\to+\infty} P\{X \leqslant x\}$$
$$= \lim_{x\to+\infty} F(x) = 1.$$

(3) $P\{a < X \leqslant b\} = F(b) - F(a) = \int_{-\infty}^{b} f(x)\mathrm{d}x - \int_{-\infty}^{a} f(x)\mathrm{d}x$

$$= \int_{-\infty}^{b} f(x)\mathrm{d}x + \int_{a}^{-\infty} f(x)\mathrm{d}x = \int_{a}^{b} f(x)\mathrm{d}x.$$

(4) $F'(x) = \dfrac{\mathrm{d}}{\mathrm{d}x}\displaystyle\int_{-\infty}^{x} f(t)\mathrm{d}t = f(x).$

对于连续型随机变量 X,还要指出两点:

(1)随机变量 X 的分布函数 $F(x)$是连续函数;

(2)a 为实数,则 $P\{X=a\}=0$.

证　(1)略.

(2)设随机变量 X 的分布函数为 $F(x)$,对 $\Delta x>0$,

$$\{X=a\}\subset\{a-\Delta x<X\leqslant a\},$$

所以有

$$0\leqslant P\{X=a\}\leqslant P\{a-\Delta x<X\leqslant a\}=F(a)-F(a-\Delta x),$$

即

$$0\leqslant P\{X=a\}\leqslant F(a)-F(a-\Delta x).$$

又因为 $F(x)$在点 a 连续,所以有

$$\lim_{\Delta x\to 0^+}[F(a)-F(a-\Delta x)]=0.$$

从而 $P\{X=a\}=0$.

由此可知,对于连续型随机变量有

$$P\{a\leqslant X<b\}=P\{a<X\leqslant b\}=P\{a\leqslant X\leqslant b\}=P\{a<X<b\}.$$

例 1　设随机变量 X 的概率密度函数为

$$f(x)=\begin{cases} k(4x-2x^2), & 0<x<2, \\ 0, & \text{其他}. \end{cases}$$

试求:(1)常数 k;(2)X 的分布函数 $F(x)$;(3)$P\{-1\leqslant X<1\}$,$P\{X>1\}$.

解　(1) 由$\int_{-\infty}^{+\infty} f(x)\mathrm{d}x = 1$ 知

$$\int_{-\infty}^{0} 0\mathrm{d}x + \int_{0}^{2} k(4x-2x^2)\mathrm{d}x + \int_{2}^{+\infty} 0\mathrm{d}x = 0 + k\left(2x^2 - \frac{2}{3}x^3\right)\Big|_0^2 + 0 = \frac{8}{3}k = 1,$$

所以 $k=\dfrac{3}{8}$.

(2)注意到 $f(x)$为分段函数.

当 $x<0$ 时,$F(x) = \int_{-\infty}^{x} 0\mathrm{d}t = 0$;

当 $0\leqslant x<2$ 时，$F(x)=\int_{-\infty}^{x}f(t)\mathrm{d}t=\int_{0}^{x}\left(\frac{3}{2}t-\frac{3}{4}t^2\right)\mathrm{d}t=\frac{3}{4}x^2-\frac{1}{4}x^3$；

当 $x\geqslant 2$ 时，$F(x)=\int_{-\infty}^{x}f(t)\mathrm{d}t=\int_{0}^{2}\left(\frac{3}{2}t-\frac{3}{4}t^2\right)\mathrm{d}t=1.$

所以有 X 的分布函数为

$$F(x)=\begin{cases}0, & x<0,\\ \frac{3}{4}x^2-\frac{1}{4}x^3, & 0\leqslant x<2,\\ 1, & x\geqslant 2.\end{cases}$$

(3)方法一　利用分布函数得

$$P\{-1\leqslant X<1\}=F(1)-F(-1)=\frac{1}{2}-0=\frac{1}{2};$$

$$P\{X>1\}=1-F(1)=1-\frac{1}{2}=\frac{1}{2}.$$

方法二　利用概率密度函数得

$$P\{-1\leqslant X<1\}=\int_{-1}^{1}f(x)\mathrm{d}x=\int_{-1}^{0}0\mathrm{d}x+\int_{0}^{1}\left(\frac{3}{2}x-\frac{3}{4}x^2\right)\mathrm{d}x=\frac{1}{2};$$

$$P\{X>1\}=\int_{1}^{+\infty}f(x)\mathrm{d}x=\int_{1}^{2}\left(\frac{3}{2}x-\frac{3}{4}x^2\right)\mathrm{d}x+\int_{2}^{+\infty}0\mathrm{d}x=\frac{1}{2}.$$

2.4.2　常见的连续型随机变量的分布

1. 均匀分布

若随机变量 X 的概率密度函数为

$$f(x)=\begin{cases}\frac{1}{b-a}, & a\leqslant x\leqslant b,\\ 0, & \text{其他},\end{cases}$$

其中 $a,b(a<b)$ 为常数，则称 X 服从区间 $[a,b]$ 上的**均匀分布**(uniform distribution)，记作 $X\sim U[a,b]$.

均匀分布的分布函数为

$$F(x)=\begin{cases}0, & x<a,\\ \frac{x-a}{b-a}, & a\leqslant x<b,\\ 1, & x\geqslant b.\end{cases}$$

均匀分布的密度函数图像与分布函数图像如图 2-2 和图 2-3 所示.

如果 $X\sim U[a,b]$，则对任意 $(c,d)\subset[a,b](c<d)$，有

$$P\{c<X<d\}=F(d)-F(c)=\frac{d-c}{b-a}.$$

这说明服从区间 $[a,b]$ 上的均匀分布的随机变量 X 落入 $[a,b]$ 上任何一个子区间内

的概率与该区间的长度成正比，而与该区间的位置无关，这正是"均匀"的含义.

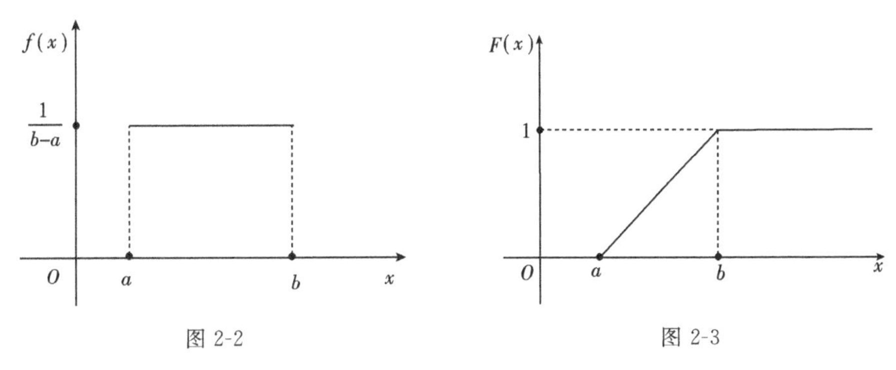

图 2-2　　　　图 2-3

均匀分布无论在理论上还是在实际应用中都是一个非常有用的分布. 例如，在数值计算中，对小数点后第一位数字进行四舍五入所引起的误差 X，可看作是服从 $[-0.5,0.5]$ 上的均匀分布；在区间 $[a,b]$ 上投点，而点的位置 X 是在 $[a,b]$ 上服从均匀分布的随机变量. 服从均匀分布的随机变量 X 的取值特征是在一固定区间 $[a,b]$ 上等可能且连续地取值.

例 2　某公共汽车站从上午 6:00 起，每 15min 来一辆车，如果某乘客在 6:00～6:30 随机到达此站，试求他等车不超过 5min 的概率.

解　设乘客于 6:00 过 X 分钟到达车站，则 $X\sim U[0,30]$，其密度函数为

$$f(x)=\begin{cases}\dfrac{1}{30}, & 0\leqslant x\leqslant 30,\\ 0, & \text{其他},\end{cases}$$

显然，"等候时间少于 5min"$=\{10<X<15\}\cup\{25<X<30\}$，即所求概率为

$$P\{10<X<15\}+P\{25<X<30\}=\int_{10}^{15}\frac{1}{30}\mathrm{d}x+\int_{25}^{30}\frac{1}{30}\mathrm{d}x=\frac{1}{3}.$$

2. 指数分布

若随机变量 X 的概率密度函数为

$$f(x)=\begin{cases}\lambda \mathrm{e}^{-\lambda x}, & x>0,\\ 0, & x\leqslant 0,\end{cases}$$

其中 $\lambda>0$ 为常数，则称随机变量 X 服从参数为 λ 的指数分布(exponential distribution)，记作 $X\sim E(\lambda)$.

若 $X\sim E(\lambda)$，则 X 的分布函数为

$$F(x)=\begin{cases}1-\mathrm{e}^{-\lambda x}, & x>0,\\ 0, & x\leqslant 0.\end{cases}$$

服从指数分布的随机变量的概率密度函数图像和分布函数图像如图 2-4 和图 2-5 所示.

指数分布常用来描述各种"寿命"的分布. 例如，产品的寿命和动物的寿命都可认为是服从指数分布的.

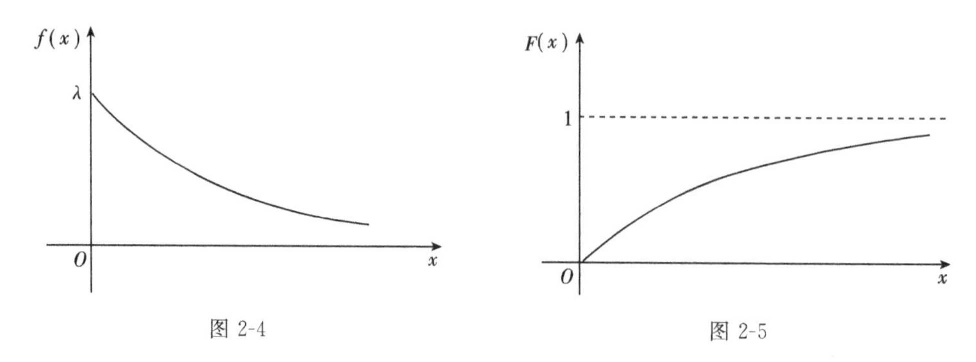

图 2-4　　　　图 2-5

例 3　设某种电子仪器的无故障使用时间(即从修复后使用到下次出现故障之间的时间间隔)$X\sim E(\lambda)$,(1)求这种仪器能无故障使用 th 以上的概率;(2)已知这种仪器已经无故障使用了 sh,求它还能无故障使用 th 以上的概率.

解　$X\sim E(\lambda)$,则 X 的概率密度函数为 $f(x)=\begin{cases}\lambda e^{-\lambda x}, & x>0,\\ 0, & x\leqslant 0,\end{cases}$

(1)所求概率为 $P\{X>t\}=\int_t^{+\infty}f(x)\mathrm{d}x=\int_t^{+\infty}\lambda e^{-\lambda x}\mathrm{d}x=e^{-\lambda t}$;

(2)所求概率为 $P\{X>t+s\,|\,X>s\}=\dfrac{P\{X>t+s\}}{P\{X>s\}}=\dfrac{e^{-\lambda(s+t)}}{e^{-\lambda s}}=e^{-\lambda t}$.

这里需要注意的是,已知这种仪器已经无故障使用了 sh,它还能无故障使用 th 以上的概率与仪器能无故障使用 th 以上的概率相等,相当于仪器对于已经使用的 sh 没有记忆,这正是指数分布的"无记忆性".

3. 正态分布

若随机变量 X 的概率密度函数为

$$f(x)=\frac{1}{\sqrt{2\pi}\sigma}e^{-\frac{(x-u)^2}{2\sigma^2}}\ (-\infty<x<+\infty),$$

其中 $\mu,\sigma>0$ 为常数,则称随机变量 X 服从参数为 μ 和 σ^2 的**正态分布**(normal distribution),记作 $X\sim N(\mu,\sigma^2)$.

正态分布密度函数 $f(x)$ 的图像如图 2-6 所示,它具有如下特征.

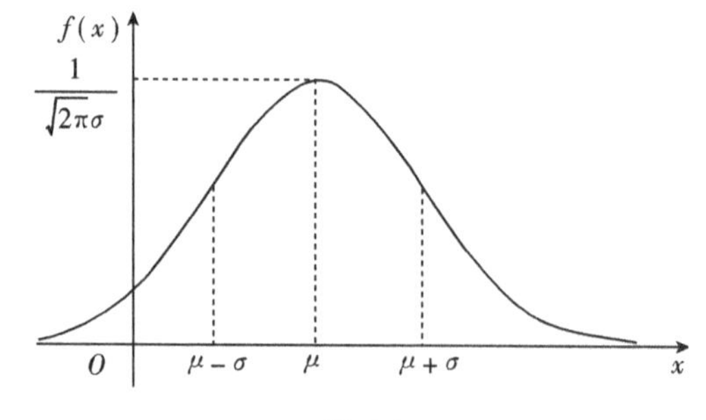

图 2-6

(1)关于直线 $x=\mu$ 对称.这表明对任意的 $\sigma>0$,随机变量 X 在关于 μ 对称的区间 $[\mu-\sigma,\mu]$ 与 $[\mu,\mu+\sigma]$ 上取值的概率相等,即

$$P\{\mu-\sigma\leqslant X\leqslant\mu\}=P\{\mu\leqslant X\leqslant\mu+\sigma\}.$$

(2)在 $x=\mu$ 处取得最大值 $\dfrac{1}{\sqrt{2\pi}\sigma}$.

(3)在 $x=\mu\pm\sigma$ 处有拐点且以 x 轴为水平渐近线.

(4)若固定 σ,改变 μ 的值,则曲线沿着 x 轴平移,但不改变形状,因此 μ 的大小决定曲线的位置;若固定 μ,改变 σ 的值,由最大值 $\dfrac{1}{\sqrt{2\pi}\sigma}$ 随着 σ 的增大而减小,可知随着 σ 的增大,曲线形状变得越来越扁平,随着 σ 的减小,曲线形状变得越来越陡峭,因此,σ 的大小决定了曲线的形状.

若 $X\sim N(\mu,\sigma^2)$,则 X 的分布函数为

$$F(x)=\int_{-\infty}^{x}\frac{1}{\sqrt{2\pi}\sigma}e^{-\frac{(t-u)^2}{2\sigma^2}}dt\ (-\infty<x<+\infty).$$

当 $\mu=0,\sigma=1$ 时,称随机变量 X 服从标准正态分布,记作 $X\sim N(0,1)$,此时,X 的概率密度函数为

$$\varphi(x)=\frac{1}{\sqrt{2\pi}}e^{-\frac{x^2}{2}}\ (-\infty<x<+\infty).$$

分布函数为

$$\Phi(x)=\int_{-\infty}^{x}\frac{1}{\sqrt{2\pi}}e^{-\frac{t^2}{2}}dt(-\infty<x<+\infty).$$

由定积分的几何意义知,图 2-7 中的阴影部分面积表示 $\Phi(x)$.

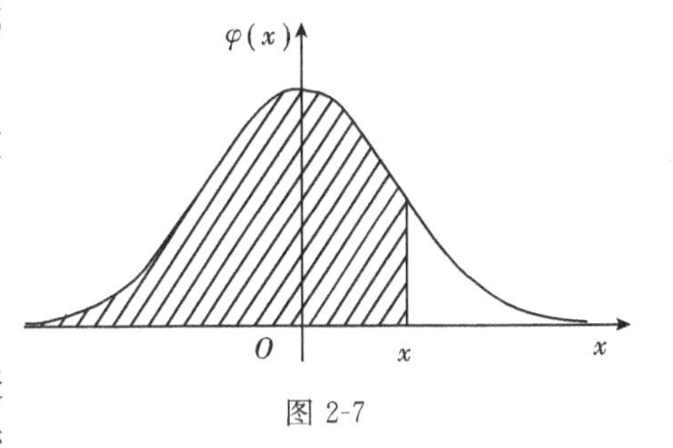

图 2-7

对于标准正态分布,很容易推出如下重要公式:

$$\Phi(-x)+\Phi(x)=1,$$

即 $\Phi(-x)=1-\Phi(x)$.

$\Phi(x)$ 的函数值已制成标准正态分布表可供查阅(见附表),但在实际应用中随机变量 X 服从标准正态分布的情形并不是很多,而应用更广泛的情形是 $X\sim N(\mu,\sigma^2)$,这时计算概率 $P(a<X\leqslant b)$ 是比较复杂的,这是因为

$$P\{a<X\leqslant b\}=\int_{a}^{b}\frac{1}{\sqrt{2\pi}\sigma}e^{-\frac{(x-\mu)^2}{2\sigma^2}}dx,$$

这个积分的被积函数的原函数并不是初等函数.

对于服从一般正态分布 $N(\mu,\sigma^2)$ 的随机变量 X,可以通过线性变换 $U=\dfrac{X-\mu}{\sigma}$ 转

化为标准正态分布，再利用 $\Phi(x)$ 的值求相应的概率. 这是因为

$$F(x)=\int_{-\infty}^{x}\frac{1}{\sqrt{2\pi}\sigma}\mathrm{e}^{-\frac{(t-\mu)^2}{2\sigma^2}}\mathrm{d}t \xlongequal{\text{令 } v=\frac{t-\mu}{\sigma}} \int_{-\infty}^{\frac{x-\mu}{\sigma}}\frac{1}{\sqrt{2\pi}}\mathrm{e}^{-\frac{v^2}{2}}\mathrm{d}v=\Phi\left(\frac{x-\mu}{\sigma}\right),$$

故有

$$P\{a<X\leqslant b\}=F(b)-F(a)=\Phi\left(\frac{b-\mu}{\sigma}\right)-\Phi\left(\frac{a-\mu}{\sigma}\right).$$

由分布函数的性质 $\Phi(-\infty)=0,\Phi(+\infty)=1$ 可知，a 或 b 为无穷时，有

$$P\{-\infty<X\leqslant b\}=P\{X\leqslant b\}=\Phi\left(\frac{b-\mu}{\sigma}\right),$$

$$P\{a<X<+\infty\}=P\{a<X\}=1-\Phi\left(\frac{a-\mu}{\sigma}\right).$$

称 $U=\frac{X-\mu}{\sigma}$ 为 X 的标准化变换. 任意一个正态随机变量经过标准化变换后得到的随机变量都服从标准正态分布.

例 4　设 $X\sim N(2,0.25)$，求 (1) $P\{X\leqslant 2.2\}$；(2) $P\{2.2\leqslant X<2.5\}$；(3) $P\{|X-2|\leqslant 1\}$；(4) $P\{|X|>0.5\}$.

解　查标准正态分布表：

(1) $P\{X\leqslant 2.2\}=\Phi\left(\frac{2.2-2}{0.5}\right)=\Phi(0.4)\approx 0.6554$.

(2) $P\{2.2\leqslant X<2.5\}=\Phi\left(\frac{2.5-2}{0.5}\right)-\Phi\left(\frac{2.2-2}{0.5}\right)=\Phi(1)-\Phi(0.4)\approx 0.9772-0.6554=0.3218$.

(3) $P\{|X-2|\leqslant 1\}=P\{1\leqslant X\leqslant 3\}=\Phi\left(\frac{3-2}{0.5}\right)-\Phi\left(\frac{1-2}{0.5}\right)=\Phi(2)-\Phi(-2)=2\Phi(2)-1=2\times 0.9772-1\approx 0.9544$.

(4) $P\{|X|>0.5\}=1-P\{|X|\leqslant 0.5\}=1-P\{-0.5\leqslant X\leqslant 0.5\}=1-\Phi\left(\frac{0.5-2}{0.5}\right)+\Phi\left(\frac{-0.5-2}{0.5}\right)\approx 0.9987$.

例 5　某省高考采用标准化记分方法，并认为考生成绩 X 近似服从 $N(500,100^2)$，如果录取率为 30.9%，问录取线应定在多少分？

解　设分数线应定为 x_0 分，由题意知 $X\sim N(500,100^2)$，$P\{X>x_0\}=0.309$，从而 $\Phi\left(\frac{x_0-500}{100}\right)=1-0.309$，查表得 $\frac{x_0-500}{100}=0.5$，所以 $x_0=550$. 故分数线应定在 550 分.

例 6　设 $X\sim N(\mu,\sigma^2)$，求 X 落在区间 $(\mu-k\sigma,\mu+k\sigma)$ 内的概率，其中 $k=1,2,3$.

解　$P\{\mu-k\sigma<X<\mu+k\sigma\}=\Phi\left(\frac{\mu+k\sigma-\mu}{\sigma}\right)-\Phi\left(\frac{\mu-k\sigma-\mu}{\sigma}\right)$

$$=\Phi(k)-\Phi(-k)=2\Phi(k)-1=\begin{cases}0.6826, & k=1,\\ 0.9544, & k=2,\\ 0.9973, & k=3.\end{cases}$$

由本例可见，正态随机变量 X 的取值几乎全部落在区间 $(\mu-3\sigma,\mu+3\sigma)$ 内，如果 X 随机地取一个值，却不在 $(\mu-3\sigma,\mu+3\sigma)$ 内，那么就有理由怀疑 $X\sim N(\mu,\sigma^2)$ 是否为真. 在检验产品的质量或判断异常的观测数据时，这是一个应用十分广泛的准则，称为 3σ 原则.

2.5　随机变量函数的分布

在许多实际问题中，我们常常用到某些随机变量的函数，比如能直接测量出螺钉的直径 X，但我们关心的却是螺钉的横截面积 $A=\pi\left(\frac{X}{2}\right)^2$. 因此除了对某一随机变量的概率分布进行研究以外，往往还要研究某些与该随机变量有函数关系的变量. 设 X 是一个随机变量，$y=g(x)$ 为连续实函数，则 $Y=g(X)$ 称为随机变量 X 的函数，可以证明 Y 也是一个随机变量. 由于 $g(x)$ 本身是一个确定性的函数，即 X 与 Y 之间的关系是确定性的，故当 X 取定某一数值时，Y 的取值将由函数关系 $g(X)$ 唯一确定，因此，Y 的随机性完全由 X 的随机性所决定，进而 Y 的概率分布原则上应该由 X 的分布所确定. 本节我们将讨论当 X 的分布已知时，随机变量 $Y=g(X)$ 的概率分布的求法.

2.5.1　离散型随机变量函数的分布

设 X 为离散型随机变量，其概率分布为 $P\{X=x_k\}=p_k, k=1,2,\cdots, y=g(x)$ 为连续实函数，令 $Y=g(X)$，则 Y 也是离散型随机变量，将 X 的所有可能取值代入 $y=g(x)$ 可得 Y 的可能取值 $y_k=g(x_k), k=1,2,\cdots$.

如果 $y_k(k=1,2,\cdots)$ 各不相同，则

$$P\{Y=y_k\}=P\{g(X)=y_k\}=P\{X=x_k\}=p_k,\quad k=1,2,\cdots,$$

于是，Y 的分布列为

Y	y_1	y_2	$\cdots$	y_k	$\cdots$
P	p_1	p_2	$\cdots$	p_k	$\cdots$

如果 $y_k(k=1,2,\cdots)$ 中有相同的值，不妨设 $g(x_{k_1})=g(x_{k_2})=\cdots=g(x_{k_m})=\bar{y}$，则

$$P\{Y=\bar{y}\}=P\{g(X)=\bar{y}\}=P\{(X=x_{k_1})\cup\cdots\cup(X=x_{k_m})\}=\sum_{i=1}^{m}p_{k_i}.$$

例 1　设随机变量 X 的分布列为

X	-2	-1	0	1	2
P	0.1	0.2	0.4	0.2	0.1

试求(1)$Y=2X+1$ 的分布列;(2)$Y=X^2$ 的分布列.

解　(1)Y 的所有可能取值为$-3,-1,1,3,5$,取这些值的概率分别为

$$P\{Y=-3\}=P\{2X+1=-3\}=P\{X=-2\}=0.1;$$

$$P\{Y=-1\}=P\{2X+1=-1\}=P\{X=-1\}=0.2;$$

$$P\{Y=1\}=P\{2X+1=1\}=P\{X=0\}=0.4;$$

$$P\{Y=3\}=P\{2X+1=3\}=P\{X=1\}=0.2;$$

$$P\{Y=5\}=P\{2X+1=5\}=P\{X=2\}=0.1.$$

列表表示为

Y	-3	-1	1	3	5
P	0.1	0.2	0.4	0.2	0.1

(2)Y 的所有可能取值为 0,1,4,取这些值的概率分别为

$$P\{Y=0\}=P\{X^2=0\}=P\{X=0\}=0.4;$$

$$P\{Y=1\}=P\{X^2=1\}=P\{X=-1\}+P\{X=1\}=0.4;$$

$$P\{Y=4\}=P\{X^2=4\}=P\{X=-2\}+P\{X=2\}=0.2.$$

列表表示为

Y	0	1	4
P	0.4	0.4	0.2

2.5.2　连续型随机变量函数的分布

设 X 为连续型随机变量,其概率密度函数为 $f_X(x)$,$y=g(x)$为一连续函数,则 $Y=g(X)$仍为连续型随机变量,那么如何求 Y 的概率密度函数 $f_Y(y)$呢?方法是:根据分布函数的定义先求出 $Y=g(X)$的分布函数

$$F_Y(y)=P\{Y\leqslant y\}=P\{g(X)\leqslant y\}=P\{X\in I\},$$

其中 $I=\{x\,|\,g(x)\leqslant y\}$.然后上式中对 y 求导数,得到 Y 的概率密度函数 $f_Y(y)=F'_Y(y)$.这种方法我们称为“分布函数法”.下面通过一些例子加以说明.

例 2　已知 $X\sim N(\mu,\sigma^2)$,$Y=aX+b$(a,b 为常数,且 $a\neq0$),试求 Y 的分布.

解　X 的概率密度函数为

$$f_X(x)=\frac{1}{\sqrt{2\pi}\sigma}e^{-\frac{(x-\mu)^2}{2\sigma^2}}\ (-\infty<x<+\infty).$$

设 Y 的分布函数为 $F_Y(y)$，则

$$F_Y(y)=P\{Y\leqslant y\}=P\{aX+b\leqslant y\}.$$

当 $a>0$ 时，$F_Y(y)=P\{Y\leqslant y\}=P\left\{X\leqslant\frac{y-b}{a}\right\}=\frac{1}{\sqrt{2\pi}\sigma}\int_{-\infty}^{\frac{y-b}{a}}e^{-\frac{(x-\mu)^2}{2\sigma^2}}dx$，

$$f_Y(y)=F_Y'(y)=\frac{1}{\sqrt{2\pi}a\sigma}e^{-\frac{[y-(a\mu+b)]^2}{2a^2\sigma^2}};$$

当 $a<0$ 时，$F_Y(y)=P\{Y\leqslant y\}=P\left\{X\geqslant\frac{y-b}{a}\right\}=\frac{1}{\sqrt{2\pi}\sigma}\int_{\frac{y-b}{a}}^{+\infty}e^{-\frac{(x-\mu)^2}{2\sigma^2}}dx$，

$$f_Y(y)=F_Y'(y)=\frac{1}{\sqrt{2\pi}(-a)\sigma}e^{-\frac{[y-(a\mu+b)]^2}{2a^2\sigma^2}}.$$

综合上述情况，得 Y 的概率密度函数为

$$f_Y(y)=\frac{1}{\sqrt{2\pi}|a|\sigma}e^{-\frac{[y-(a\mu+b)]^2}{2a^2\sigma^2}}\ (-\infty<y<+\infty).$$

这表明若 $X\sim N(\mu,\sigma^2)$，则 $Y=aX+b\sim N(a\mu+b,(a\sigma)^2)$. 即服从正态分布的随机变量的线性函数仍服从正态分布.

例 3　已知随机变量 X 的概率密度函数为

$$f_X(x)=\begin{cases}\frac{1}{3}(4x+1), & 0<x<1,\\ 0, & \text{其他},\end{cases}$$

$Y=\ln X$，试求随机变量 Y 的概率密度函数.

解　先求随机变量 Y 的分布函数 $F_Y(y)$：

$$F_Y(y)=P\{Y\leqslant y\}=P\{\ln X\leqslant y\}=P\{X\leqslant e^y\}=\int_{-\infty}^{e^y}f_X(x)dx.$$

考虑到 $f_X(x)$ 为分段函数，则有

若 $e^y<1$，即 $y<0$，$F_Y(y)=\int_{-\infty}^{e^y}f_X(x)dx=\int_0^{e^y}\frac{1}{3}(4x+1)dx$；

若 $e^y\geqslant 1$，即 $y\geqslant 0$，$F_Y(y)=\int_{-\infty}^{e^y}f_X(x)dx=\int_0^1\frac{1}{3}(4x+1)dx=1$.

故随机变量 Y 的分布函数为

$$F_Y(y)=\begin{cases}\int_0^{e^y}\frac{1}{3}(4x+1)dx, & y<0,\\ 1, & y\geqslant 0.\end{cases}$$

于是得 $Y=\ln X$ 的概率密度函数为

$$f_Y(y)=F'_Y(y)=\begin{cases}\dfrac{1}{3}e^y(4e^y+1), & y<0,\\ 0, & y\geqslant 0.\end{cases}$$

当函数 $y=g(x)$ 是处处可导且严格单调函数时，我们有如下定理.

定理 设随机变量 X 的概率密度函数为 $f_X(x)$，$y=g(x)$ 为单调可导函数，且其导数恒不为零，记 $x=h(y)$ 为 $y=g(x)$ 的反函数，则 $Y=g(X)$ 的概率密度函数为

$$f_Y(y)=\begin{cases}f_X[h(y)]\cdot|h'(y)|, & \alpha<y<\beta,\\ 0, & \text{其他},\end{cases}$$

其中 $\alpha=\min\{g(-\infty),g(+\infty)\}$，$\beta=\max\{g(-\infty),g(+\infty)\}$.

此定理可利用分布函数法加以证明，此处不再赘述.

如果随机变量 X 的概率密度函数在一个有限的区间 $[a,b]$ 之外取值为零，我们只需 $y=g(x)$ 在区间 (a,b) 内可导，并在此区间上严格单调，当 $y=g(x)$ 为单调增加函数时，$\alpha=g(a)$，$\beta=g(b)$；当 $y=g(x)$ 为单调减少函数时，$\alpha=g(b)$，$\beta=g(a)$.

例 4 已知随机变量 X 的概率密度函数为

$$f_X(x)=\begin{cases}\dfrac{x}{8}, & 0<x<4,\\ 0, & \text{其他},\end{cases}$$

求随机变量 $Y=2X+8$ 的概率密度函数.

解 $f_X(x)$ 在区间 $(0,4)$ 之外函数值为零，$y=2x+8$ 在 $(0,4)$ 内可导且是单调增加函数，于是 $a=0$，$b=4$，$y=2x+8$ 的反函数为 $x=h(y)=\dfrac{1}{2}(y-8)$，$\alpha=8$，$\beta=16$，$h'(y)=\dfrac{1}{2}$，所以随机变量 $Y=2X+8$ 的概率密度函数为

$$f_Y(y)=\begin{cases}\dfrac{1}{8}\left(\dfrac{y-8}{2}\right)\cdot\dfrac{1}{2}, & 8<y<16,\\ 0, & \text{其他}\end{cases}=\begin{cases}\dfrac{y-8}{32}, & 8<y<16,\\ 0, & \text{其他}.\end{cases}$$

习 题 2

1. 已知离散型随机变量 X 的概率分布为

(1) $P\{X=k\}=a\cdot\dfrac{\lambda^k}{k!}(k=0,1,2,\cdots;\lambda>0)$；

(2) $P\{X=k\}=\dfrac{1-a}{4^k}(k=1,2,3,\cdots)$.

求 a 的值.

2. 设在 10 只灯泡中有 2 只次品，在其中取 3 次，每次任取 1 只，作不放回抽样，

X 表示取出的次品数，求 X 的分布列.

3. 一袋中装有 6 只小球，编号为 1,2,3,4,5,6. 从袋中同时取出 4 只小球，用 X 表示取出的小球中的最大号码，求 X 的分布列.

4. 有 5 件产品，其中 2 件次品，从中任取 2 件，取得的次品数为随机变量 X，求

(1) X 的分布列；

(2) X 的分布函数；

(3) $P\left\{X\leqslant\frac{1}{2}\right\}$；

(4) $P\left\{1\leqslant X\leqslant\frac{3}{2}\right\}$；

(5) $P\{1<X<2\}$.

5. 某宿舍楼内有 5 台投币自助洗衣机，设每台洗衣机是否被使用相互独立. 调查表明在任一时刻每台洗衣机被使用的概率为 0.1，问在同一时刻

(1) 恰有 2 台洗衣机被使用的概率是多少？

(2) 至多有 3 台洗衣机被使用的概率是多少？

6. 某人从网上订购了 6 只茶杯，在运输途中，茶杯被打破的概率为 0.02，求

(1) 该人收到茶杯时，恰有 2 只茶杯被打破的概率；

(2) 该人收到茶杯时，至少有 1 只茶杯被打破的概率；

(3) 该人收到茶杯时，至多有 2 只茶杯被打破的概率.

7. 一电话总机每分钟收到呼唤的次数服从参数为 4 的泊松分布，求

(1) 某一分钟恰有 6 次呼唤的概率；

(2) 某一分钟的呼唤次数大于 2 的概率.

8. 有一繁忙的汽车站，每天有大量的汽车通过. 设一辆汽车在一天的某段时间内出事故的概率为 0.0001，在某天的该时间段内有 1000 辆汽车通过. 问出事故的车辆数不小于 2 的概率是多少？（提示：利用泊松定理计算）

9. 假设某种机器发生故障的概率为 0.01，一台机器的故障由一人来处理，设事件 A 表示机器发生故障不能及时被修理，求

(1) 若一人负责管理维修 6 台设备，事件 A 发生的概率；

(2) 若 3 人共同负责管理维修 20 台设备，事件 A 发生的概率.

10. 设随机变量 $X\sim B(2,p)$，$Y\sim B(5,p)$，若已知 $P\{X\geqslant1\}=\frac{5}{9}$，求 $P\{Y<2\}$.

11. 甲、乙两名射手轮流向同一目标射击，直到某人击中目标为止. 已知甲击中目标的概率为 0.6，乙击中目标的概率为 0.8，求甲射手射击次数的概率分布.

12. 设一只昆虫所生虫卵数 X 服从参数为 λ 的泊松分布，而每个虫卵发育为幼虫的概率等于 p，且每个虫卵是否发育为幼虫是独立的，求一只昆虫所生幼虫数 Y 的

概率分布.

13. 设离散型随机变量 X 的分布函数为 $F(x)=\begin{cases}0, & x<1,\\ 0.4, & 1\leqslant x<3,\\ 0.8, & 3\leqslant x<5,\\ 1, & x\geqslant 5,\end{cases}$ 求

(1) X 的概率分布；

(2) $P\{X<4 \mid X>2\}$.

14. 设连续型随机变量 X 的概率密度函数为 $f(x)=\begin{cases}x, & 0\leqslant x<1,\\ 2-x, & 1\leqslant x<2,\\ 0, & 其他,\end{cases}$ 求

(1) X 的分布函数；

(2) $P\left\{-1\leqslant X\leqslant \frac{1}{2}\right\}$；

(3) $P\left\{\frac{1}{2}\leqslant X\leqslant \frac{3}{2}\right\}$.

15. 设随机变量 X 的概率密度函数为 $f(x)=\frac{1}{2}\mathrm{e}^{-|x|}, -\infty<x<+\infty$，求 X 的分布函数 $F(x)$.

16. 设随机变量 X 的分布函数为 $F(x)=\begin{cases}1-\mathrm{e}^{-x}, & x\geqslant 0,\\ 0, & x<0,\end{cases}$ 求

(1) $P\{X\leqslant 2\}$；

(2) $P\{X>3\}$；

(3) X 的密度函数 $f(x)$.

17. 已知随机变量 X 的概率密度函数为 $f(x)=\begin{cases}ax+b, & x\in(0,1),\\ 0, & 其他,\end{cases}$ 且 $P\left\{X>\frac{1}{2}\right\}=\frac{5}{8}$，求

(1) a,b 的值；

(2) X 的分布函数 $F(x)$；

(3) $P\left\{\frac{1}{4}<X\leqslant \frac{1}{2}\right\}$.

18. 设随机变量 X 的概率密度函数为 $f(x)=\begin{cases}k(3+2x), & x\in(2,4),\\ 0, & 其他,\end{cases}$ 求

(1) k 的值；

(2) X 的分布函数 $F(x)$；

(3) $P\{1<X\leqslant 3\}$.

19. 设随机变量 X 的分布函数为 $F(x)=\begin{cases}0, & x\leqslant 0,\\ kx^2, & 0<x<2,\\ 1, & x\geqslant 2,\end{cases}$ 试确定常数 k 的值，并求 X 的密度函数 $f(x)$.

20. 设随机变量 X 的分布函数为 $F(x)=\begin{cases}A+Be^{-2x}, & x>0,\\ 0, & x\leqslant 0,\end{cases}$ 求

(1) A,B 的值；

(2) $P\{-1<X<1\}$；

(3) X 的密度函数 $f(x)$.

21. 使用了 xh 的电子管，在以后的 Δxh 内损坏的概率等于 $\lambda\Delta x+o(\Delta x)$，其中，$\lambda>0$是常数，求电子管在损坏前已使用小时数 X 的分布函数，并求电子管在 Th 内损坏的概率.

22. 已知随机变量 X 在[0,5]上服从均匀分布，求矩阵 $A=\begin{pmatrix}2 & 0 & 0\\ 0 & -X & 1\\ 0 & -1 & 0\end{pmatrix}$ 的特征值全为实数的概率.

23. 设随机变量 $X\sim U[2,5]$，现对 X 进行 3 次重复独立观测，求至少有 2 次观测值大于 3 的概率.

24. 某仪器装有 3 只独立工作的同型号的电子元件，其寿命 X(单位：h)都服从参数为$\frac{1}{300}$的指数分布，在仪器使用的最初 150h 内，求

(1) 至少有 1 只电子元件损坏的概率；

(2) 至多有 2 只电子元件损坏的概率.

25. 设 $X\sim N(0,1)$，求

(1) $P\{X<1.36\}$；

(2) $P\{X<-0.25\}$；

(3) $P\{|X|<1.6\}$.

26. 设 $X\sim N(1.5,4)$，求

(1) $P\{X<2.5\}$；

(2) $P\{X<-4\}$；

(3) $P\{X>3\}$；

(4) $P\{|X|<2\}$.

27. 设随机变量 $X\sim N(5,9)$，试确定 c 的值使 $P\{X>c\}=P\{X\leqslant c\}$.

28. 设随机变量 $X\sim N(2,\sigma^2)$，且 $P\{0<X<4\}=0.3$，求 $P\{X<0\}$.

29. 某地抽样结果表明，考生的数学成绩 X（百分制）近似服从正态分布 $N(72,\sigma^2)$，96 分以上的占考生总数的 2.28%，求考生的数学成绩在 60 分到 84 分之间的概率.

30. 在电源电压不超过 200V，200～240V 和超过 240V 三种情况下，某种电子元件损坏的概率分别为 0.1，0.001 和 0.2. 假设电源电压 X 服从正态分布 $N(220,25^2)$，试求

(1) 该电子元件损坏的概率；

(2) 该电子元件损坏时，电源电压超过 240V 的概率.

31. 某人要从家搭车去机场乘机，有两条路可走. 第一条路线经过市区，路程较短，但交通拥挤，所需时间（单位：min）服从正态分布 $N(50,100)$；第二条路线沿环城公路走，路程较长，但意外阻塞较少，所需时间服从正态分布 $N(60,16)$，问

(1) 若有 70min 可用，应走哪条路线；

(2) 若只有 65min 可用，应走哪条路线.

32. 某单位招聘 155 人，按考试成绩录用，共有 526 人报名，假设报名者考试成绩 $X\sim N(\mu,\sigma^2)$，已知 90 分以上 12 人，60 分以下 83 人，若从高分到低分依次录取，某人成绩为 78 分，问此人能否被录取？

33. 设随机变量 X 的概率分布列为

X	-1	0	3
P	$2a$	$2a$	a

，求

(1) 常数 a 的值；

(2) X 的分布函数；

(3) $P\left\{-1\leqslant X\leqslant \frac{3}{2}\right\}$；

(4) $Y=(X-1)^2$ 的分布列.

34. 已知离散型随机变量 X 的概率分布为

X	-2	-1	0	1
P	0.2	0.3	0.2	0.3

，求

(1) $Y=-2X+1$ 的概率分布；

(2) $Y=X^2+1$ 的概率分布.

35. 设随机变量 X 的分布列为 $P\{X=k\}=\frac{1}{2^k}(k=1,2,3,\cdots)$，试求 $Y=\sin\frac{\pi X}{2}$ 的分布列.

36. 设随机变量 X 的密度函数为 $f_X(x)=\begin{cases}e^{-x}, & x>0,\\ 0, & x\leqslant 0,\end{cases}$ 求 $Y=X^2$ 的分布函数

与密度函数.

37. 设随机变量 X 在 $\left(-\frac{\pi}{2},\frac{\pi}{2}\right)$ 上服从均匀分布,求 $Y=\sin X$ 的概率密度函数.

38. 设随机变量 X 在 $[0,1]$ 上服从均匀分布,求 $Y=e^{X}$ 的分布函数和密度函数.

39. 设随机变量 X 的密度函数为 $f_X(x)=\begin{cases}2x^3e^{-x^2}, & x\geqslant 0,\\ 0, & x<0,\end{cases}$ 求下列随机变量的密度函数:

(1) $Y=\ln X$;

(2) $Y=X^2$.

40. 设随机变量 X 服从参数为 2 的指数分布,求 $Y=1+e^{-2X}$ 的密度函数.

41. 设随机变量 X 服从参数为 λ 的指数分布,求 $Y=X^3$ 的概率密度函数.

42. 设随机变量 X 的概率密度为 $f(x)=\begin{cases}\dfrac{1}{3\sqrt[3]{x^2}}, & 1\leqslant x\leqslant 8,\\ 0, & \text{其他},\end{cases}$ $F(x)$ 是 X 的分布函数,求随机变量 $Y=F(X)$ 的分布函数.

第3章　多维随机变量及其概率分布

第2章讨论了一维随机变量及其概率分布，但有些随机现象难以用一维随机变量来描述，而需要用多维随机变量来描述. 例如，打靶时弹着点的平面位置需要考虑两个变量：横坐标 X 和纵坐标 Y；又如考察某地区的气候，通常要同时考察气温 X_1、气压 X_2、风力 X_3、湿度 X_4 这四个随机变量，而所研究的随机性问题是一个整体，其涉及的这些随机变量之间也是有联系的，因而这就需要我们来讨论多维随机变量及其概率分布.

一般地，称由 n 个随机变量 $X_1, X_2, \cdots, X_n$ 所构成的整体 $X=(X_1, X_2, \cdots, X_n)$ 为 n **维随机变量**或 n **维随机向量**，X_i 称为 X 的第 $i(i=1,2,\cdots,n)$ 个分量.

特别地，当 $n=1$ 时的一维随机变量就是第2章中的随机变量. 本章着重讨论二维随机变量，它的很多结论不难推广到 n 大于2的情形.

3.1　二维随机变量及其分布

3.1.1　二维随机变量及其分布函数

定义1　设随机试验 E 的样本空间为 Ω，X 和 Y 是定义在 Ω 上的两个随机变量，由它们构成的向量 (X,Y) 称为二维随机变量或二维随机向量.

二维随机变量的性质不仅与 X 的性质及 Y 的性质有关，而且还依赖于两个随机变量的相互关系，因此只研究 X 和 Y 的性质是远远不够的，还需要把 (X,Y) 看作一个整体进行研究，与一维随机变量类似，我们也借助"分布函数"来研究二维随机变量，下面引入二维随机变量分布函数的概念.

定义2　设 (X,Y) 是二维随机变量，对于任意实数 x,y，称二元函数

$$F(x,y)=P\{X\leqslant x, Y\leqslant y\}$$

为二维随机变量 (X,Y) 的分布函数，或称随机变量 X 和 Y 的联合分布函数.

注　因为 X 和 Y 是随机变量，$\{X\leqslant x\}$，$\{Y\leqslant y\}$ 都是事件，$\{X\leqslant x, Y\leqslant y\}$ 表示两个事件的乘积，即 $\{X\leqslant x, Y\leqslant y\}=\{X\leqslant x\}\cap\{Y\leqslant y\}$，即有

$$F(x,y)=P\{X\leqslant x, Y\leqslant y\}=P(\{X\leqslant x\}\cap\{Y\leqslant y\}).$$

如果将二维随机变量 (X,Y) 看成是平面上随机点的坐标，那么分布函数 $F(x,y)$ 在 (x,y) 处的函数值就是随机点 (X,Y) 落在以点 (x,y) 为顶点而位于该点左下方的无穷矩形域内的概率(图3-1).

如果给定分布函数 $F(x,y)$，则由图3-2容易得到 (X,Y) 落在矩形区域 $\{(x,y)\mid$

$x_1<x\leqslant x_2, y_1<y\leqslant y_2\}$内的概率为

$$P\{x_1<X\leqslant x_2, y_1<Y\leqslant y_2\}=F(x_2,y_2)-F(x_2,y_1)-F(x_1,y_2)+F(x_1,y_1).$$

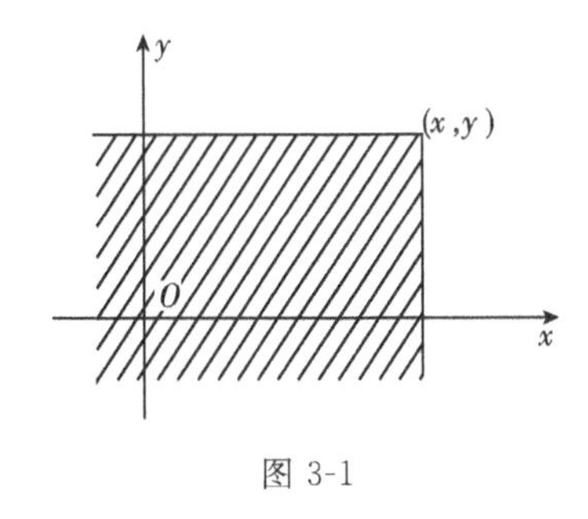

图 3-1

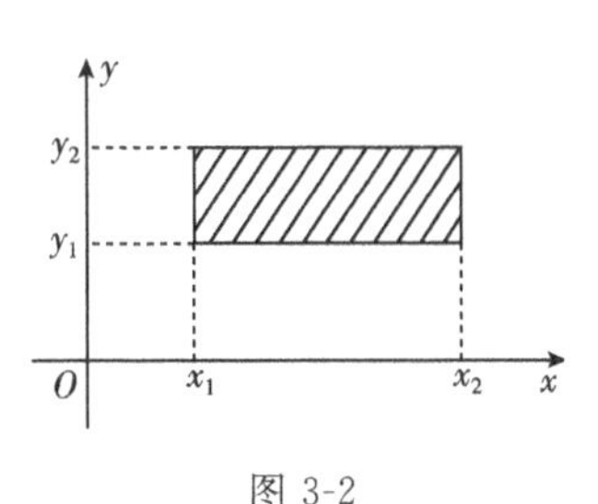

图 3-2

二维随机变量(X,Y)的分布函数$F(x,y)$与一维随机变量X的分布函数$F(x)$有类似的性质：

(1)$F(x,y)$分别是变量x,y的不减函数，即

对于固定的y，若$x_1<x_2$，则$F(x_1,y)\leqslant F(x_2,y)$；

对于固定的x，若$y_1<y_2$，则$F(x,y_1)\leqslant F(x,y_2)$.

(2) $F(x,y)$关于x和关于y是右连续函数，即

$$F(x,y)=F(x+0,y);\quad F(x,y)=F(x,y+0).$$

(3) $\forall x,y\quad 0\leqslant F(x,y)\leqslant 1$,

$$F(-\infty,-\infty)=\lim_{\substack{x\to-\infty\\ y\to-\infty}}F(x,y)=0,\quad F(+\infty,+\infty)=\lim_{\substack{x\to+\infty\\ y\to+\infty}}F(x,y)=1.$$

对任意固定的y，$F(-\infty,y)=\lim\limits_{x\to-\infty}F(x,y)=0$.

对任意固定的x，$F(x,-\infty)=\lim\limits_{y\to-\infty}F(x,y)=0$.

(4)对于任意的$x_1<x_2, y_1<y_2$有

$$F(x_2,y_2)-F(x_2,y_1)-F(x_1,y_2)+F(x_1,y_1)\geqslant 0.$$

例 1 判断二元函数$F(x,y)=\begin{cases}0, & x+y<0,\\ 1, & x+y\geqslant 0\end{cases}$是否是某二维随机变量$(X,Y)$的分布函数.

解 作为二维随机变量(X,Y)的分布函数$F(x,y)$，对于任意的$x_1<x_2, y_1<y_2$有

$$F(x_2,y_2)-F(x_2,y_1)-F(x_1,y_2)+F(x_1,y_1)\geqslant 0,$$

而 $F(x,y)=\begin{cases}0, & x+y<0,\\ 1, & x+y\geqslant 0.\end{cases}$若取$x_1=-1, x_2=1, y_1=-1, y_2=1$，有

$$F(x_2,y_2)-F(x_2,y_1)-F(x_1,y_2)+F(x_1,y_1)=1-1-1+0<0.$$

故函数$F(x,y)$不能作为某二维随机变量(X,Y)的分布函数.

3.1.2 二维离散型随机变量及其概率分布

定义 3 如果二维随机变量(X,Y)的所有可能取值为有限对或无穷可列对，则

称(X,Y)为**二维离散型随机变量**.

注　如果(X,Y)为二维离散型随机变量,则它的每一个分量X与Y分别都是一维离散型随机变量,反之亦然.

定义4　设二维随机变量(X,Y)的所有可能取值为$(x_i,y_j)(i,j=1,2,\cdots)$,取这些值的概率分别为$P\{X=x_i,Y=y_j\}=p_{ij},i,j=1,2,\cdots$,称$P\{X=x_i,Y=y_j\}=p_{ij}$,$i,j=1,2,\cdots$为二维离散型随机变量的**联合概率分布**或**联合分布列**.

联合分布列也常用表格表示.

X \ Y	y_1	y_2	$\cdots$	y_j	$\cdots$
x_1	p_{11}	p_{12}	$\cdots$	p_{1j}	$\cdots$
x_2	p_{21}	p_{22}	$\cdots$	p_{2j}	$\cdots$
$\vdots$	$\vdots$	$\vdots$		$\vdots$	
x_i	p_{i1}	p_{i2}	$\cdots$	p_{ij}	$\cdots$
$\vdots$	$\vdots$	$\vdots$		$\vdots$	

联合分布列有以下性质:

(1)$p_{ij}\geqslant 0,i,j=1,2,\cdots$

(2)$\sum\limits_i\sum\limits_j p_{ij}=1$.

反之,若数集$\{p_{ij}\}(i,j=1,2,\cdots)$具有以上两条性质,则它必可作为某二维离散型随机变量的联合分布列.

如果已知二维离散型随机变量的联合概率分布,由二维随机变量的分布函数的定义,可得二维离散型随机变量(X,Y)的分布函数为

$$F(x,y)=\sum_{x_i\leqslant x}\sum_{y_j\leqslant y}p_{ij},$$

其中和式是对一切满足$x_i\leqslant x,y_j\leqslant y$的$i$和$j$求和.

例2　二维离散型随机变量的联合概率分布由如下表确定,求(1)$P\{X\leqslant 0,Y\geqslant 0\}$;(2)$P\{X+Y=0\}$;(3)$F(0,0)$.

X \ Y	-2	0	1
-1	0.3	0.1	0.1
1	0.05	0.2	0
2	0.2	0	0.05

解　(1) $P\{X\leqslant 0,Y\geqslant 0\}=P\{X=-1,Y=0\}+P\{X=-1,Y=1\}=0.2$.

(2) $P\{X+Y=0\}=P\{X=-1,Y=1\}+P\{X=2,Y=-2\}=0.3$.

(3) $F(0,0)=P\{X\leqslant 0,Y\leqslant 0\}=P\{X=-1,Y=-2\}+P\{X=-1,Y=0\}=0.3+0.1=0.4$.

例 3　10 件产品中有 3 件次品，7 件正品，每次任取一件，连续取两次，记

$$X_i=\begin{cases}0, & \text{第 } i \text{ 次取到正品},\\ 1, & \text{第 } i \text{ 次取到次品},\end{cases}\quad i=1,2.$$

分别对不放回抽样和放回抽样两种情况，写出(X_1,X_2)的联合概率分布.

解　(X_1,X_2)的可能取值为$(0,0)$，$(0,1)$，$(1,0)$，$(1,1)$.

(1)不放回抽样：

$$P\{X_1=0,X_2=0\}=P\{X_1=0\}P\{X_2=0\mid X_1=0\}=\frac{7}{10}\times\frac{6}{9}=\frac{7}{15},$$

$$P\{X_1=0,X_2=1\}=P\{X_1=0\}P\{X_2=1\mid X_1=0\}=\frac{7}{10}\times\frac{3}{9}=\frac{7}{30},$$

$$P\{X_1=1,X_2=0\}=P\{X_1=1\}P\{X_2=0\mid X_1=1\}=\frac{3}{10}\times\frac{7}{9}=\frac{7}{30},$$

$$P\{X_1=1,X_2=1\}=P\{X_1=1\}P\{X_2=1\mid X_1=1\}=\frac{3}{10}\times\frac{2}{9}=\frac{1}{15},$$

即(X_1,X_2)的联合概率分布为

X_1 \ X_2	0	1
0	$\frac{7}{15}$	$\frac{7}{30}$
1	$\frac{7}{30}$	$\frac{1}{15}$

(2)放回抽样：

由于事件$\{X_1=x_i\}$与$\{X_2=x_j\}$相互独立，所以

$$P\{X_1=x_i,X_2=x_j\}=P\{X_1=x_i\}P\{X_2=x_j\},$$

即(X_1,X_2)的联合概率分布如下：

X_1 \ X_2	0	1
0	0.49	0.21
1	0.21	0.09

3.1.3　二维连续型随机变量及其概率密度函数

定义 5　设二维随机变量(X,Y)的分布函数为$F(x,y)$，如果存在一个非负可积

的二元函数 $f(x,y)$，使得对任意实数 x,y 都有

$$F(x,y)=P\{X\leqslant x,Y\leqslant y\}=\int_{-\infty}^{y}\int_{-\infty}^{x}f(u,v)\mathrm{d}u\mathrm{d}v,$$

则称(X,Y)为**二维连续型随机变量**，函数 $f(x,y)$称为二维连续型随机变量(X,Y)的**概率密度函数**，或称为(X,Y)的**联合概率密度函数**.

联合概率密度函数 $f(x,y)$具有以下性质：

(1) $f(x,y)\geqslant 0$；$-\infty<x<+\infty,-\infty<y<+\infty$；

(2) $\int_{-\infty}^{+\infty}\int_{-\infty}^{+\infty}f(x,y)\mathrm{d}x\mathrm{d}y=1$；

(3) 如果 $f(x,y)$在点(x,y)处连续，则有$\dfrac{\partial^2F(x,y)}{\partial x\partial y}=f(x,y)$；

(4) 若 D 为 xOy 平面上一个平面区域，则点(X,Y)落在 D 内的概率为

$$P\{(X,Y)\in D\}=\iint\limits_{D}f(x,y)\mathrm{d}x\mathrm{d}y.$$

可以证明，对于任意一个二元函数 $f(x,y)$，若满足性质(1)和(2)，它一定可作为某二维连续型随机变量的概率密度函数.

性质(4)的结论非常重要，它将二维连续型随机变量(X,Y)落在平面区域 D 内的概率问题转化成概率密度函数 $f(x,y)$在平面区域 D 上的二重积分的计算.由二重积分的几何意义可知，该概率值就等于以 D 为底，以曲面 $z=f(x,y)$为顶，母线平行于 z 轴的曲顶柱体的体积.

例 4 设二维连续型随机变量(X,Y)的概率密度函数为

$$f(x,y)=\begin{cases}\lambda, & (x,y)\in D,\\ 0, & \text{其他}.\end{cases}$$

其中 D 为平面上的有界闭区域，其面积为 S_D，试确定 λ 的值.

解 因为$\int_{-\infty}^{+\infty}\int_{-\infty}^{+\infty}f(x,y)\mathrm{d}x\mathrm{d}y=\iint\limits_{D}\lambda\mathrm{d}x\mathrm{d}y=\lambda\cdot S_D=1$，所以$\lambda=\dfrac{1}{S_D}$.

若 $D=\{(x,y)\mid x^2+y^2\leqslant 9\}$，则 $S_D=9\pi,\lambda=\dfrac{1}{9\pi}$；

若 $D=\{(x,y)\mid 0\leqslant x\leqslant 2,0\leqslant y\leqslant 5\}$，则 $S_D=10,\lambda=\dfrac{1}{10}$.

例 5 设二维随机变量(X,Y)的联合概率密度函数为

$$f(x,y)=\begin{cases}k\mathrm{e}^{-(2x+y)}, & x>0,y>0,\\ 0, & \text{其他}.\end{cases}$$

求 (1) 系数 k；(2) 分布函数 $F(x,y)$；

(3) $P\{-1<X\leqslant 1,-1<Y\leqslant 1\}$；(4) $P\{X+Y\leqslant 1\}$.

解 (1) $\int_{-\infty}^{+\infty}\int_{-\infty}^{+\infty}f(x,y)\mathrm{d}x\mathrm{d}y=\int_{0}^{+\infty}\int_{0}^{+\infty}k\mathrm{e}^{-(2x+y)}\mathrm{d}x\mathrm{d}y=\dfrac{k}{2}=1$，所以 $k=2$.

(2) 当 $x>0,y>0$ 时，

$$F(x,y)=P\{X\leqslant x,Y\leqslant y\}=\int_0^x\int_0^y 2\mathrm{e}^{-(2x+y)}\mathrm{d}x\mathrm{d}y=(1-\mathrm{e}^{-2x})(1-\mathrm{e}^{-y});$$

当 $x\leqslant 0$ 或 $y\leqslant 0$ 时，$F(x,y)=0$. 所以

$$F(x,y)=\begin{cases}(1-\mathrm{e}^{-2x})(1-\mathrm{e}^{-y}), & x>0,y>0,\\ 0, & \text{其他}.\end{cases}$$

(3) $P\{-1<X\leqslant 1,-1<Y\leqslant 1\}=\int_{-1}^1\int_{-1}^1 f(x,y)\mathrm{d}x\mathrm{d}y=\int_0^1\int_0^1 2\mathrm{e}^{-(2x+y)}\mathrm{d}x\mathrm{d}y$

$$=\int_0^1 2\mathrm{e}^{-2x}\mathrm{d}x\int_0^1\mathrm{e}^{-y}\mathrm{d}y=(1-\mathrm{e}^{-2})(1-\mathrm{e}^{-1}),$$

或

$$P\{-1<X\leqslant 1,-1<Y\leqslant 1\}=F(1,1)-F(1,-1)-F(-1,1)+F(-1,-1)$$
$$=(1-\mathrm{e}^{-2})(1-\mathrm{e}^{-1}).$$

(4) $P\{X+Y\leqslant 1\}=\iint\limits_{x+y\leqslant 1}f(x,y)\mathrm{d}x\mathrm{d}y=\int_0^1\mathrm{d}x\int_0^{1-x}2\mathrm{e}^{-(2x+y)}\mathrm{d}y=\int_0^1 2\mathrm{e}^{-2x}(1-\mathrm{e}^{x-1})\mathrm{d}x=1-2\mathrm{e}^{-1}+\mathrm{e}^{-2}$.

例 6　设二维连续型随机变量(X,Y)的概率密度函数为

$$f(x,y)=\frac{1}{\pi^2(1+x^2)(1+y^2)},$$

求(1)(X,Y)的联合分布函数 $F(x,y)$，(2) $P\{(X,Y)\in D\}$，其中 D 为坐标系中以点$(0,0)$，$(0,1)$，$(1,1)$，$(1,0)$为顶点的正方形区域.

解　(1) $F(x,y)=\int_{-\infty}^x\int_{-\infty}^y\frac{1}{\pi^2(1+s^2)(1+t^2)}\mathrm{d}s\mathrm{d}t=\frac{1}{\pi^2}\left(\arctan x+\frac{\pi}{2}\right)\left(\arctan y+\frac{\pi}{2}\right)$.

(2) $P\{(X,Y)\in D\}=\iint\limits_D f(x,y)\mathrm{d}x\mathrm{d}y$

$$=\int_0^1\int_0^1\frac{1}{\pi^2(1+x^2)(1+y^2)}\mathrm{d}x\mathrm{d}y=\frac{1}{\pi^2}\arctan x\Big|_0^1\arctan y\Big|_0^1=\frac{1}{16}.$$

例 7　设二维连续型随机变量(X,Y)的分布函数为

$$F(x,y)=A\left(B+\arctan\frac{x}{2}\right)\left(C+\arctan\frac{y}{3}\right),\quad -\infty<x,y<+\infty,$$

求 (1) 常数 A,B,C；(2) (X,Y)的联合概率密度函数.

解　(1) 由分布函数的性质有

$$F(+\infty,+\infty)=A\left(B+\frac{\pi}{2}\right)\left(C+\frac{\pi}{2}\right)=1,$$

$$F(x,-\infty)=A\left(B+\arctan\frac{x}{2}\right)\left(C-\frac{\pi}{2}\right)=0,$$

$$F(-\infty,y)=A\left(B-\frac{\pi}{2}\right)\left(C+\arctan\frac{y}{3}\right)=0.$$

所以 $A=\frac{1}{\pi^2}$，$B=C=\frac{\pi}{2}$. 于是有

$$F(x,y)=\frac{1}{\pi^2}\left(\frac{\pi}{2}+\arctan\frac{x}{2}\right)\left(\frac{\pi}{2}+\arctan\frac{y}{3}\right),\quad -\infty<x,y<+\infty.$$

(2) 由(X,Y)的概率密度函数的性质，将上式两边对 x 与 y 求二阶混合偏导数即得(X,Y)的概率密度函数

$$f(x,y)=\frac{\partial^2 F(x,y)}{\partial x\partial y}=\frac{6}{\pi^2(x^2+4)(y^2+9)},\quad -\infty<x,y<+\infty.$$

下面介绍两个常见的二维分布.

3.1.4 常见的二维连续型随机变量

1. 二维均匀分布

定义 6 如果(X,Y)的联合概率密度函数为

$$f(x,y)=\begin{cases}\frac{1}{S}, & (x,y)\in D,\\ 0, & \text{其他},\end{cases}$$

其中 D 为平面上的有界区域，S 为平面区域 D 的面积，则称(X,Y)服从区域 D 上的均匀分布. 记作 $(X,Y)\sim U_D$.

不难证明，若$(X,Y)\sim U_D$，则其取值落在 D 内面积相等的任意区域中的概率相等.

例 8 设(X,Y)服从区域 G 上的均匀分布，其中 $G=\{(x,y)\,|\,|x|\leqslant 1,|y|\leqslant 1\}$，求关于 t 的一元二次方程 $t^2+Xt+Y=0$ 无实根的概率.

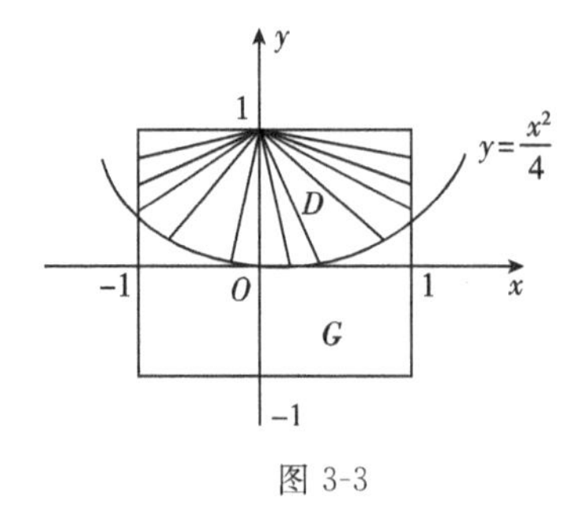

图 3-3

解 由题意得 $f(x,y)=\begin{cases}\frac{1}{4}, & (x,y)\in G,\\ 0, & (x,y)\notin G.\end{cases}$

如图 3-3 所示，所求概率

$$P\{X^2-4Y<0\}=P((X,Y)\in D)$$

$$=\iint_D f(x,y)\mathrm{d}x\mathrm{d}y=\int_{-1}^{1}\int_{x^2/4}^{1}\frac{1}{4}\mathrm{d}y=\frac{11}{24}.$$

2. 二维正态分布

定义 7 如果(X,Y)的联合概率密度函数为

$$f(x,y)=\frac{1}{2\pi\sigma_1\sigma_2\sqrt{1-\rho^2}}\mathrm{e}^{-\frac{1}{2(1-\rho^2)}\left[\frac{(x-\mu_1)^2}{\sigma_1^2}-2\rho\frac{(x-\mu_1)(y-\mu_2)}{\sigma_1\sigma_2}+\frac{(y-\mu_2)^2}{\sigma_2^2}\right]},$$

$$-\infty<x<+\infty, -\infty<y<+\infty,$$

其中$-\infty<\mu_1,\mu_2<+\infty,\sigma_1>0,\sigma_2>0,|\rho|<1$ 均为常数,则称(X,Y)服从参数为 μ_1, $\mu_2,\sigma_1^2,\sigma_2^2,\rho$ 的二维正态分布(图 3-4). 记作$(X,Y)\sim N(\mu_1,\mu_2,\sigma_1^2,\sigma_2^2,\rho)$.

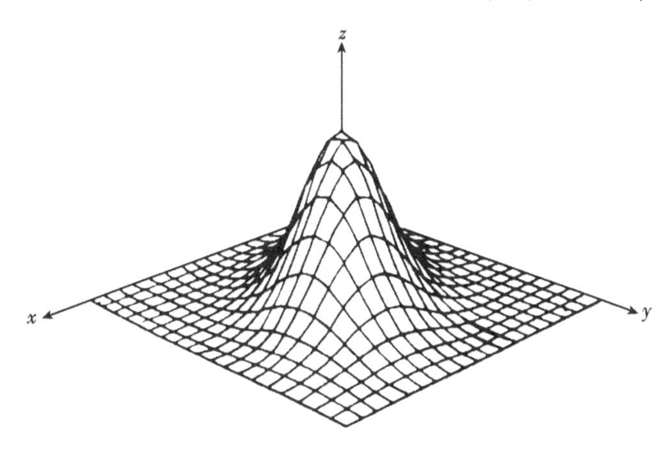

图 3-4　二维正态分布的图像

例 9　设$(X,Y)\sim N(0,0,\sigma^2,\sigma^2,0)$. 求 $P\{X\leqslant Y\}$.

解　$f(x,y)=\dfrac{1}{2\pi\sigma^2}\mathrm{e}^{-\frac{x^2+y^2}{2\sigma^2}},-\infty<x<+\infty,-\infty<y<+\infty$,所求概率

$$P\{X\leqslant Y\}=\iint\limits_{x\leqslant y}f(x,y)\mathrm{d}x\mathrm{d}y=\iint\limits_{x\leqslant y}\frac{1}{2\pi\sigma^2}\mathrm{e}^{-\frac{x^2+y^2}{2\sigma^2}}\mathrm{d}x\mathrm{d}y.$$

采用极坐标来计算二重积分,其积分区域如图 3-5 所示. 所求概率

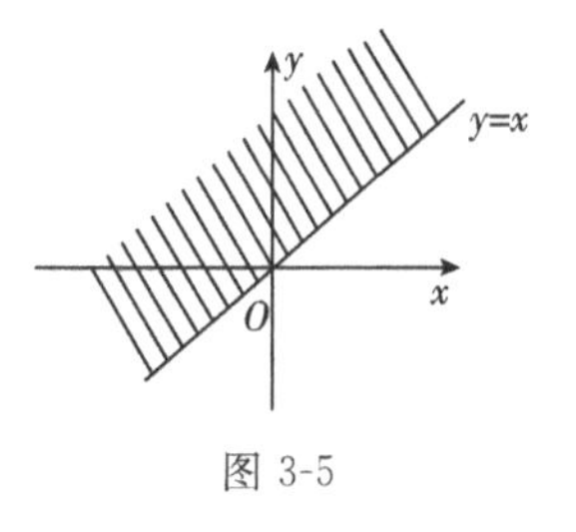

图 3-5

$$\begin{aligned}P\{X\leqslant Y\}&=\iint\limits_{D}\frac{1}{2\pi\sigma^2}\mathrm{e}^{-\frac{r^2}{2\sigma^2}}r\mathrm{d}r\mathrm{d}\theta\\&=\int_{\frac{\pi}{4}}^{\frac{5\pi}{4}}\mathrm{d}\theta\int_0^{+\infty}\frac{1}{2\pi\sigma^2}\mathrm{e}^{-\frac{r^2}{2\sigma^2}}r\mathrm{d}r\overset{u=\frac{r^2}{2\sigma^2}}{=\!=\!=}\pi\cdot\frac{1}{2\pi\sigma^2}\int_0^{+\infty}\mathrm{e}^{-u}\sigma^2\mathrm{d}u\\&=\frac{1}{2}.\end{aligned}$$

3.2　边缘分布

3.2.1　边缘分布

二维随机变量(X,Y)作为一个整体,具有分布函数 $F(x,y)$,而 X 和 Y 都是随机变量,各自也有分布函数,将它们分别记为 $F_X(x),F_Y(y)$,依次称为二维随机变量(X,Y)关于 X 和关于 Y 的**边缘分布函数**. 边缘分布函数可以由(X,Y)的分布函数

$F(x,y)$所确定.

事实上,

$$F_X(x)=P\{X\leqslant x\}=P\{X\leqslant x,Y<+\infty\}=\lim_{y\to+\infty}F(x,y)=F(x,+\infty),\qquad(1)$$

$$F_Y(y)=P\{Y\leqslant y\}=P\{X<+\infty,Y\leqslant y\}=\lim_{x\to+\infty}F(x,y)=F(+\infty,y).\qquad(2)$$

由(1)式可知,若已知二维随机变量(X,Y)分布函数$F(x,y)$,只需让变量$y\to+\infty$可得到随机变量X的边缘分布函数$F_X(x)$即

$$F_X(x)=\lim_{y\to+\infty}F(x,y).$$

同理,若求随机变量Y的边缘分布函数$F_Y(y)$,只需令变量$x\to+\infty$,

$$F_Y(y)=\lim_{x\to+\infty}F(x,y).$$

边缘分布函数$F_X(x)$和$F_Y(y)$就是随机点(X,Y)分别落于如图3-6和图3-7中阴影区域的概率.

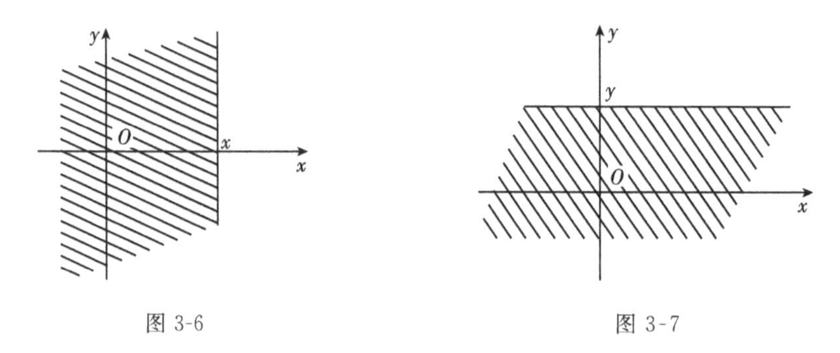

图 3-6　　图 3-7

由上面的讨论可知,二维随机变量(X,Y)的联合分布完全决定了随机变量X和Y的分布.

3.2.2　二维离散型随机变量的边缘分布

设(X,Y)是二维离散型随机变量,其概率分布为

$$P\{X=x_i,Y=y_j\}=p_{ij},\quad i=1,2,\cdots,j=1,2,\cdots.$$

不妨设二维离散型随机变量(X,Y)中的随机变量X的概率分布为

$$p_i=P\{X=x_i\},\quad i=1,2,\cdots,$$

那么X的分布函数是

$$F_X(x)=\sum_{x_i\leqslant x}P\{X=x_i\}=\sum_{x_i\leqslant x}p_i.\qquad(3)$$

另外由(1)式得

$$F_X(x)=F(x,+\infty)=\sum_{x_i\leqslant x}\sum_{y_j<+\infty}p_{ij}=\sum_{x_i\leqslant x}\sum_{j=1}^{\infty}p_{ij}.\qquad(4)$$

比较(3)式和(4)式得

$$p_i = P\{X = x_i\} = \sum_{j=1}^{\infty} p_{ij}, \quad i = 1,2,\cdots,$$

同理可得

$$p_j = P\{Y = y_j\} = \sum_{i=1}^{\infty} p_{ij}, \quad j = 1,2,\cdots.$$

记

$$p_{i\cdot} = P_i = P\{X = x_i\} = \sum_{j=1}^{\infty} p_{ij}, \quad i = 1,2,\cdots, \tag{5}$$

$$p_{\cdot j} = P_j = P\{Y = y_j\} = \sum_{i=1}^{\infty} p_{ij}, \quad j = 1,2,\cdots, \tag{6}$$

分别称 $p_{i\cdot}, i=1,2,\cdots, p_{\cdot j}, j=1,2,\cdots$为$(X,Y)$关于 X 和 Y 的边缘概率分布列(律)，简称**边缘分布**.

为了直观，我们将二维离散型随机变量(X,Y)的概率分布及其关于 X 和 Y 的边缘分布列于同一表格中.

X \ P \ Y	y_1	y_2	$\cdots$	y_j	$\cdots$	$p_{i\cdot}$
x_1	p_{11}	p_{12}	$\cdots$	p_{1j}	$\cdots$	$p_{1\cdot}$
x_2	p_{21}	p_{22}	$\cdots$	p_{2j}	$\cdots$	$p_{2\cdot}$
$\vdots$	$\vdots$	$\vdots$		$\vdots$		$\vdots$
x_i	p_{i1}	p_{i2}	$\cdots$	p_{ij}	$\cdots$	$p_{i\cdot}$
$\vdots$	$\vdots$	$\vdots$		$\vdots$		$\vdots$
$p_{\cdot j}$	$p_{\cdot 1}$	$p_{\cdot 2}$	$\cdots$	$p_{\cdot j}$	$\cdots$	$\sum_{i=1}^{\infty} p_{i\cdot} = \sum_{j=1}^{\infty} p_{\cdot j} = \sum_{i=1}^{\infty}\sum_{j=1}^{\infty} p_{ij} = 1$

表中的最后一列是随机变量 X 的边缘分布，表中的最后一行是随机变量 Y 的边缘分布. 可直观地看出：最后一行数据就是该数据所在的列的数据之和，最后一列数据就是该数据所在的行的数据之和. 由于随机变量 X 和 Y 的概率分布恰好位于表格四个边的位置，“边缘分布”一词便来源于此.

例 1　箱内装有 10 件产品，其中一、二、三等品各为 1,4,5 件. 从箱内任意取出两件产品，用 X 和 Y 分别表示取出的一等品和二等品的数目.

(1)求(X,Y)的概率分布及其关于 X 和 Y 的边缘分布.

(2)求取出的一等品和二等品相等的概率.

解　(1) X 的所有可能取值为 0,1,Y 的所有可能取值为 0,1,2，那么(X,Y)的所有可能取值为(0,0),(0,1),(0,2),(1,0),(1,1),(1,2).

下面求 $P\{X=i,Y=j\}$，$i=0,1,j=0,1,2$.

由古典概率公式可求得

$$P\{X=0,Y=0\}=\frac{C_5^2}{C_{10}^2}=\frac{10}{45},\quad P\{X=0,Y=1\}=\frac{C_4^1C_5^1}{C_{10}^2}=\frac{20}{45},$$

$$P\{X=0,Y=2\}=\frac{C_4^2}{C_{10}^2}=\frac{6}{45},\quad P\{X=1,Y=0\}=\frac{C_1^1C_5^1}{C_{10}^2}=\frac{5}{45},$$

$$P\{X=1,Y=1\}=\frac{C_1^1C_4^1}{C_{10}^2}=\frac{4}{45},\quad P\{X=1,Y=2\}=P(\varnothing)=0.$$

则(X,Y)的概率分布及其关于 X 和 Y 的边缘分布如下表所示.

X \ P \ Y	0	1	2	$p_{i\cdot}$
0	$\frac{10}{45}$	$\frac{20}{45}$	$\frac{6}{45}$	$\frac{36}{45}$
1	$\frac{5}{45}$	$\frac{4}{45}$	0	$\frac{9}{45}$
$p_{\cdot j}$	$\frac{15}{45}$	$\frac{24}{45}$	$\frac{6}{45}$	

(2)所求概率为

$$P\{X=Y\}=P\{X=0,Y=0\}+P\{X=1,Y=1\}=\frac{10}{45}+\frac{4}{45}=\frac{14}{45}.$$

例 2　现有 1,2,3 三个整数，X 表示从这三个数字中随机抽取的一个整数，Y 表示从 1 至 X 中随机抽取的一个整数，试求(X,Y)的概率分布及关于 X 和 Y 的边缘分布.

解　X 和 Y 的所有可能取值均为 1,2,3，利用概率乘法公式，可求出

$$P\{X=1,Y=1\}=P\{X=1\}\cdot P\{Y=1|X=1\}=\frac{1}{3}\times 1=\frac{1}{3},$$

类似地，有

$$P\{X=2,Y=1\}=\frac{1}{3}\times\frac{1}{2}=\frac{1}{6},$$

$$P\{X=2,Y=2\}=\frac{1}{3}\times\frac{1}{2}=\frac{1}{6},$$

$$P\{X=3,Y=1\}=\frac{1}{3}\times\frac{1}{3}=\frac{1}{9},$$

$$P\{X=3,Y=2\}=\frac{1}{3}\times\frac{1}{3}=\frac{1}{9},$$

$$P\{X=3,Y=3\}=\frac{1}{3}\times\frac{1}{3}=\frac{1}{9},$$

而$\{X=1,Y=2\}$,$\{X=1,Y=3\}$,$\{X=2,Y=3\}$为不可能事件,所以其概率为0,即(X,Y)的概率分布及关于X和Y的边缘分布如下.

X \ Y (P)	1	2	3	$p_{i\cdot}$
1	$\frac{1}{3}$	0	0	$\frac{1}{3}$
2	$\frac{1}{6}$	$\frac{1}{6}$	0	$\frac{1}{3}$
3	$\frac{1}{9}$	$\frac{1}{9}$	$\frac{1}{9}$	$\frac{1}{3}$
$p_{\cdot j}$	$\frac{11}{18}$	$\frac{5}{18}$	$\frac{1}{9}$	

值得注意的是:对于二维离散型随机变量(X,Y),虽然由它的联合分布可以确定它的两个边缘分布,但在一般情况下,由(X,Y)的两个边缘分布是不能确定(X,Y)的联合分布的.

3.2.3　二维连续型随机变量的边缘概率密度

设(X,Y)为二维连续型随机变量,其概率密度函数为$f(x,y)$,X的分布函数为$F_X(x)$,则$F_X(x)=F(x,+\infty)=\int_{-\infty}^{x}\int_{-\infty}^{+\infty}f(x,y)\mathrm{d}x\mathrm{d}y=\int_{-\infty}^{x}\left[\int_{-\infty}^{+\infty}f(x,y)\mathrm{d}y\right]\mathrm{d}x.$

由于X是连续型随机变量,则X的概率密度函数为

$$f_X(x)=\frac{\mathrm{d}F_X(x)}{\mathrm{d}x}=\int_{-\infty}^{+\infty}f(x,y)\mathrm{d}y.$$

同样Y也是连续型随机变量,其概率密度函数为

$$f_Y(y)=\frac{\mathrm{d}F_Y(y)}{\mathrm{d}y}=\int_{-\infty}^{+\infty}f(x,y)\mathrm{d}x.$$

分别称$f_X(x)$,$f_Y(y)$为二维连续型随机变量(X,Y)关于X和Y的**边缘概率密度函数**,简称**边缘概率密度**.

例3　设二维随机变量(X,Y)的联合概率密度函数为

$$f(x,y)=\begin{cases}2\mathrm{e}^{-(2x+y)}, & x>0,y>0,\\ 0, & \text{其他}.\end{cases}$$

求 X,Y 的边缘概率密度.

解 当 $x>0$ 时,有 $f_X(x)=\int_{-\infty}^{+\infty}f(x,y)\mathrm{d}y=\int_0^{+\infty}2\mathrm{e}^{-(2x+y)}\mathrm{d}y=2\mathrm{e}^{-2x}$;

当 $x\leqslant 0$ 时,$f_X(x)=0$.

所以 $f_X(x)=\begin{cases}2\mathrm{e}^{-2x}, & x>0,\\ 0, & \text{其他}.\end{cases}$

同理 $f_Y(y)=\begin{cases}\mathrm{e}^{-y}, & y>0,\\ 0, & \text{其他}.\end{cases}$

例 4 设二维随机变量 (X,Y) 在单位圆域 $D=\{(x,y)\mid x^2+y^2\leqslant 1\}$ 上服从均匀分布,求 X,Y 的边缘概率密度.

解 (X,Y) 的概率密度函数为 $f(x,y)=\begin{cases}\dfrac{1}{\pi}, & x^2+y^2\leqslant 1,\\ 0, & x^2+y^2>1.\end{cases}$

当 $|y|\leqslant 1$ 时,$f_Y(y)=\int_{-\infty}^{+\infty}f(x,y)\mathrm{d}x=\int_{-\sqrt{1-y^2}}^{+\sqrt{1-y^2}}\dfrac{1}{\pi}\mathrm{d}x=\dfrac{2}{\pi}\sqrt{1-y^2}$;

当 $|y|>1$ 时,$f_Y(y)=0$.

所以

$$f_Y(y)=\begin{cases}\dfrac{2}{\pi}\sqrt{1-y^2}, & |y|\leqslant 1,\\ 0, & |y|>1.\end{cases}$$

同理 $f_X(x)=\begin{cases}\dfrac{2}{\pi}\sqrt{1-x^2}, & |x|\leqslant 1.\\ 0, & |x|>1.\end{cases}$

注 一个二维均匀分布其边缘分布不一定为一维均匀分布 .

例 5 设二维随机变量 (X,Y) 的联合概率密度函数为

$$f(x,y)=\begin{cases}cxy, & 0\leqslant x\leqslant 1,0\leqslant y\leqslant x,\\ 0, & \text{其他}.\end{cases}$$

求 (1)常数 c;(2)X 与 Y 的边缘密度函数 $f_X(x),f_Y(y)$.

解 (1) 因为$\int_{-\infty}^{+\infty}\int_{-\infty}^{+\infty}f(x,y)\mathrm{d}x\mathrm{d}y=1$,所以$\int_0^1\mathrm{d}x\int_0^x cxy\mathrm{d}y=1$,得 $c=8$.

(2)因为 $f_X(x)=\int_{-\infty}^{+\infty}f(x,y)\mathrm{d}y,-\infty<x<+\infty$,所以

当 $0\leqslant x\leqslant 1$ 时，有 $f_X(x)=\int_{-\infty}^{+\infty}f(x,y)\mathrm{d}y=\int_0^x 8xy\,\mathrm{d}y=4x^3$；

当 $x<0$ 或 $x>1$ 时，$f_X(x)=0$.

故 $f_X(x)=\begin{cases}4x^3, & 0\leqslant x\leqslant 1,\\ 0, & \text{其他}.\end{cases}$

因为 $f_Y(y)=\int_{-\infty}^{+\infty}f(x,y)\mathrm{d}x$，$-\infty<y<+\infty$，所以

当 $0\leqslant y\leqslant 1$ 时，有 $f_Y(y)=\int_{-\infty}^{+\infty}f(x,y)\mathrm{d}x=\int_y^1 8xy\,\mathrm{d}x=4y(1-y^2)$；

当 $y<0$ 或 $y>1$ 时，$f_Y(y)=0$.

故 $f_Y(y)=\begin{cases}4y(1-y^2), & 0\leqslant y\leqslant 1,\\ 0, & \text{其他}.\end{cases}$

例 6　设 $(X,Y)\sim N(\mu_1,\mu_2,\sigma_1^2,\sigma_2^2,\rho)$，证明：$X$ 的边缘分布为 $N(\mu_1,\sigma_1^2)$，Y 的边缘分布为 $N(\mu_2,\sigma_2^2)$.

证　由 $(X,Y)\sim N(\mu_1,\mu_2,\sigma_1^2,\sigma_2^2,\rho)$，有

$$f(x,y)=\frac{1}{2\pi\sigma_1\sigma_2\sqrt{1-\rho^2}}\mathrm{e}^{-\frac{1}{2(1-\rho^2)}\left[\frac{(x-\mu_1)^2}{\sigma_1^2}-2\rho\frac{(x-\mu_1)(y-\mu_2)}{\sigma_1\sigma_2}+\frac{(y-\mu_2)^2}{\sigma_2^2}\right]},$$

$$f_X(x)=\int_{-\infty}^{+\infty}f(x,y)\mathrm{d}y.$$

由于

$$\frac{(y-\mu_2)^2}{\sigma_2^2}-2\rho\frac{(x-\mu_1)(y-\mu_2)}{\sigma_1\sigma_2}=\left(\frac{y-\mu_2}{\sigma_2}-\rho\frac{x-\mu_1}{\sigma_1}\right)^2-\rho^2\frac{(x-\mu_1)^2}{\sigma_1^2},$$

所以

$$f_X(x)=\frac{1}{2\pi\sigma_1\sigma_2\sqrt{1-\rho^2}}\mathrm{e}^{-\frac{(x-\mu_1)^2}{2\sigma_1^2}}\int_{-\infty}^{+\infty}\mathrm{e}^{-\frac{1}{2(1-\rho^2)}\left(\frac{y-\mu_2}{\sigma_2}-\rho\frac{x-\mu_1}{\sigma_1}\right)^2}\mathrm{d}y.$$

令 $\frac{1}{\sqrt{1-\rho^2}}\left(\frac{y-\mu_2}{\sigma_2}-\rho\frac{x-\mu_1}{\sigma_1}\right)=t$，则有

$$f_X(x)=\frac{1}{2\pi\sigma_1}\mathrm{e}^{-\frac{(x-\mu_1)^2}{2\sigma_1^2}}\int_{-\infty}^{+\infty}\mathrm{e}^{-t^2/2}\mathrm{d}t=\frac{1}{\sqrt{2\pi}\sigma_1}\mathrm{e}^{-\frac{(x-\mu_1)^2}{2\sigma_1^2}},\quad -\infty<x<+\infty,$$

即 $X\sim N(\mu_1,\sigma_1^2)$.

同理

$$f_Y(y)=\frac{1}{\sqrt{2\pi}\sigma_2}\mathrm{e}^{-\frac{(y-\mu_2)^2}{2\sigma_2^2}},\quad -\infty<y<+\infty,$$

即 $Y\sim N(\mu_2,\sigma_2^2)$.

由本题可以看出，二维正态分布的两个边缘分布都是一维正态分布，并且都不

依赖于参数 ρ，亦即对给定的 $\mu_1,\mu_2,\sigma_1,\sigma_2$，不同的 ρ 所对应的不同二维正态分布的边缘分布却是相同的. 这一事实表明，由 X 和 Y 的边缘分布一般是不能决定 X 和 Y 的联合分布的.

与离散型的情形相似，联合概率密度完全确定了边缘概率密度，但反之不对，即联合概率密度一般不能由边缘概率密度确定.

3.3 条件分布

在第 1 章我们讨论了两个随机事件的条件概率，本节我们将要讨论随机变量的条件分布，设 X 和 Y 为两个随机变量，在随机变量 X 取得固定值的条件下，随机变量 Y 的概率分布称为 Y 的条件概率分布，若在随机变量 Y 取得固定值的条件下，随机变量 X 的概率分布称为 X 的条件概率分布.

3.3.1 离散型随机变量的条件分布

设 (X,Y) 是二维离散型随机变量，其概率分布为

$$P\{X=x_i,Y=y_j\}=p_{ij},\quad i=1,2,\cdots,j=1,2,\cdots,$$

(X,Y) 关于 X 和 Y 的边缘分布分别为

$$p_{i\cdot}=P\{X=x_i\}=\sum_{j=1}^{\infty}p_{ij},\quad i=1,2,\cdots,$$

$$p_{\cdot j}=P\{Y=y_j\}=\sum_{i=1}^{\infty}p_{ij},\quad j=1,2,\cdots.$$

根据条件概率公式 $P(A|B)=\dfrac{P(AB)}{P(B)}(P(B)>0)$，有

$$P\{X=x_i|Y=y_j\}=\frac{P\{X=x_i,Y=y_j\}}{P\{Y=y_j\}}=\frac{p_{ij}}{p_{\cdot j}},\quad i=1,2,\cdots.$$

易知上述条件概率具有分布律的性质：

(1) $P\{X=x_i|Y=y_j\}\geqslant 0$；

(2) $\displaystyle\sum_{i=1}^{\infty}P\{X=x_i\mid Y=y_j\}=\sum_{i=1}^{\infty}\frac{p_{ij}}{p_{\cdot j}}=\frac{p_{\cdot j}}{p_{\cdot j}}=1.$

于是我们引入以下的定义.

定义 1 设 (X,Y) 是二维离散型随机变量，对于固定的 j，如果 $P\{Y=y_j\}>0$，则称

$$P\{X=x_i|Y=y_j\}=\frac{P\{X=x_i,Y=y_j\}}{P\{Y=y_j\}}=\frac{p_{ij}}{p_{\cdot j}},\quad i=1,2,\cdots \tag{1}$$

为在 $Y=y_j$ 条件下随机变量 X 的**条件分布律**.

同样，对于固定的 i，如果 $P\{X=x_i\}>0$，则称

$$P\{Y=y_j|X=x_i\}=\frac{P\{X=x_i,Y=y_j\}}{P\{X=x_i\}}=\frac{p_{ij}}{p_{i\cdot}},\quad j=1,2,\cdots \tag{2}$$

为在 $X=x_i$ 条件下随机变量 Y 的**条件分布律**.

例 1　已知 (X,Y) 的概率分布如下所示.

X \ Y (P)	1	2	3	$p_{i\cdot}$
1	$\frac{1}{4}$	0	0	$\frac{1}{4}$
2	$\frac{1}{8}$	$\frac{1}{8}$	0	$\frac{1}{4}$
3	$\frac{1}{12}$	$\frac{1}{12}$	$\frac{1}{12}$	$\frac{1}{4}$
4	$\frac{1}{16}$	$\frac{1}{16}$	$\frac{2}{16}$	$\frac{1}{4}$
$p_{\cdot j}$	$\frac{25}{48}$	$\frac{13}{48}$	$\frac{10}{48}$	1

求(1)在 $Y=1$ 的条件下，X 的条件分布；

(2)在 $X=2$ 的条件下，Y 的条件分布.

解　(1)由 (X,Y) 的概率分布和 Y 的边缘分布以及(1)式得

$$P\{X=1|Y=1\}=\frac{1}{4}\Big/\frac{25}{48}=\frac{12}{25},$$

$$P\{X=2|Y=1\}=\frac{1}{8}\Big/\frac{25}{48}=\frac{6}{25},$$

$$P\{X=3|Y=1\}=\frac{1}{12}\Big/\frac{25}{48}=\frac{4}{25},$$

$$P\{X=4|Y=1\}=\frac{1}{16}\Big/\frac{25}{48}=\frac{3}{25},$$

即在 $Y=1$ 的条件下的 X 条件分布为

X	1	2	3	4
P	$\frac{12}{25}$	$\frac{6}{25}$	$\frac{4}{25}$	$\frac{3}{25}$

(2)由 (X,Y) 的概率分布和 X 的边缘分布以及公式(2)得

$$P\{Y=1|X=2\}=\frac{1}{8}\Big/\frac{1}{4}=\frac{1}{2},$$

$$P\{Y=2|X=2\}=\frac{1}{8}\bigg/\frac{1}{4}=\frac{1}{2},$$

$$P\{Y=3|X=2\}=0\bigg/\frac{1}{4}=0,$$

即在 $X=2$ 的条件下 Y 的条件分布为

Y	1	2	3
P	$\frac{1}{2}$	$\frac{1}{2}$	0

3.3.2 连续型随机变量的条件概率密度

设(X,Y)为二维连续型随机变量,但由于对任意 x,y 有 $P\{X=x\}=0,P\{Y=y\}=0$,因此,不能像二维离散型随机变量那样处理,而要使用极限的方法.具体的方法是,设对固定的 y 值和任意 $\varepsilon>0$,Y 落在小区间$(y-\varepsilon,y+\varepsilon]$上的概率 $P\{y-\varepsilon<Y\leqslant y+\varepsilon\}>0$,对任意的 x,函数

$$P\{X\leqslant x|y-\varepsilon<Y\leqslant y+\varepsilon\}=\frac{P\{X\leqslant x,y-\varepsilon<Y\leqslant y+\varepsilon\}}{P\{y-\varepsilon<Y\leqslant y+\varepsilon\}}$$

称为在条件 $y-\varepsilon<Y\leqslant y+\varepsilon$ 下 X 的条件分布函数,若上式当 $\varepsilon\to0$ 时存在极限,则用其极限来定义在 $Y=y$ 条件下 X 的条件分布函数.

定义 2 给定 y,设对固定的正数 $\varepsilon>0$,$P\{y-\varepsilon<Y\leqslant y+\varepsilon\}>0$,且对任意的实数 x,极限

$$\lim_{\varepsilon\to0^+}P\{X\leqslant x|y-\varepsilon<Y\leqslant y+\varepsilon\}=\lim_{\varepsilon\to0^+}\frac{P\{X\leqslant x,y-\varepsilon<Y\leqslant y+\varepsilon\}}{P\{y-\varepsilon<Y\leqslant y+\varepsilon\}}\tag{3}$$

存在,则称此极限值为在 $Y=y$ 条件下 X 的**条件分布函数**,记为 $F_{X|Y}(x|y)$或 $P\{X\leqslant x|Y=y\}$.

同样,给定 x,设对固定的正数 $\varepsilon>0$,$P\{x-\varepsilon<X\leqslant x+\varepsilon\}>0$,且对任意的实数 y,极限

$$\lim_{\varepsilon\to0^+}P\{Y\leqslant y|x-\varepsilon<X\leqslant x+\varepsilon\}=\lim_{\varepsilon\to0^+}\frac{P\{Y\leqslant y,x-\varepsilon<X\leqslant x+\varepsilon\}}{P\{x-\varepsilon<X\leqslant x+\varepsilon\}}\tag{4}$$

存在,则称此极限值为在 $X=x$ 条件下 Y 的**条件分布函数**,记为 $F_{Y|X}(y|x)$或 $P\{Y\leqslant y|X=x\}$.

在 $Y=y$ 条件下 X 或在 $X=x$ 条件下 Y 是一维连续型随机变量,记它的概率密度函数为 $f_{X|Y}(x|y)$,$f_{Y|X}(y|x)$,称 $f_{X|Y}(x|y)$,$f_{Y|X}(y|x)$分别为在 $Y=y$ 条件下 X 的**条件概率密度**,在 $X=x$ 条件下 Y 的**条件概率密度**,简称为**条件概率密度**.

关于条件概率密度给出下面的定理.

定理 1 设二维连续型随机变量(X,Y)的概率密度函数 $f(x,y)$在点(x,y)处连

续,Y 的边缘概率密度函数 $f_Y(y)$ 在 y 处连续,且 $f_Y(y)>0$,则

$$f_{X|Y}(x|y)=\frac{f(x,y)}{f_Y(y)}. \tag{5}$$

同理,当 $f(x,y)$ 在点 (x,y) 处连续,X 的边缘概率密度函数 $f_X(x)$ 在 x 处连续,且 $f_X(x)>0$,则

$$f_{Y|X}(y|x)=\frac{f(x,y)}{f_X(x)}. \tag{6}$$

证[*]　设 (X,Y) 的分布函数 $F(x,y)$,Y 的边缘分布函数为 $F_Y(y)$,由(3)式

$$\begin{aligned}F_{X|Y}(x|y)&=\lim_{\varepsilon\to 0^+}\frac{P\{X\leqslant x,y-\varepsilon<Y\leqslant y+\varepsilon\}}{P\{y-\varepsilon<Y\leqslant y+\varepsilon\}}\\&=\lim_{\varepsilon\to 0^+}\frac{F(x,y+\varepsilon)-F(x,y-\varepsilon)}{F_Y(y+\varepsilon)-F_Y(y-\varepsilon)}\\&=\frac{\lim\limits_{\varepsilon\to 0^+}\dfrac{F(x,y+\varepsilon)-F(x,y-\varepsilon)}{2\varepsilon}}{\lim\limits_{\varepsilon\to 0^+}\dfrac{F_Y(y+\varepsilon)-F_Y(y-\varepsilon)}{2\varepsilon}}\\&=\frac{\dfrac{\partial F(x,y)}{\partial y}}{\dfrac{\mathrm{d}F_Y(y)}{\mathrm{d}y}}=\frac{\int_{-\infty}^{x}f(u,y)\mathrm{d}u}{f_Y(y)}\\&=\int_{-\infty}^{x}\frac{f(u,y)}{f_Y(y)}\mathrm{d}u.\end{aligned}$$

由概率密度的定义(也可对上式两端关于 x 求导)知

$$f_{X|Y}(x|y)=\frac{f(x,y)}{f_Y(y)}.$$

同理,可证 $f_{Y|X}(y|x)=\dfrac{f(x,y)}{f_X(x)}$.

由(5)式和(6)式可得类似于第 1 章中的乘法公式:

$$f(x,y)=f_Y(y)f_{X|Y}(x|y), \tag{7}$$

$$f(x,y)=f_X(x)f_{Y|X}(y|x). \tag{8}$$

例 2　设二维随机变量 (X,Y) 在单位圆域 $D=\{(x,y)\mid x^2+y^2\leqslant 1\}$ 上服从均匀分布,求条件概率密度.

解　(X,Y) 的概率密度函数为 $f(x,y)=\begin{cases}\dfrac{1}{\pi}, & x^2+y^2\leqslant 1,\\ 0, & x^2+y^2>1.\end{cases}$ 由 3.2 节例 4 知

$$f_X(x)=\begin{cases}\dfrac{2}{\pi}\sqrt{1-x^2}, & |x|\leqslant 1,\\ 0, & |x|>1.\end{cases}$$

$$f_Y(y)=\begin{cases}\dfrac{2}{\pi}\sqrt{1-y^2}, & |y|\leqslant 1,\\ 0, & |y|>1.\end{cases}$$

于是当$-1<y<1$时，$f_Y(y)>0$，由(5)式，

$$f_{X|Y}(x|y)=\begin{cases}\dfrac{1}{2\sqrt{1-y^2}}, & -\sqrt{1-y^2}\leqslant x\leqslant\sqrt{1-y^2},\\ 0, & 其他.\end{cases}$$

同理，当$-1<x<1$时，$f_X(x)>0$，由(6)式，

$$f_{Y|X}(y|x)=\begin{cases}\dfrac{1}{2\sqrt{1-x^2}}, & -\sqrt{1-x^2}\leqslant y\leqslant\sqrt{1-x^2},\\ 0, & 其他.\end{cases}$$

例 3　设(X,Y)的概率密度函数为$f(x,y)=\begin{cases}3x, & 0<x<1,0<y<x,\\ 0, & 其他.\end{cases}$求条件概率密度.

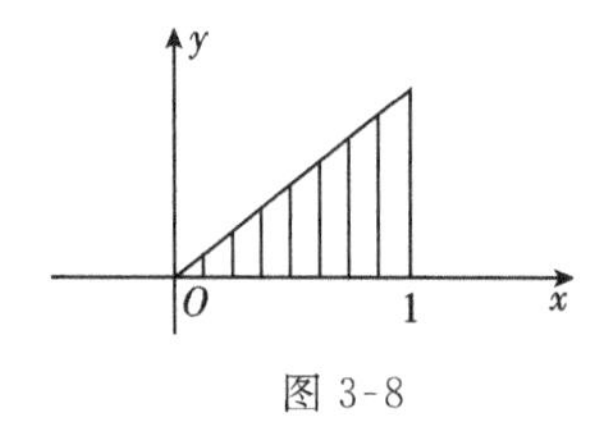

图 3-8

解　先求X和Y的边缘概率密度，如图 3-8 所示.

当$0<x<1$时，有

$$f_X(x)=\int_{-\infty}^{+\infty}f(x,y)\mathrm{d}y=\int_0^x 3x\mathrm{d}y=3x^2;$$

当$x\leqslant 0$或$x\geqslant 1$时，$f_X(x)=0$. 即关于X的边缘概率密度为

$$f_X(x)=\begin{cases}3x^2, & 0<x<1,\\ 0, & 其他.\end{cases}$$

同理，关于Y的边缘概率密度为

$$f_Y(y)=\begin{cases}\dfrac{3}{2}(1-y^2), & 0<y<1,\\ 0, & 其他.\end{cases}$$

由条件概率密度公式，得：当$Y=y(0<y<1)$时，X的条件概率密度为

$$f_{X|Y}(x|y)=\frac{f(x,y)}{f_Y(y)}=\begin{cases}\dfrac{2x}{1-y^2}, & y<x<1,\\ 0, & 其他.\end{cases}$$

当$X=x(0<x<1)$时，Y的条件概率密度为

$$f_{Y|X}(y|x)=\frac{f(x,y)}{f_X(x)}=\begin{cases}\dfrac{1}{x}, & 0<y<x,\\ 0, & 其他.\end{cases}$$

例 4　设数X在区间$(0,1)$上随机地取值，当观察到$X=x(0<x<1)$时，数Y在区间$(x,1)$上随机地取值，求Y的概率密度$f_Y(y)$.

解　由题意 X 的概率密度为 $f_X(x)=\begin{cases}1, & 0<x<1,\\ 0, & \text{其他}.\end{cases}$ 对于任意给定的值 $x(0<x<1)$，在 $X=x$ 的条件下 Y 的条件概率密度为

$$f_{Y|X}(y|x)=\begin{cases}\dfrac{1}{1-x}, & x<y<1,\\ 0, & \text{其他}.\end{cases}$$

由(8)式知 $f(x,y)=f_X(x)f_{Y|X}(y|x)=\begin{cases}\dfrac{1}{1-x}, & 0<x<y<1,\\ 0, & \text{其他}.\end{cases}$

于是得关于 Y 的概率密度为

$$f_Y(y)=\int_{-\infty}^{+\infty}f(x,y)\mathrm{d}x=\begin{cases}\displaystyle\int_0^y\frac{1}{1-x}\mathrm{d}x, & 0<y<1,\\ 0, & \text{其他}\end{cases}$$

$$=\begin{cases}-\ln(1-y), & 0<y<1,\\ 0, & \text{其他}.\end{cases}$$

3.4　随机变量的独立性

本节将利用两个随机事件相互独立的概念引出两个随机变量相互独立的概念，这是一个十分重要的概念.

3.4.1　两个随机变量独立性的定义

定义1　设 X,Y 是两个随机变量，如果对于任意的实数 x,y，随机事件 $\{X\leqslant x\}$ 和 $\{Y\leqslant y\}$ 相互独立，即

$$F(x,y)=P\{X\leqslant x,Y\leqslant y\}=P\{X\leqslant x\}P\{Y\leqslant y\},$$

也即 $F(x,y)=F_X(x)F_Y(y)$，则称随机变量 X 和 Y 是相互独立的.

3.4.2　离散型随机变量的独立性

定理1　设 (X,Y) 是二维离散型随机变量，其概率分布为

$$P\{X=x_i,Y=y_j\}=p_{ij},\quad i=1,2,\cdots,j=1,2,\cdots.$$

(X,Y) 关于 X 和 Y 的边缘分布分别为

$$p_{i\cdot}=P\{X=x_i\}=\sum_{j=1}^{\infty}p_{ij},\quad i=1,2,\cdots,$$

$$p_{\cdot j}=P\{Y=y_j\}=\sum_{i=1}^{\infty}p_{ij},\quad j=1,2,\cdots,$$

X 和 Y 相互独立的充分必要条件为：对一切 i,j，有

$$P\{X=x_i,Y=y_j\}=P\{X=x_i\}P\{Y=y_j\}，即\ p_{ij}=p_{i\cdot}p_{\cdot j}.$$

证明略.

例 1 设二维随机变量(X,Y)的分布律为

X \ Y	0	1	2
0	0.2	0.1	0
1	0.2	0.1	0.4

(1)求(X,Y)关于 X 和 Y 的边缘分布律；

(2)试问 X 与 Y 是否相互独立.

解 (1)由(X,Y)的分布律得关于 X 和 Y 的边缘分布律为

X	0	1
P	0.3	0.7

Y	0	1	2
P	0.4	0.2	0.4

(2)由 $P\{X=0,Y=0\}\neq P\{X=0\}P\{Y=0\}$，所以 X 与 Y 不相互独立.

例 2 设甲、乙两车间的特等品率分别为 p_1,p_2，现从两车间的产品中各取 3 件，试求特等品总数不少于 5 件的概率.

解 设 X 和 Y 分别表示甲、乙两车间取出的特等品数，则可以认为 X 和 Y 是相互独立. 则

$$\begin{aligned}P\{X+Y\geqslant5\}&=P\{X=2,Y=3\}+P\{X=3,Y=2\}+P\{X=3,Y=3\}\\&=P\{X=2\}P\{Y=3\}+P\{X=3\}P\{Y=2\}+P\{X=3\}P\{Y=3\}\\&=C_3^2p_1^2(1-p_1)C_3^3p_2^3+C_3^3p_1^3C_3^2p_2^2(1-p_2)+C_3^3p_1^3C_3^3p_2^3\\&=3p_1^2(1-p_1)p_2^3+3p_1^3p_2^2(1-p_2)+p_1^3p_2^3.\end{aligned}$$

3.4.3 连续型随机变量的独立性

定理 2 设(X,Y)为二维连续型随机变量，其概率密度函数为 $f(x,y)$，$f_X(x)$，$f_Y(y)$为边缘概率密度函数，则 X 和 Y 相互独立的充分必要条件为：对任意的实数 x,y，都有 $f(x,y)=f_X(x)f_Y(y)$.

证 必要性. 因为 X,Y 相互独立，所以 $F(x,y)=F_X(x)F_Y(y)$. 又

$$F(x,y)=\int_{-\infty}^{y}\int_{-\infty}^{x}f(x,y)\mathrm{d}x\mathrm{d}y,$$

$$F_X(x)F_Y(y)=\left\{\int_{-\infty}^{x}f_X(x)\mathrm{d}x\right\}\left\{\int_{-\infty}^{y}f_Y(y)\mathrm{d}y\right\}=\int_{-\infty}^{y}\int_{-\infty}^{x}f_X(x)f_Y(y)\mathrm{d}x\mathrm{d}y.$$

由二维随机变量密度函数定义 $f(x,y)=f_X(x)f_Y(y)$.

充分性. 因为 $f(x,y)=f_X(x)f_Y(y)$，

$$F(x,y)=\int_{-\infty}^{y}\int_{-\infty}^{x}f(x,y)\mathrm{d}x\mathrm{d}y=\int_{-\infty}^{y}\int_{-\infty}^{x}f_X(x)f_Y(y)\mathrm{d}x\mathrm{d}y$$
$$=\int_{-\infty}^{x}f_X(x)\mathrm{d}x\int_{-\infty}^{y}f_Y(y)\mathrm{d}y=F_X(x)F_Y(y).$$

由定义知 X,Y 相互独立.

定理 1 和定理 2 是概率统计的重要定理;前面已讨论了联合分布与边缘分布的关系,已知联合分布可以确定边缘分布,但一般情况下边缘分布是不能确定联合分布的,但当 X 和 Y 相互独立时,(X,Y)的联合分布可由它的两个边缘分布完全确定.

例 3(3.2 节例 4)　设二维随机变量(X,Y)在单位圆域 $D=\{(x,y)\mid x^2+y^2\leqslant 1\}$ 上服从均匀分布,试判断 X 和 Y 的独立性.

解　(X,Y)的概率密度函数为 $f(x,y)=\begin{cases}\dfrac{1}{\pi}, & x^2+y^2\leqslant 1,\\ 0, & x^2+y^2>1.\end{cases}$

由 3.2 节例 4 知

$$f_X(x)=\begin{cases}\dfrac{2}{\pi}\sqrt{1-x^2}, & |x|\leqslant 1,\\ 0, & |x|>1.\end{cases}$$

$$f_Y(y)=\begin{cases}\dfrac{2}{\pi}\sqrt{1-y^2}, & |y|\leqslant 1,\\ 0, & |y|>1.\end{cases}$$

易见,当$|x|\leqslant 1,|y|\leqslant 1$ 时,$f(x,y)\neq f_X(x)f_Y(y)$. 所以 X 和 Y 不相互独立.

例 4　设$(X,Y)\sim N(\mu_1,\mu_2,\sigma_1^2,\sigma_2^2,\rho)$,证明:$X$ 和 Y 相互独立的充分必要条件为 $\rho=0$.

证　由$(X,Y)\sim N(\mu_1,\mu_2,\sigma_1^2,\sigma_2^2,\rho)$,有

$$f(x,y)=\frac{1}{2\pi\sigma_1\sigma_2\sqrt{1-\rho^2}}\mathrm{e}^{-\frac{1}{2(1-\rho^2)}\left[\frac{(x-\mu_1)^2}{\sigma_1^2}-2\rho\frac{(x-\mu_1)(y-\mu_2)}{\sigma_1\sigma_2}+\frac{(y-\mu_2)^2}{\sigma_2^2}\right]},\tag{1}$$

$$f_X(x)=\frac{1}{\sqrt{2\pi}\sigma_1}\mathrm{e}^{-\frac{(x-\mu_1)^2}{2\sigma_1^2}},\quad f_Y(y)=\frac{1}{\sqrt{2\pi}\sigma_2}\mathrm{e}^{-\frac{(y-\mu_2)^2}{2\sigma_2^2}}.$$

充分性. 若 $\rho=0$,显然有 $f(x,y)=f_X(x)f_Y(y)$,由定理 2 知 X 和 Y 相互独立.

必要性. 若 X 与 Y 相互独立,则

$$f(x,y)=f_X(x)f_Y(y)=\frac{1}{2\pi\sigma_1\sigma_2}\mathrm{e}^{-\frac{1}{2}\left[\frac{(x-\mu_1)^2}{\sigma_1^2}+\frac{(y-\mu_2)^2}{\sigma_2^2}\right]}.\tag{2}$$

比较两个等式(1)和(2),对任意实数 x,y 都成立,则必有 $\rho=0$.

例 5　设二维随机变量(X,Y)的联合概率密度函数为

$$f(x,y)=\begin{cases}Ay(1-x), & 0\leqslant x\leqslant 1,0\leqslant y\leqslant x,\\ 0, & \text{其他}.\end{cases}$$

求(1)常数 A;

(2)X 和 Y 的边缘概率密度函数 $f_X(x),f_Y(y)$;

(3)判断 X 与 Y 是否相互独立；

(4)在 $X=x$ 的条件下 Y 的条件概率密度函数 $f_{Y|X}(y|x)$.

解 (1) 因为$\int_{-\infty}^{+\infty}\int_{-\infty}^{+\infty}f(x,y)\mathrm{d}x\mathrm{d}y=\int_0^1\mathrm{d}x\int_0^x Ay(1-x)\mathrm{d}y=\frac{A}{24}=1$，所以 $A=24$. 所以 $f(x,y)=\begin{cases}24y(1-x), & 0\leqslant x\leqslant 1,0\leqslant y\leqslant x,\\ 0, & \text{其他}.\end{cases}$

(2) $$f_X(x)=\int_{-\infty}^{+\infty}f(x,y)\mathrm{d}y=\begin{cases}\int_0^x 24y(1-x)\mathrm{d}y, & 0\leqslant x\leqslant 1,\\ 0, & \text{其他}\end{cases}$$

$$=\begin{cases}12x^2(1-x), & 0\leqslant x\leqslant 1,\\ 0, & \text{其他}.\end{cases}$$

$$f_Y(y)=\int_{-\infty}^{+\infty}f(x,y)\mathrm{d}x=\begin{cases}\int_y^1 24y(1-x)\mathrm{d}x, & 0\leqslant y\leqslant 1,\\ 0, & \text{其他}\end{cases}$$

$$=\begin{cases}12y(1-y)^2, & 0\leqslant y\leqslant 1,\\ 0, & \text{其他}.\end{cases}$$

(3)因为 $f_X(x)f_Y(y)\neq f(x,y)$，所以 X 与 Y 不相互独立.

(4)在 $X=x$(当 $0<x<1$ 时)的条件下，

$$f_{Y|X}(y\mid x)=\frac{f(x,y)}{f_X(x)}=\begin{cases}\frac{2y}{x^2}, & 0<y<x,\\ 0, & \text{其他}.\end{cases}$$

例 6 设随机变量 X 与 Y 相互独立，X 在区间[0,2]服从均匀分布，Y 服从参数为 0.5 的指数分布，求

(1)(X,Y)的联合概率密度函数；

(2)$P\{Y\leqslant X^2\}$，$\Phi(x)$为标准正态分布函数.

其中 $\Phi(0)=0.5$，$\Phi(1)=0.84$，$\Phi(2)=0.98$.

解 (1) 根据 X 在[0,2]服从均匀分布，Y 服从参数为 0.5 的指数分布可得 X 与 Y 的概率密度函数分别为

$$f_X(x)=\begin{cases}\frac{1}{2}, & 0<x<2,\\ 0, & \text{其他}.\end{cases}\qquad f_Y(y)=\begin{cases}0.5\mathrm{e}^{-0.5y}, & y>0,\\ 0, & \text{其他}.\end{cases}$$

又 X 与 Y 相互独立，所以(X,Y)的联合概率密度函数为

$$f(x,y)=f_X(x)f_Y(y)=\begin{cases}0.25\mathrm{e}^{-0.5y}, & 0<x<2,y>0,\\ 0, & \text{其他}.\end{cases}$$

(2) $$P\{Y\leqslant X^2\}=\int_0^2\mathrm{d}x\int_0^{x^2}0.25\mathrm{e}^{-0.5y}\mathrm{d}y=\int_0^2\left[-0.5\mathrm{e}^{-0.5y}\right]_0^{x^2}\mathrm{d}x$$

$$=-0.5\int_0^2(\mathrm{e}^{-0.5x^2}-1)\mathrm{d}x=-0.5\left(\sqrt{2\pi}\int_0^2\frac{1}{\sqrt{2\pi}}\mathrm{e}^{-0.5x^2}\mathrm{d}x-2\right)$$

$$=-0.5\cdot\sqrt{2\pi}(\Phi(2)-\Phi(0))+1=-0.5\cdot\sqrt{2\pi}(0.98-0.5)+1$$
$$=-0.24\sqrt{2\pi}+1.$$

在实际问题中,随机变量的独立性常常是根据问题的实际意义来判断的,如果一个随机变量的取值并不影响另一个随机变量的取值,我们就认为两个随机变量是相互独立的.

3.4.4 n 维随机变量的独立性

以上所述关于二维随机变量的一些概念,容易推广到 n 维随机变量的情况.

定义 2 设 $X_1,X_2,\cdots,X_n$ 是 n 维随机变量,若对于任意 $x_1,x_2,\cdots,x_n$,有

$$P\{X_1\leqslant x_1,X_2\leqslant x_2,\cdots,X_n\leqslant x_n\}=P\{X_1\leqslant x_1\}P\{X_2\leqslant x_2\}\cdots P\{X_n\leqslant x_n\},$$

则称 $X_1,X_2,\cdots,X_n$ 是相互独立的.

定理 3 设$(X_1,X_2,\cdots,X_n)$和$(Y_1,Y_2,\cdots,Y_m)$相互独立,则 $X_i(i=1,2,\cdots,n)$和 $Y_j(j=1,2,\cdots,m)$相互独立. 又若 h,g 是连续函数,则 $h(X_1,X_2,\cdots,X_n)$和 $g(Y_1,Y_2,\cdots,Y_m)$相互独立.

此定理在数理统计中应用比较频繁,是一个较为重要的定理.

3.5 二维随机变量函数的分布

2.5 节讨论了一维随机变量函数的分布问题,本节讨论二维随机变量函数的分布.

设(X,Y)为二维随机变量,$z=g(x,y)$是一个二元函数,一般来说,$Z=g(X,Y)$是一个一维随机变量. 当我们已知(X,Y)的联合分布时,如何求随机变量 $Z=g(X,Y)$的分布呢? 下面我们只就几个具体的函数来讨论.

3.5.1 二维离散型随机变量函数的分布

设(X,Y)为二维离散型随机变量,则 $Z=g(X,Y)$仍为离散型随机变量,下面通过例子说明如何求二维离散型随机变量函数的分布.

例 1 设二维随机变量(X,Y)的联合分布律为

X \ Y	-1	1	2
0	$\frac{5}{20}$	$\frac{2}{20}$	$\frac{6}{20}$
1	$\frac{3}{20}$	$\frac{3}{20}$	$\frac{1}{20}$

试求 $Z_1=X-Y$ 和 $Z_2=XY$ 的分布律.

解　由 X,Y 的取值,可得 Z_1,Z_2 的取值及对应的概率为

P	$\frac{5}{20}$	$\frac{2}{20}$	$\frac{6}{20}$	$\frac{3}{20}$	$\frac{3}{20}$	$\frac{1}{20}$
(X,Y)	$(0,-1)$	$(0,1)$	$(0,2)$	$(1,-1)$	$(1,1)$	$(1,2)$
$Z_1=X-Y$	1	-1	-2	2	0	-1
$Z_2=XY$	0	0	0	-1	1	2

将 Z_1,Z_2 取相同值时的概率求和,即得到 $Z_1=X-Y$ 和 $Z_2=XY$ 的分布律分别为

Z_1	-2	-1	0	1	2
P	$\frac{6}{20}$	$\frac{3}{20}$	$\frac{3}{20}$	$\frac{5}{20}$	$\frac{3}{20}$

Z_2	-1	0	1	2
P	$\frac{3}{20}$	$\frac{13}{20}$	$\frac{3}{20}$	$\frac{1}{20}$

例 2　设 X,Y 相互独立,$X\sim P(\lambda_1)$,$Y\sim P(\lambda_2)$,证明 $X+Y\sim P(\lambda_1+\lambda_2)$.

证　因为 $X\sim P(\lambda_1)$,$Y\sim P(\lambda_2)$,则 X 和 Y 的概率分布分别为

$$P\{X=i\}=\frac{\lambda_1^i\mathrm{e}^{-\lambda_1}}{i!},\quad i=0,1,2,\cdots,$$

$$P\{Y=j\}=\frac{\lambda_2^j\mathrm{e}^{-\lambda_2}}{j!},\quad j=0,1,2,\cdots,$$

则 $X+Y$ 的所有可能取值为 $0,1,2,\cdots$,由于 X,Y 相互独立,因此,对于任意的非负整数 k,有

$$P\{X+Y=k\}=P\left\{\bigcup_{l=0}^{k}(X=l,Y=k-l)\right\}=\sum_{l=0}^{k}P\{X=l\}P\{Y=k-l\}$$

$$=\sum_{l=0}^{k}\frac{\lambda_1^l\mathrm{e}^{-\lambda_1}}{l!}\cdot\frac{\lambda_2^{k-l}\mathrm{e}^{-\lambda_2}}{(k-l)!}=\sum_{l=0}^{k}\frac{k!}{l!(k-l)!}\lambda_1^l\lambda_2^{k-l}\frac{\mathrm{e}^{-(\lambda_1+\lambda_2)}}{k!}=\frac{\mathrm{e}^{-(\lambda_1+\lambda_2)}}{k!}\sum_{l=0}^{k}\frac{k!}{l!(k-l)!}\lambda_1^l\lambda_2^{k-l}$$

$$=\frac{\mathrm{e}^{-(\lambda_1+\lambda_2)}}{k!}\sum_{l=0}^{k}\mathrm{C}_k^l\lambda_1^l\lambda_2^{k-l}=\frac{(\lambda_1+\lambda_2)^k}{k!}\mathrm{e}^{-(\lambda_1+\lambda_2)},\quad k=0,1,2,\cdots,$$

则 $X+Y\sim P\{\lambda_1+\lambda_2\}$.

3.5.2　二维连续型随机变量函数的分布

设(X,Y)为二维连续型随机变量,其概率密度函数为 $f(x,y)$,若 $Z=g(X,Y)$仍是连续型随机变量,求 $Z=g(X,Y)$的概率密度函数 $f_Z(z)$.

方法与一维随机变量函数的分布类似——分布函数法.

(1) 先求 $Z=g(X,Y)$ 的分布函数 $F_Z(z)$：

$$F_Z(z)=P\{Z\leqslant z\}=P\{g(X,Y)\leqslant z\}=\iint\limits_{g(x,y)\leqslant z}f(x,y)\mathrm{d}x\mathrm{d}y.$$

(2)将 $F_Z(z)$ 对 z 求导得：$f_Z(z)=F'_Z(z)$ 即为 $Z=g(X,Y)$ 的概率密度函数.

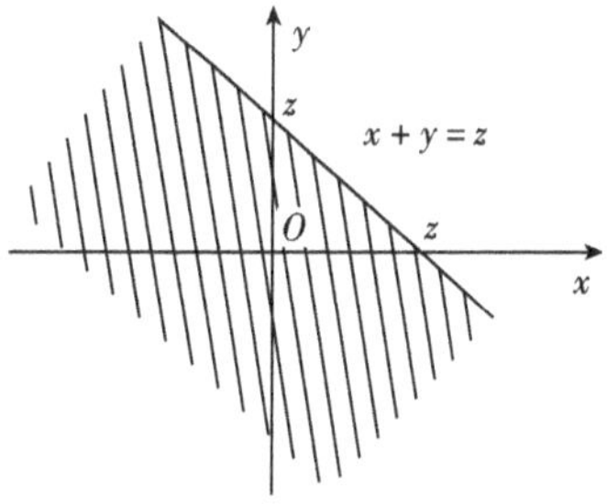

1. 和的分布

设 (X,Y) 为二维连续型随机变量，其概率密度函数为 $f(x,y)$，试求 $Z=X+Y$ 的概率密度函数 $f_Z(z)$.

解　先求 Z 的分布函数 $F_Z(z)$，如图 3-9 所示.

图 3-9

$$\begin{aligned}F_Z(z)&=P\{Z\leqslant z\}=P\{X+Y\leqslant z\}\\&=\iint\limits_{x+y\leqslant z}f(x,y)\mathrm{d}x\mathrm{d}y\\&=\int_{-\infty}^{+\infty}\mathrm{d}x\int_{-\infty}^{z-x}f(x,y)\mathrm{d}y\xlongequal{u=x+y}\int_{-\infty}^{+\infty}\mathrm{d}x\int_{-\infty}^{z}f(x,u-x)\mathrm{d}u\\&=\int_{-\infty}^{z}\left[\int_{-\infty}^{+\infty}f(x,u-x)\mathrm{d}x\right]\mathrm{d}u.\end{aligned}$$

于是，$Z=X+Y$ 的分布函数为

$$F_Z(z)=\int_{-\infty}^{z}\left[\int_{-\infty}^{+\infty}f(x,u-x)\mathrm{d}x\right]\mathrm{d}u.$$

$Z=X+Y$ 的概率密度函数为

$$f_Z(z)=\int_{-\infty}^{+\infty}f(x,z-x)\mathrm{d}x.\tag{1}$$

由于 X,Y 是对称的，所以

$$f_Z(z)=\int_{-\infty}^{+\infty}f(z-y,y)\mathrm{d}y.\tag{2}$$

若 X,Y 相互独立，则有 $f(x,y)=f_X(x)f_Y(y)$，代入上面两式得

$$f_Z(z)=\int_{-\infty}^{+\infty}f_X(x)f_Y(z-x)\mathrm{d}x,\tag{3}$$

$$f_Z(z)=\int_{-\infty}^{+\infty}f_X(z-y)f_Y(y)\mathrm{d}y.\tag{4}$$

(3)和(4)这两个公式称为卷积公式.

例 3　设 X 和 Y 相互独立，它们都服从 $N(0,1)$，求 $Z=X+Y$ 的概率密度.

解　由已知 X,Y 的概率密度为

$$f_X(x)=\frac{1}{\sqrt{2\pi}}\mathrm{e}^{-\frac{x^2}{2}},\quad f_Y(y)=\frac{1}{\sqrt{2\pi}}\mathrm{e}^{-\frac{y^2}{2}},$$

由卷积公式得 $Z=X+Y$ 的概率密度为

$$f_Z(z)=\int_{-\infty}^{+\infty}f_X(x)f_Y(z-x)\mathrm{d}x=\frac{1}{2\pi}\int_{-\infty}^{+\infty}\mathrm{e}^{-\frac{x^2}{2}}\mathrm{e}^{-\frac{(z-x)^2}{2}}\mathrm{d}x$$

$$=\frac{1}{2\pi}\mathrm{e}^{-\frac{z^2}{4}}\int_{-\infty}^{+\infty}\mathrm{e}^{-\frac{\left(\sqrt{2}x-\frac{z}{\sqrt{2}}\right)^2}{2}}\mathrm{d}x\xlongequal{\sqrt{2}x-\frac{z}{\sqrt{2}}=t}\frac{1}{2\pi}\mathrm{e}^{-\frac{z^2}{4}}\int_{-\infty}^{+\infty}\mathrm{e}^{-\frac{t^2}{2}}\left(\frac{1}{\sqrt{2}}\right)\mathrm{d}t$$

$$=\frac{1}{\sqrt{2}}\frac{1}{\sqrt{2\pi}}\mathrm{e}^{-\frac{z^2}{4}}\frac{1}{\sqrt{2\pi}}\int_{-\infty}^{+\infty}\mathrm{e}^{-\frac{t^2}{2}}\mathrm{d}t=\frac{1}{2\sqrt{\pi}}\mathrm{e}^{-\frac{z^2}{4}},$$

所以 $X+Y\sim N(0,2)$.

因此 $f_Z(z)=\dfrac{1}{\sqrt{2\pi}\sigma}\mathrm{e}^{-\frac{(z-\mu)^2}{2\sigma^2}}$，$\mu=0$，$\sigma^2=2$.

一般地，若 X,Y 相互独立，且 $X\sim N(\mu_1,\sigma_1^2)$，$Y\sim N(\mu_2,\sigma_2^2)$，则 $Z=X+Y$ 仍然服从正态分布，且有 $Z\sim N(\mu_1+\mu_2,\sigma_1^2+\sigma_2^2)$.

这个结论可以推广到 n 个独立正态随机变量之和的情况. 即若 $X_i\sim N(\mu_i,\sigma_i^2)$ $(i=1,2,\cdots,n)$ 且它们相互独立，则它们的和 $Z=X_1+X_2+\cdots+X_n$ 仍然服从正态分布，且有 $Z\sim N(\mu_1+\mu_2+\cdots+\mu_n,\sigma_1^2+\sigma_2^2+\cdots+\sigma_n^2)$.

更一般地，可以证明有限个相互独立的正态分布的随机变量的线性组合仍然服从正态分布.

这是非常有用的结论.

例 4　设 X 和 Y 相互独立，其概率密度为

$$f_X(x)=\begin{cases}\frac{1}{2}\mathrm{e}^{-\frac{x}{2}}, & x\geqslant 0,\\ 0, & x<0.\end{cases}\qquad f_Y(y)=\begin{cases}\frac{1}{3}\mathrm{e}^{-\frac{y}{3}}, & y\geqslant 0,\\ 0, & y<0.\end{cases}$$

试求随机变量 $Z=X+Y$ 的概率密度.

解　由卷积公式，有

$$f_Z(z)=\int_{-\infty}^{+\infty}f_X(x)f_Y(z-x)\mathrm{d}x.$$

考虑到 $f_X(x)$ 仅在 $x\geqslant 0$ 时不为零，$f_Y(z-x)$ 仅在 $z-x\geqslant 0$ 即 $x\leqslant z$ 时不为零，故上式右端的被积函数 $f_X(x)f_Y(z-x)$ 仅在 $0\leqslant x\leqslant z$ 时才是非零的，因此

当 $z\geqslant 0$ 时，

$$f_Z(z)=\int_0^z\frac{1}{2}\mathrm{e}^{-\frac{x}{2}}\frac{1}{3}\mathrm{e}^{-\frac{z-x}{3}}\mathrm{d}x=\mathrm{e}^{-\frac{z}{3}}\int_0^z\frac{1}{6}\mathrm{e}^{-\frac{x}{6}}\mathrm{d}x$$

$$=\mathrm{e}^{-\frac{z}{3}}\int_0^z\mathrm{e}^{-\frac{x}{6}}\mathrm{d}\left(\frac{x}{6}\right)=\mathrm{e}^{-\frac{z}{3}}(1-\mathrm{e}^{-\frac{z}{6}});$$

当 $z<0$ 时，$f_Z(z)=0$.

故 $f_Z(z)=\begin{cases}\mathrm{e}^{-\frac{z}{3}}(1-\mathrm{e}^{-\frac{z}{6}}), & z\geqslant 0,\\ 0, & z<0.\end{cases}$

2. 商的分布

设(X,Y)为二维连续型随机变量，其概率密度函数为$f(x.y)$，求$Z=\dfrac{X}{Y}$的概率密度.

解　先求Z的分布函数$F_Z(z)$，如图 3-10 所示，

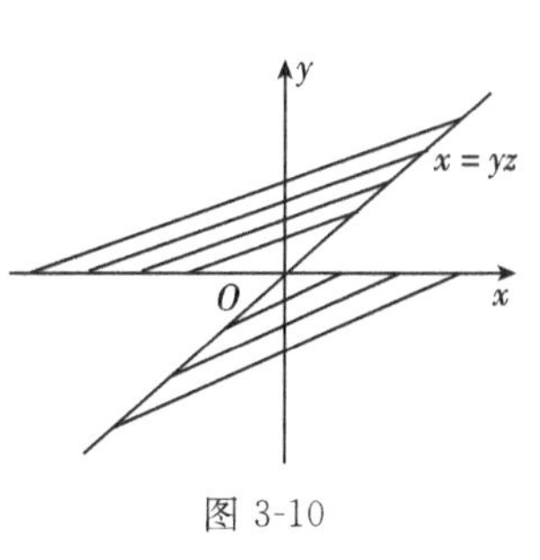

图 3-10

$$F_Z(z)=P\{Z\leqslant z\}=P\left\{\frac{X}{Y}\leqslant Z\right\}=\iint_{\frac{x}{y}\leqslant z}f(x,y)\mathrm{d}x\mathrm{d}y$$

$(y>0,x<yz;y<0,x>yz)$

$$=\int_0^{+\infty}\int_{-\infty}^{yz}f(x,y)\mathrm{d}x\mathrm{d}y+\int_{-\infty}^{0}\int_{yz}^{+\infty}f(x,y)\mathrm{d}x\mathrm{d}y$$

$$=\int_0^{+\infty}\mathrm{d}y\int_{-\infty}^{yz}f(x,y)\mathrm{d}x+\int_{-\infty}^{0}\mathrm{d}y\int_{yz}^{+\infty}f(x,y)\mathrm{d}x.$$

令

$$x=yu$$

$$=\int_0^{+\infty}\mathrm{d}y\int_{-\infty}^{z}f(yu,y)y\mathrm{d}u+\int_{-\infty}^{0}\mathrm{d}y\int_{z}^{-\infty}f(yu,y)y\mathrm{d}u$$

$$=\int_0^{+\infty}\mathrm{d}y\int_{-\infty}^{z}f(yu,y)y\mathrm{d}u-\int_{-\infty}^{0}\mathrm{d}y\int_{-\infty}^{z}f(yu,y)y\mathrm{d}u$$

$$=\int_{-\infty}^{z}\left[\int_0^{+\infty}f(yu,y)y\mathrm{d}y-\int_{-\infty}^{0}f(yu,y)y\mathrm{d}y\right]\mathrm{d}u$$

$$=\int_{-\infty}^{z}\left[\int_{-\infty}^{+\infty}f(yu,y)|y|\mathrm{d}y\right]\mathrm{d}u,$$

对上式两端关于z求导数，有

$$f_Z(z)=\int_{-\infty}^{+\infty}f(yz,y)|y|\mathrm{d}y. \tag{5}$$

特别地，当X,Y相互独立时，$f(x,y)=f_X(x)f_Y(y)$，因此，

$$f_Z(z)=\int_{-\infty}^{+\infty}f_X(yz)f_Y(y)|y|\mathrm{d}y. \tag{6}$$

例 5　设二维随机变量(X,Y)的密度函数为$f(x,y)=\dfrac{1}{2\pi}\mathrm{e}^{-\frac{x^2+y^2}{2}}$的二维正态分布，求$Z=\dfrac{X}{Y}$的概率密度.

解　由公式(5)得$Z=\dfrac{X}{Y}$的密度函数为

$$f_Z(z)=\int_{-\infty}^{+\infty}f(yz,y)|y|\mathrm{d}y$$

$$=\int_0^{+\infty}f(yz,y)y\mathrm{d}y-\int_{-\infty}^{0}f(yz,y)y\mathrm{d}y$$

$$=\frac{1}{2\pi}\left[\int_0^{+\infty} y\mathrm{e}^{-\frac{y^2(1+z^2)}{2}}\mathrm{d}y-\int_{-\infty}^0 y\mathrm{e}^{-\frac{y^2(1+z^2)}{2}}\mathrm{d}y\right].$$

令 $t=\dfrac{y^2(1+z^2)}{2}$，$\mathrm{d}t=y(1+z^2)\mathrm{d}y$，$2t=y^2(1+z^2)$

$$=\frac{1}{2\pi}\frac{1}{z^2+1}\left[\int_0^{+\infty}\mathrm{e}^{-t}\mathrm{d}t-\int_{+\infty}^0\mathrm{e}^{-t}\mathrm{d}t\right]$$

$$=\frac{1}{2\pi}\frac{1}{z^2+1}2=\frac{1}{\pi(z^2+1)}.$$

3. $Z=\max\{X,Y\}$ 和 $Z=\min\{X,Y\}$ 的分布

设 X 和 Y 是相互独立的随机变量，它们的分布函数分别为 $F_X(x)$ 和 $F_Y(y)$，现在来求 $M=\max\{X,Y\}$ 的分布函数 $F_{\max}(z)$ 和 $N=\min\{X,Y\}$ 的分布函数 $F_{\min}(z)$.

解 由于 $M=\max\{X,Y\}\leqslant z$ 等价于 X 和 Y 都小于 z，即 $\{M\leqslant z\}$ 等价于 $\{X\leqslant z, Y\leqslant z\}$，因此有 $P\{M\leqslant z\}=P\{X\leqslant z,Y\leqslant z\}$，由 X 和 Y 相互独立，于是 $M=\max\{X, Y\}$ 的分布函数为

$$F_{\max}(z)=P\{M\leqslant z\}=P\{X\leqslant z,Y\leqslant z\}=P\{X\leqslant z\}P\{Y\leqslant z\},$$

即有

$$F_{\max}(z)=F_X(z)F_Y(z). \tag{7}$$

类似地，$\{N>z\}$ 等价于 $\{X>z,Y>y\}$，于是有

$$P\{N>z\}=P\{X>z,Y>y\}.$$

由 X 和 Y 相互独立，于是

$$\begin{aligned}P\{N>z\}&=P\{X>z,Y>y\}=P\{X>z\}P\{Y>y\}\\&=[1-P\{X\leqslant z\}][1-P\{Y\leqslant z\}]\\&=[1-F_X(z)][1-F_Y(z)],\end{aligned}$$

即得 $N=\min\{X,Y\}$ 的分布函数为

$$F_{\min}(z)=P\{N\leqslant z\}=1-P\{N>z\}=1-[1-F_X(z)][1-F_Y(z)]. \tag{8}$$

以上结果容易推广到 n 个相互独立的随机变量的情况.

设 $X_1,X_2,\cdots,X_n$ 是 n 个相互独立的随机变量，它们的分布函数分别为 $F_{X_i}(x_i)$ $(i=1,2,\cdots,n)$，则 $Z=\max\{X_1,X_2,\cdots,X_n\}$ 和 $Z=\min\{X_1,X_2,\cdots,X_n\}$ 的分布函数分别为

$$F_{\max}(z)=F_{X_1}(z)F_{X_2}(z)\cdots F_{X_n}(z), \tag{9}$$

$$F_{\min}(z)=1-[1-F_{X_1}(z)][1-F_{X_2}(z)]\cdots[1-F_{X_n}(z)]. \tag{10}$$

特别地，当 $X_1,X_2,\cdots,X_n$ 相互独立且具有相同分布函数 $F(x)$ 时，有

$$F_{\max}(z)=[F(z)]^n, \tag{11}$$

$$F_{\min}(z)=1-[1-F(z)]^n. \tag{12}$$

例 6 若系统 L 是由两个相互独立的子系统 L_1 和 L_2 分别按串联和并联(图 3-11)两种方式连接而成，设 L_1 和 L_2 的寿命分别为 X 和 Y，它们分别服从参数为 α 和 β 的

指数分布，且 $\alpha \neq \beta$，试求这两种方式下系统 L 的寿命 Z 的概率密度函数.

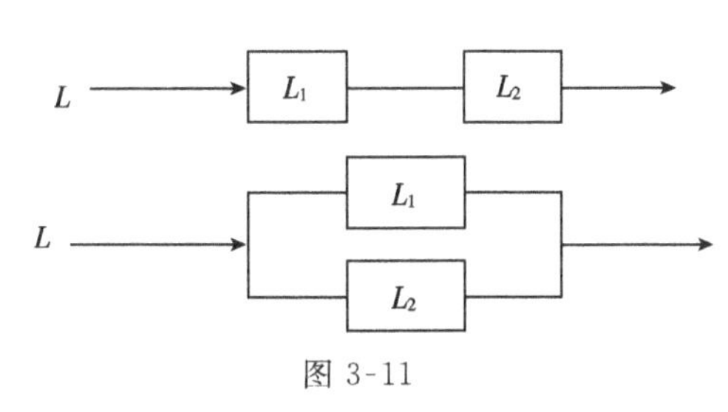

图 3-11

解　(1)串联方式.

在串联方式连接下，当子系统 L_1 和 L_2 有一个损坏时，系统 L 就停止工作，所以，这时系统 L 的寿命为 $Z=\min\{X,Y\}$.

由题意 X 和 Y 的分布函数为

$$F_X(x)=\begin{cases}1-\mathrm{e}^{-\alpha x}, & x>0,\\ 0, & x\leqslant 0.\end{cases} \quad F_Y(y)=\begin{cases}1-\mathrm{e}^{-\beta y}, & y>0,\\ 0, & y\leqslant 0.\end{cases}$$

由上面的公式(8)知，Z 的分布函数为

$$F_{\min}(z)=\begin{cases}1-\mathrm{e}^{-(\alpha+\beta)z}, & z>0,\\ 0, & z\leqslant 0.\end{cases}$$

Z 的概率密度函数为

$$f_{\min}(z)=\begin{cases}(\alpha+\beta)\mathrm{e}^{-(\alpha+\beta)z}, & z>0,\\ 0, & z\leqslant 0.\end{cases}$$

(2)并联方式.

在并联方式连接下，只有当子系统 L_1 和 L_2 都损坏时，系统 L 才停止工作. 所以，这时系统 L 的寿命为 $Z=\max\{X,Y\}$.

由上面的公式(7)知，Z 的分布函数为

$$F_{\max}(z)=F_X(z)F_Y(z)=\begin{cases}(1-\mathrm{e}^{-\alpha z})(1-\mathrm{e}^{-\beta z}), & z>0,\\ 0, & z\leqslant 0.\end{cases}$$

Z 的概率密度函数为

$$f_{\max}(z)=\begin{cases}\alpha\mathrm{e}^{-\alpha z}+\beta\mathrm{e}^{-\beta z}-(\alpha+\beta)\mathrm{e}^{-(\alpha+\beta)z}, & z>0,\\ 0, & z\leqslant 0.\end{cases}$$

例 7　设 $X_1,X_2,\cdots,X_n$ 在$[0,1]$上都服从均匀分布且相互独立，求 $Z=\min\{X_1,X_2,\cdots,X_n\}$的概率密度.

解　由题意，

$$f_{X_i}(x)=\begin{cases}1, & 0\leqslant x\leqslant 1,\\ 0, & \text{其他}.\end{cases}$$

$$F_{X_i}(x)=\begin{cases}0, & x<0,\\ x, & 0\leqslant x\leqslant 1,\\ 1, & x>1.\end{cases}$$

由上面的公式(12)知

$$F_{\min}(z)=1-[1-F(z)]^n=\begin{cases}0, & z<0,\\ 1-(1-z)^n, & 0\leqslant z\leqslant 1,\\ 1, & z>1.\end{cases}$$

$$f_{\min}(z)=F'_{\min}(z)=\begin{cases}n(1-z)^{n-1}, & 0\leqslant z\leqslant 1,\\ 0, & \text{其他}.\end{cases}$$

习　题　3

1. 将一枚硬币连掷三次，以 X 表示在三次中出现正面的次数，以 Y 表示三次中出现正面的次数与出现反面的次数之差的绝对值，写出 (X,Y) 的联合概率分布.

2. 一口袋中有四个球，其上分别标有 1,2,2,3，从中任取一球后，不放回袋中，再从袋中任取一球，依次用 X,Y 表示第一、二次取得的球上标有的数字，试求 (X,Y) 的联合分布律及 X,Y 的边缘分布律.

3. 设二维随机变量 (X,Y) 的分布函数为

$$F(x,y)=\begin{cases}a-2^{-x}-2^{-y}+2^{-x-y}, & x\geqslant 0,y\geqslant 0,\\ 0, & \text{其他}.\end{cases}$$

求(1)a；

(2) (X,Y) 关于 X,Y 的边缘分布函数.

4. 已知随机变量 X 和 Y 的联合概率密度 $f(x,y)=\begin{cases}Ae^{-(3x+4y)}, & x>0,y>0,\\ 0, & \text{其他}.\end{cases}$

试求(1) 常数 A；

(2) (X,Y) 的分布函数；

(3) $P\{0<X\leqslant 1,0<Y\leqslant 2\}$.

5. 某仪器由两个部件构成，X,Y 分别表示两个部件的寿命(单位：千小时)，已知 (X,Y) 的联合分布函数

$$F(x,y)=\begin{cases}1-e^{-0.5x}-e^{-0.5y}+e^{-0.5(x+y)}, & x\geqslant 0,y\geqslant 0,\\ 0, & \text{其他}.\end{cases}$$

求(1) X,Y 的边缘分布函数；

(2) 联合密度函数和边缘密度函数；

(3) 两部件寿命都超过 100 小时的概率.

6. 设随机变量 X 的概率分布为

X	$-\pi$	0	π
P	$\frac{c}{9}$	$\frac{2c}{9}$	$\frac{c}{6}$

求(1) 常数 c；

(2) $Y=\cos X$ 的概率分布；

(3) (X,Y) 的联合概率分布；

(4) 判断 X 与 Y 是否独立.

7. 已知(X,Y)的联合密度函数为

$$f(x,y)=\begin{cases}8xy, & 0<x<y,0<y<1,\\ 0, & \text{其他},\end{cases}$$

讨论 X,Y 是否独立.

8. 设 X 和 Y 是相互独立的随机变量且都服从$[0,1]$上的均匀分布,试求方程 $a^2+2Xa+Y=0$有实根的概率.

9. 设 X 与 Y 是两个相互独立的随机变量,X 服从$[0,1]$上的均匀分布,Y 的密度函数为

$$f(y)=\begin{cases}\dfrac{1}{2}\mathrm{e}^{-\frac{y}{2}}, & y>0,\\ 0, & \text{其他}.\end{cases}$$

求(1)(X,Y)的概率密度函数;

(2)方程 $x^2+2Xx+Y=0$ 有实根的概率.

10. 设二维随机变量(X,Y)的联合密度函数为

$$f(x,y)=\begin{cases}\dfrac{1}{8}(6-x-y), & 0<x<2,2<y<4,\\ 0, & \text{其他}.\end{cases}$$

求(1) X 与 Y 的边缘密度函数 $f_X(x),f_Y(y)$;

(2) 判断 X 与 Y 是否相互独立?

11. 设二维随机变量(X,Y)的密度函数为

$$f(x,y)=\begin{cases}x^2+\dfrac{1}{3}xy, & 0\leqslant x\leqslant 1,0\leqslant y\leqslant 2,\\ 0, & \text{其他},\end{cases}$$

(1)求 X 与 Y 的边缘密度函数,并判断 X 与 Y 是否独立;

(2)求 $P\{X+Y\geqslant 1\}$.

12. 设离散型随机变量(X,Y)的联合分布律如下:

X \ Y	1	2	3
1	$\frac{1}{6}$	$\frac{1}{9}$	$\frac{1}{18}$
2	$\frac{1}{3}$	a	b

试根据下列条件分别求 a 和 b 的值:

(1)$P\{Y=2\}=\dfrac{1}{3}$;

(2)$P\{X>1|Y=2\}=0.5$；

(3)X 与 Y 相互独立.

13.设(X,Y)的联合分布律为

X \ Y	0	1	2
1	0.15	0.25	0.35
3	0.05	0.18	0.02

求在 $X=3$ 的条件下，随机变量 Y 的条件分布.

14. 设随机变量(X,Y) 的密度函数为

$$f(x,y)=\begin{cases}1, & |y|<x,0<x<1,\\ 0, & \text{其他}.\end{cases}$$

求条件密度 $f_{X|Y}(x|y)$和 $f_{Y|X}(y|x)$.

15. 设二维随机变量(X,Y)的联合概率密度函数为

$$f(x,y)=\begin{cases}c(x+y), & 0\leqslant y\leqslant x\leqslant 1,\\ 0, & \text{其他},\end{cases}$$

求(1)常数 c 的值；

(2)判断 X 与 Y 的独立性；

(3)在 $X=x$ 的条件下 Y 的条件概率密度函数 $f_{Y|X}(y|x)$；

(4)$P\{X+Y\leqslant 1\}$.

16.设离散型随机变量 X 与 Y 的分布律分别为

X	0	1	2
P	$\frac{1}{2}$	$\frac{3}{8}$	$\frac{1}{8}$

Y	0	1
P	$\frac{1}{3}$	$\frac{2}{3}$

且 X 与 Y 独立，求

(1)(X,Y)的联合分布律；

(2)$Z=X+Y$ 的分布律；

(3)$Z=XY$ 的分布律.

17.设二维随机变量(X,Y)的分布列如下：

Y \ X	0	1	2
0	0.10	0.25	0.15
1	0.15	0.20	0.15

求(1)X 关于 $Y=0$ 和 $Y=1$ 的条件分布列；

(2)$Z=\max\{X,Y\}$的分布列；

(3)$Z=\min\{X,Y\}$的分布列.

18. 设随机变量 X 和 Y 相互独立，并且都服从(0,1)上的均匀分布，试求 $Z=X+Y$ 的概率密度函数.

19. 设随机变量 X 与 Y 独立同分布，共同概率密度为

$$f(x)=\begin{cases}\mathrm{e}^{-x}, & x>0,\\ 0, & x\leqslant 0,\end{cases}$$

求随机变量 $Z=X+Y$ 的概率密度.

20. 设(X,Y)的概率密度为

$$f(x,y)=\begin{cases}3x, & 0<y<x,0<x<1,\\ 0, & \text{其他},\end{cases}$$

求(1)$Z=X+Y$ 的概率密度；

(2)$Z=X-Y$ 的概率密度.

21. 设 $f_X(x)=\begin{cases}\mathrm{e}^{-x}, & x>0,\\ 0, & \text{其他},\end{cases}$ $f_Y(y)=\begin{cases}2\mathrm{e}^{-2y}, & y>0,\\ 0, & \text{其他},\end{cases}$ 且 X 与 Y 相互独立，求 $Z=\dfrac{X}{Y}$的概率密度.

22. 对某种电子装置的输出测量了5次，得到观察值 $X_i,i=1,2,3,4,5$. X_i 是5个相互独立的随机变量，且服从同一分布，它们的分布函数是

$$F(x)=\begin{cases}1-\mathrm{e}^{-\frac{x^2}{8}}, & x\geqslant 0,\\ 0, & \text{其他}.\end{cases}$$

求 $Y=\max\{X_1,X_2,X_3,X_4,X_5\}$大于4的概率.

23. 电子仪器由六个相互独立的部件 $l_{ij}(i=1,2;j=1,2,3)$组成，连接方式如图3-12所示. 设各个部件的使用寿命 X_{ij} 服从相同的指数分布 $E(\lambda)$，求仪器使用寿命的概率密度.

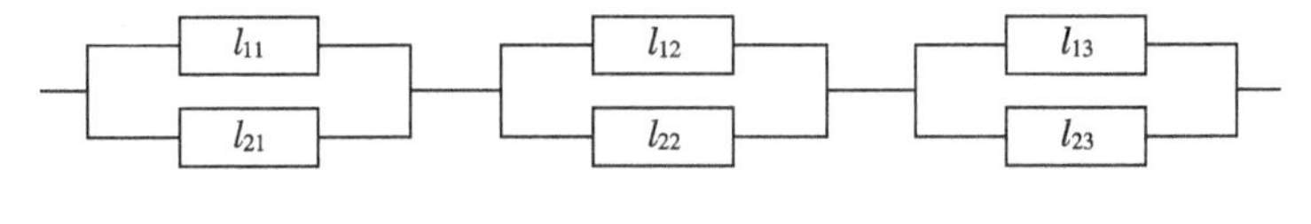

图 3-12

第4章　随机变量的数字特征

通过前面几章的学习,可以知道:随机变量的概率分布完整地描述了随机变量的统计规律.然而在许多实际问题中,要想确定随机变量的分布不是一件容易的事情,有时也不需要知道随机变量的分布,而只需知道随机变量的某些特征即可.例如,要评定不同地区的水稻产量,一般只要比较平均单位产量即可;在检查一批棉花的质量时,既需要注意纤维的平均长度,又需要注意纤维长度与平均长度的偏离程度.在概率论中,把描述随机变量的某种特征的量称为随机变量的数字特征.这些量反映了随机变量的重要性质,在概率论与数理统计中起着重要作用.本章将介绍随机变量的常见数字特征:数学期望、方差、协方差、相关系数以及矩.

4.1　数学期望

4.1.1　离散型随机变量的数学期望

为引入数学期望的概念,先看如下例子:一名射手在 $n=20$ 次射击的成绩见表4-1.

表4-1

中靶环数(x_i)	0	1	2	3	4	5	6	7	8	9	10
频数(n_i)	1	2	1	2	3	3	2	1	2	2	1
频率(f_i)	$\frac{1}{20}$	$\frac{2}{20}$	$\frac{1}{20}$	$\frac{2}{20}$	$\frac{3}{20}$	$\frac{3}{20}$	$\frac{2}{20}$	$\frac{1}{20}$	$\frac{2}{20}$	$\frac{2}{20}$	$\frac{1}{20}$

则在这20次射击中的平均中靶环数为

$$\bar{x}=\frac{\sum_{i=0}^{10}x_i\cdot n_i}{n}=\sum_{i=0}^{10}x_i\cdot f_i=0\times\frac{1}{20}+1\times\frac{2}{20}+\cdots+9\times\frac{2}{20}+10\times\frac{1}{20}=5.$$

它是该射手平均中靶环数真实值的一个近似值.当试验次数 n 很大时,$\bar{x}$ 就会很接近于这个真实值.

我们知道,当试验次数 n 足够大时,频率 f_i 的稳定值就是概率 p_i.因此,完整描述射手平均中靶环数的量应当是 $\sum_{i=0}^{10}x_i\cdot p_i$,称之为中靶环数的**数学期望**(mathematical expectation),其中 p_i 是射手命中环数 $i(0\leqslant i\leqslant10)$ 的概率.由此引出离散型随机变量的数学期望的一般定义.

定义 1　设离散型随机变量 X 的概率分布为 $P\{X=x_k\}=p_k, k=1,2,\cdots$，如果级数 $\sum_{k=1}^{\infty} x_k \cdot p_k$ 绝对收敛，则称级数 $\sum_{k=1}^{\infty} x_k \cdot p_k$ 为随机变量 X 的数学期望，简称期望，记为$E(X)$，即

$$E(X)=\sum_{k=1}^{\infty} x_k \cdot p_k.$$

否则，称随机变量 X 的数学期望不存在.

定义中要求 $\sum_{k=1}^{\infty} x_k \cdot p_k$ 绝对收敛是保证级数和不因级数各项次序的改变而发生改变. 这样 $E(X)$与 X 取值的人为排序无关.

实际上，数学期望 $E(X)$是随机变量 X 的取值以它的概率为权的加权平均，它反映了随机变量 X 的平均取值. 因此，有时我们也称随机变量 X 的数学期望 $E(X)$ 为随机变量 X 的均值.

例 1　一名医生在一小时内诊治患者的人数是一个随机变量 X，其分布律为

X	1	2	3	4	5
P	$\frac{3}{20}$	$\frac{7}{20}$	$\frac{6}{20}$	$\frac{3}{20}$	$\frac{1}{20}$

求 $E(X)$.

解　由定义易知

$$E(X)=1\times\frac{3}{20}+2\times\frac{7}{20}+3\times\frac{6}{20}+4\times\frac{3}{20}+5\times\frac{1}{20}=2.6.$$

例 2　设随机变量 X 服从 0-1 分布，求 $E(X)$.

解　X 的分布律为

X	0	1
P	q	p

所以 $E(X)=0\cdot q+1\cdot p=p$.

例 3　设随机变量 X 服从参数为 n,p 的二项分布，求 $E(X)$.

解　X 的分布律为

$$P\{X=k\}=\mathrm{C}_n^k p^k q^{n-k},\quad k=0,1,2,\cdots,n,\ 0<p<1,\ q=1-p,$$

$$E(X)=\sum_{k=0}^{n} k\cdot \mathrm{C}_n^k p^k q^{n-k}=\sum_{k=0}^{n} k\frac{n!}{k!(n-k)!}p^k q^{n-k}=\sum_{k=1}^{n}\frac{n!}{(k-1)!(n-k)!}p^k q^{n-k}$$

$$=np\sum_{k=1}^{n}\mathrm{C}_{n-1}^{k-1}p^{k-1}q^{(n-1)-(k-1)}=np\,(p+q)^{n-1}=np.$$

例 4　设随机变量 X 服从参数为 λ 的泊松分布，$\lambda>0$，求 $E(X)$.

解　X 的分布律为 $P\{X=k\}=\dfrac{\lambda^k e^{-\lambda}}{k!}$，$k=0,1,2,\cdots$，$\lambda>0$，

$$E(X)=\sum_{k=0}^{\infty}k\frac{\lambda^k e^{-\lambda}}{k!}=\lambda e^{-\lambda}\sum_{k=1}^{\infty}\frac{\lambda^{k-1}}{(k-1)!}\xlongequal{(\text{记 } L=k-1)}\lambda e^{-\lambda}\sum_{L=0}^{\infty}\frac{\lambda^L}{L!}=\lambda\cdot 1=\lambda.$$

例 5　设二维离散型随机变量(X,Y)的联合概率分布为

X \ Y	-1	0	1
0	0	$\frac{1}{3}$	0
1	$\frac{1}{3}$	0	$\frac{1}{3}$

求随机变量 X 和 Y 的数学期望.

解　由(X,Y)的联合概率分布可得 X 和 Y 的边缘分布分别为

X	0	1
P	$\frac{1}{3}$	$\frac{2}{3}$

Y	-1	0	1
P	$\frac{1}{3}$	$\frac{1}{3}$	$\frac{1}{3}$

因此有 $E(X)=0\times\frac{1}{3}+1\times\frac{2}{3}=\frac{2}{3}$，$E(Y)=-1\times\frac{1}{3}+0\times\frac{1}{3}+1\times\frac{1}{3}=0$.

事实上，我们不需要先求出关于 X 和 Y 的边缘分布，可以直接由(X,Y)的联合分布求出 X 和 Y 的数学期望.为此，我们给出如下定理.

定理 1　设二维离散型随机变量(X,Y)的联合概率分布为

$$P\{X=x_i,Y=y_i\}=p_{ij},\quad i,j=1,2,\cdots,$$

则

$$E(X)=\sum_{i=1}^{\infty}\sum_{j=1}^{\infty}x_i p_{ij},\quad E(Y)=\sum_{i=1}^{\infty}\sum_{j=1}^{\infty}y_j p_{ij}.$$

证　X 的边缘分布为 $P\{X=x_i\}=\sum\limits_{j=1}^{\infty}p_{ij}$，$i=1,2,\cdots$，于是有

$$E(X)=\sum_{i=1}^{\infty}x_i P\{X=x_i\}=\sum_{i=1}^{\infty}x_i\left(\sum_{j=1}^{\infty}p_{ij}\right)=\sum_{i=1}^{\infty}\sum_{j=1}^{\infty}x_i p_{ij}.$$

同理可得

$$E(Y)=\sum_{j=1}^{\infty}y_j P\{Y=y_j\}=\sum_{j=1}^{\infty}y_j\left(\sum_{i=1}^{\infty}p_{ij}\right)=\sum_{i=1}^{\infty}\sum_{j=1}^{\infty}y_j p_{ij}.$$

4.1.2　连续型随机变量的数学期望

定义 2　设连续型随机变量 X 的概率密度函数为 $f(x)$，如果积分

$\int_{-\infty}^{+\infty} x \cdot f(x)\mathrm{d}x$ 绝对收敛,则称该积分 $\int_{-\infty}^{+\infty} x \cdot f(x)\mathrm{d}x$ 为随机变量 X 的数学期望,记为 $E(X)$,即

$$E(X)=\int_{-\infty}^{+\infty} x \cdot f(x)\mathrm{d}x.$$

否则,称随机变量 X 的数学期望不存在.

例 6　设随机变量 X 在 $[a,b]$ 上服从均匀分布,求 $E(X)$.

解　已知 $f(x)=\begin{cases}\dfrac{1}{b-a}, & x\in[a,b],\\ 0, & \text{其他},\end{cases}$ 所以,

$$E(X)=\int_{-\infty}^{+\infty} x \cdot f(x)\mathrm{d}x=\int_{a}^{b} x \cdot \frac{1}{b-a}\mathrm{d}x=\frac{a+b}{2}.$$

例 7　设随机变量 X 服从参数为 λ 的指数分布,$\lambda>0$,求 $E(X)$.

解　已知 $f(x)=\begin{cases}\lambda \mathrm{e}^{-\lambda x}, & x>0,\\ 0, & x\leqslant 0,\end{cases}$ 所以,

$$E(X)=\int_{-\infty}^{+\infty} x \cdot f(x)\mathrm{d}x=\int_{0}^{+\infty} x \cdot \lambda \mathrm{e}^{-\lambda x}\mathrm{d}x \xlongequal{\lambda x=t} \frac{1}{\lambda}\int_{0}^{+\infty} t\mathrm{e}^{-t}\mathrm{d}t=\frac{1}{\lambda}.$$

例 8　设随机变量 X 服从参数为 μ 和 σ^2 的正态分布,求 $E(X)$.

解　已知 $f(x)=\dfrac{1}{\sqrt{2\pi}\sigma}\mathrm{e}^{-\frac{(x-\mu)^2}{2\sigma^2}}$,$-\infty<x<+\infty$,所以

$$E(X)=\int_{-\infty}^{+\infty} x\frac{1}{\sqrt{2\pi}\sigma}\mathrm{e}^{-\frac{(x-\mu)^2}{2\sigma^2}}\mathrm{d}x \xlongequal{\frac{x-\mu}{\sigma}=t} \frac{1}{\sqrt{2\pi}}\int_{-\infty}^{+\infty}(\sigma t+\mu)\mathrm{e}^{-\frac{t^2}{2}}\mathrm{d}t=\mu\int_{-\infty}^{+\infty}\frac{1}{\sqrt{2\pi}}\mathrm{e}^{-\frac{t^2}{2}}\mathrm{d}t=\mu.$$

这表明正态分布的参数 μ 正是它的数学期望.

例 9　设随机变量 X 的概率密度函数为 $f(x)=\dfrac{1}{6}\mathrm{e}^{-\frac{|x|}{3}}$,$-\infty<x<+\infty$,求 $E(X)$.

解　
$$\begin{aligned}E(X)&=\int_{-\infty}^{+\infty} x \cdot f(x)\mathrm{d}x=\int_{-\infty}^{+\infty} x \cdot \frac{1}{6}\mathrm{e}^{-\frac{|x|}{3}}\mathrm{d}x\\&=\int_{-\infty}^{0} x \cdot \frac{1}{6}\mathrm{e}^{\frac{x}{3}}\mathrm{d}x+\int_{0}^{+\infty} x \cdot \frac{1}{6}\mathrm{e}^{-\frac{x}{3}}\mathrm{d}x\\&=-\frac{3}{2}+\frac{3}{2}=0.\end{aligned}$$

例 10　设二维连续型随机变量 (X,Y) 的概率密度函数为

$$f(x,y)=\begin{cases}2-x-y, & 0\leqslant x\leqslant 1,0\leqslant y\leqslant 1,\\ 0 & \text{其他},\end{cases}$$

求 $E(X)$,$E(Y)$.

解　X 和 Y 的边缘密度函数为

$$f_X(x)=\int_{-\infty}^{+\infty} f(x,y)\mathrm{d}y=\int_{0}^{1}(2-x-y)\mathrm{d}y=\frac{3}{2}-x\ (0\leqslant x\leqslant 1),$$

$$f_Y(y)=\int_{-\infty}^{+\infty}f(x,y)\mathrm{d}x=\int_0^1(2-x-y)\mathrm{d}x=\frac{3}{2}-y\ (0\leqslant y\leqslant 1),$$

所以

$$E(X)=\int_0^1 x\cdot\left(\frac{3}{2}-x\right)\mathrm{d}x=\left(\frac{3x^2}{4}-\frac{x^3}{3}\right)\Big|_0^1=\frac{5}{12},$$

$$E(Y)=\int_0^1 y\cdot\left(\frac{3}{2}-y\right)\mathrm{d}y=\left(\frac{3y^2}{4}-\frac{y^3}{3}\right)\Big|_0^1=\frac{5}{12}.$$

类似于二维离散型随机变量的数学期望的计算,我们不必先求出关于 X 和 Y 的边缘密度函数,可以直接由(X,Y)的概率密度函数求出 X 和 Y 的数学期望.

定理 2 设二维连续型随机变量(X,Y)的概率密度函数为 $f(x,y)$,则有

$$E(X)=\int_{-\infty}^{+\infty}\int_{-\infty}^{+\infty}xf(x,y)\mathrm{d}x\mathrm{d}y,\quad E(Y)=\int_{-\infty}^{+\infty}\int_{-\infty}^{+\infty}yf(x,y)\mathrm{d}x\mathrm{d}y.$$

证 关于 X 和 Y 的边缘密度函数为

$$f_X(x)=\int_{-\infty}^{+\infty}f(x,y)\mathrm{d}y,\quad f_Y(y)=\int_{-\infty}^{+\infty}f(x,y)\mathrm{d}x,$$

所以

$$E(X)=\int_{-\infty}^{+\infty}xf_X(x)\mathrm{d}x=\int_{-\infty}^{+\infty}x\left[\int_{-\infty}^{+\infty}f(x,y)\mathrm{d}y\right]\mathrm{d}x=\int_{-\infty}^{+\infty}\int_{-\infty}^{+\infty}xf(x,y)\mathrm{d}x\mathrm{d}y,$$

$$E(Y)=\int_{-\infty}^{+\infty}yf_Y(y)\mathrm{d}y=\int_{-\infty}^{+\infty}y\left[\int_{-\infty}^{+\infty}f(x,y)\mathrm{d}x\right]\mathrm{d}y=\int_{-\infty}^{+\infty}\int_{-\infty}^{+\infty}yf(x,y)\mathrm{d}x\mathrm{d}y.$$

4.1.3 随机变量函数的数学期望

设已知随机变量 X 的分布,我们需要计算的不是随机变量 X 的数学期望,而是 X 的某个函数的数学期望,比如说 $g(X)$的数学期望,应该如何计算呢?这就是随机变量函数的数学期望计算问题.一种方法是,因为 $g(X)$也是随机变量,故应有概率分布,它的分布可以由已知的 X 的分布求出来.一旦我们知道了 $g(X)$的分布,就可以按照数学期望的定义把 $E[g(X)]$计算出来,使用这种方法必须先求出随机变量函数的分布,一般是比较复杂的.那么是否可以不先求 $g(X)$的分布,而只根据 X 的分布求得 $E[g(X)]$呢?答案是肯定的,其基本公式如下.

定理 3 设 X 是随机变量,$Y=g(X)$是 X 的连续函数,则有

(1)若 X 为离散型随机变量,其概率分布列为 $P\{X=x_k\}=p_k,k=1,2,\cdots$,如果级数 $\sum_{k=1}^{\infty}g(x_k)p_k$ 绝对收敛,则函数 $Y=g(X)$的数学期望为

$$E(Y)=E[g(X)]=\sum_{k=1}^{\infty}g(x_k)p_k;$$

(2)若 X 为连续型随机变量,其概率密度函数为 $f(x)$,如果积分 $\int_{-\infty}^{+\infty}g(x)\cdot f(x)\mathrm{d}x$ 绝对收敛,则函数 $Y=g(X)$的数学期望为

$$E(Y)=E[g(X)]=\int_{-\infty}^{+\infty}g(x)f(x)\mathrm{d}x.$$

这个定理还可以推广到两个或多个随机变量的函数的情况.

定理 4　设(X,Y)是二维随机变量，$Z=g(X,Y)$是X和Y的连续函数，则有

(1)若(X,Y)为离散型随机变量，其联合分布律为

$$P\{X=x_i,Y=y_j\}=p_{ij},\quad i,j=1,2,\cdots,$$

如果级数$\sum_{i=1}^{\infty}\sum_{j=1}^{\infty}g(x_i,y_j)\cdot p_{ij}$绝对收敛，则有

$$E(Z)=E[g(X,Y)]=\sum_{i=1}^{\infty}\sum_{j=1}^{\infty}g(x_i,y_j)\cdot p_{ij}.$$

(2)若(X,Y)为连续型随机变量，其概率密度函数为$f(x,y)$，如果积分$\int_{-\infty}^{+\infty}\int_{-\infty}^{+\infty}g(x,y)f(x,y)\mathrm{d}x\mathrm{d}y$绝对收敛，则有

$$E(Z)=E[g(X,Y)]=\int_{-\infty}^{+\infty}\int_{-\infty}^{+\infty}g(x,y)f(x,y)\mathrm{d}x\mathrm{d}y.$$

例 11　设随机变量X的概率分布如下：

X	1	2	3	4
P	0.2	0.3	0.2	0.3

若$Y=\pi X^2$，求$E(Y)$.

解　$E(Y)=\pi\times1^2\times0.2+\pi\times2^2\times0.3+\pi\times3^2\times0.2+\pi\times4^2\times0.3=8\pi.$

例 12　设随机变量X服从参数为 2 的指数分布，$Y=\mathrm{e}^X$，求$E(Y)$.

解　X的概率密度函数为$f(x)=\begin{cases}2\mathrm{e}^{-2x}, & x\geqslant0,\\0, & 其他,\end{cases}$

$$E(Y)=E(\mathrm{e}^X)=\int_0^{+\infty}\mathrm{e}^x2\mathrm{e}^{-2x}\mathrm{d}x=2\int_0^{+\infty}\mathrm{e}^{-x}\mathrm{d}x=-2\mathrm{e}^{-x}\Big|_0^{+\infty}=2.$$

例 13　在例 5 中，求$E(XY)$.

解
$$\begin{aligned}E(XY)&=\sum_{i=1}^{\infty}\sum_{j=1}^{\infty}x_iy_j\cdot p_{ij}\\&=0\times(-1)\times0+0\times0\times\frac{1}{3}+0\times1\times0+1\times(-1)\\&\quad\times\frac{1}{3}+1\times0\times0+1\times1\times\frac{1}{3}=0.\end{aligned}$$

例 14　从A地到B地的公路全长 100km. 汽车在途中可能出现故障，假设发生故障时的汽车所在地离A的距离X(单位：km)服从均匀分布$U[0,100]$. 现计划在A,B之间建一汽车维修站，问：要使维修站离故障发生地的期望距离最短，该站应建在何处？

解　设维修站建在距离 A 地为 $a$km 处，那么它与故障发生地的距离为

$$Y=|X-a|=\begin{cases}X-a, & X\geqslant a,\\ a-X, & X<a.\end{cases}$$

由题意，X 的概率密度函数为

$$f(x)=\begin{cases}\dfrac{1}{100}, & 0\leqslant x\leqslant 100,\\ 0, & \text{其他},\end{cases}$$

维修站离故障发生地的平均距离为

$$\begin{aligned}E(Y)=E(|X-a|)&=\int_{-\infty}^{\infty}|x-a|f(x)\mathrm{d}x\\ &=\int_{0}^{a}(a-x)\frac{1}{100}\mathrm{d}x+\int_{a}^{100}(x-a)\frac{1}{100}\mathrm{d}x=\frac{1}{100}(a^2-100a+5000).\end{aligned}$$

显然，当 $a=50$km 时，维修站离故障发生地的期望距离最短.

4.1.4　数学期望的性质

下面介绍随机变量数学期望的几个性质，在下面的讨论中，我们总是假定随机变量的数学期望是存在的.

性质 1　设 C 为任意常数，则 $E(C)=C$.

证　将常数看为离散型随机变量，它的所有可能取值只有一个值 C，其概率分布为 $P\{X=C\}=1$，则 $E(C)=C\times 1=C$.

以下仅对连续型随机变量的情形给出证明，离散型的情形证法类似.

性质 2　设 X 为随机变量，C 为任意常数，则 $E(CX)=CE(X)$.

证　以连续型随机变量为例证明. 设 X 的密度函数为 $f(x)$，则有

$$E(CX)=\int_{-\infty}^{+\infty}Cxf(x)\mathrm{d}x=C\int_{-\infty}^{+\infty}xf(x)\mathrm{d}x=CE(X).$$

性质 3　设 X,Y 为任意两个随机变量，则 $E(X+Y)=E(X)+E(Y)$.

证　设二维随机变量 (X,Y) 的密度函数为 $f(x,y)$，则

$$\begin{aligned}E(X+Y)&=\int_{-\infty}^{+\infty}\int_{-\infty}^{+\infty}(x+y)f(x,y)\mathrm{d}x\mathrm{d}y\\ &=\int_{-\infty}^{+\infty}\int_{-\infty}^{+\infty}xf(x,y)\mathrm{d}x\mathrm{d}y+\int_{-\infty}^{+\infty}\int_{-\infty}^{+\infty}yf(x,y)\mathrm{d}x\mathrm{d}y\\ &=E(X)+E(Y).\end{aligned}$$

这一性质可推广到任意有限多个随机变量之和的情形，结合性质 2，对常数 C_1，$C_2,\cdots,C_n$ 有

$$E(C_1X_1+C_2X_2+\cdots+C_nX_n)=C_1E(X_1)+C_2E(X_2)+\cdots+C_nE(X_n).$$

性质 4　设随机变量 X,Y 相互独立，则有 $E(XY)=E(X)E(Y)$.

证　因为 X,Y 相互独立，故其联合密度函数与边缘密度函数满足 $f(x,y)=$

$f_X(x)\cdot f_Y(y)$，所以

$$E(XY)=\int_{-\infty}^{+\infty}\int_{-\infty}^{+\infty}xyf(x,y)\mathrm{d}x\mathrm{d}y=\int_{-\infty}^{+\infty}\int_{-\infty}^{+\infty}xyf_X(x)f_Y(y)\mathrm{d}x\mathrm{d}y$$

$$=\int_{-\infty}^{+\infty}xf_X(x)\mathrm{d}x\int_{-\infty}^{+\infty}yf_Y(y)\mathrm{d}y=E(X)E(Y).$$

这一性质可推广到任意有限多个相互独立的随机变量之积的情形，即若 X_1，X_2，…，X_n 为相互独立的随机变量，则有

$$E(X_1X_2\cdots X_n)=E(X_1)E(X_2)\cdots E(X_n).$$

例 15　设随机变量 X,Y 相互独立，其概率密度函数为

$$f_X(x)=\begin{cases}2\mathrm{e}^{-2x}, & x>0,\\ 0, & x\leqslant 0,\end{cases}\quad f_Y(y)=\begin{cases}3\mathrm{e}^{-3y}, & y>0,\\ 0, & y\leqslant 0,\end{cases}$$

求 $E(2X+3Y)$，$E(XY)$.

解　因为 $E(X)=\dfrac{1}{2}$，$E(Y)=\dfrac{1}{3}$，而由性质 2 和性质 3，有

$$E(2X+3Y)=2E(X)+3E(Y)=2\times\frac{1}{2}+3\times\frac{1}{3}=2.$$

由性质 4，得

$$E(XY)=E(X)E(Y)=\frac{1}{2}\times\frac{1}{3}=\frac{1}{6}.$$

例 16　15 个人在大楼底层进入电梯，楼上有 20 层，楼上各层无人进入电梯. 如到达某一层无人走出电梯时，电梯不停. 设每个乘客在任何一层走出电梯的概率相等，且每个人是否走出电梯是相互独立的. 试求当电梯中的乘客走完时，电梯停下次数的数学期望.

解　设电梯总共停下 X 次，且假设随机变量

$$X_i=\begin{cases}1, & \text{电梯在第 } i \text{ 层停下(有人走出)},\\ 0, & \text{电梯在第 } i \text{ 层不停(无人走出)},\end{cases}\quad i=1,2,\cdots,20,$$

则有 $X=X_1+X_2+\cdots+X_{20}$.

由题意，任一个人在第 i 层走出电梯的概率为 $1/20$，因此电梯在第 i 层不停的概率为 $P\{X_i=0\}=(1-1/20)^{15}$，$i=1,2,\cdots,20$. 电梯在第 i 层停下的概率为 $P\{X_i=1\}=1-(1-1/20)^{15}$，$i=1,2,\cdots,20$，于是得 X_i 的分布律为

X_i	0	1
P	$(1-1/20)^{15}$	$1-(1-1/20)^{15}$

因此 $E(X_i)=0\times(1-1/20)^{15}+1\times(1-(1-1/20)^{15})=1-(1-1/20)^{15}$，从而 $E(X)=E(X_1+X_2+\cdots+X_{20})=20\times[1-(1-1/20)^{15}]\approx 10.7342$，即电梯平均停 10.7342 次.

4.2 方　差

数学期望是随机变量的重要数字特征，而在实际问题中只知道它是不够的，还需要研究随机变量取值的分散程度，即随机变量的取值与其均值的偏离程度或离散程度. 例如，在检查棉花的质量时，既要注意纤维的平均长度，还要注意纤维长度与平均长度的偏离程度. 若偏离程度小，表示质量较稳定. 反之，则不稳定. 由此可见，研究随机变量与其均值的偏离程度是十分必要的. 那么，用什么来度量它呢？容易看到 $E|X-E(X)|$ 能度量随机变量与其均值的偏离程度，但是由于上式带有绝对值，运算不方便，为方便计，通常用 $E[X-E(X)]^2$ 来度量随机变量 X 与 $E(X)$ 的偏离程度. 为此，我们引入方差的概念.

4.2.1 方差的概念

定义 1 设 X 是一随机变量，如果 $E[X-E(X)]^2$ 存在，则称 $E[X-E(X)]^2$ 为随机变量 X 的**方差**(variance)，记为 $D(X)$ 或 $\mathrm{var}(X)$，即

$$D(X)=E[X-E(X)]^2.$$

称 $\sqrt{D(X)}$ 为随机变量 X 的标准差或均方差，记为 $\sigma(X)$.

由定义，随机变量 X 的方差 $D(X)$ 反映出 X 的取值与其数学期望的偏离程度. 若 $D(X)$ 较小，则 X 取值比较集中，否则，X 取值比较分散. 因此，方差 $D(X)$ 是刻画 X 取值分散程度的一个量.

方差实际上是随机变量 X 的函数的数学期望. 利用 4.1 节随机变量函数的数学期望公式，下面分别就 X 为离散型随机变量和连续型随机变量两种情况给出方差 $D(X)$ 的计算公式.

(1)若 X 为离散型随机变量，其分布律为 $P\{X=x_k\}=p_k, k=1,2,\cdots$，则

$$D(X)=\sum_{k=1}^{\infty}[x_k-E(X)]^2 p_k.$$

(2)若 X 为连续型随机变量，其概率密度函数为 $f(x)$，则

$$D(X)=\int_{-\infty}^{+\infty}[x-E(X)]^2\cdot f(x)\mathrm{d}x.$$

随机变量 X 的方差 $D(X)$ 可由(1)和(2)计算，但有时用下面提供的方法来计算方差更为方便：

$$D(X)=E(X^2)-[E(X)]^2.$$

事实上，

$$\begin{aligned}D(X)&=E[X-E(X)]^2=E\{X^2-2XE(X)+[E(X)]^2\}\\&=E(X^2)-2E(X)E(X)+[E(X)]^2=E(X^2)-[E(X)]^2.\end{aligned}$$

例 1　设随机变量 X 的密度函数为

$$f(x)=\begin{cases}1+x, & -1<x\leqslant 0,\\ 1-x, & 0<x\leqslant 1,\\ 0, & \text{其他},\end{cases}$$

求 $D(X)$.

解　因为

$$E(X)=\int_{-1}^{0}x(1+x)\mathrm{d}x+\int_{0}^{1}x(1-x)\mathrm{d}x=0,$$

$$E(X^2)=\int_{-1}^{0}x^2(1+x)\mathrm{d}x+\int_{0}^{1}x^2(1-x)\mathrm{d}x=\frac{1}{6},$$

所以 $D(X)=E(X^2)-[E(X)]^2=\dfrac{1}{6}$.

4.2.2　方差的性质

方差有下面重要的性质,在下面方差性质的讨论中,都是假定随机变量的方差存在.

性质 1　设 C 为任意常数,则 $D(C)=0$.

证　$D(C)=E(C^2)-[E(C)]^2=C^2-C^2=0$.

性质 2　设 X 为随机变量,C 为任意常数,则 $D(CX)=C^2D(X)$.

证　$D(CX)=E(C^2X^2)-[E(CX)]^2=C^2\{E(X^2)-[E(X)]^2\}=C^2D(X)$.

性质 3　设随机变量 X,Y 相互独立,则有 $D(X\pm Y)=D(X)+D(Y)$.

证
$$\begin{aligned}D(X\pm Y)&=E[(X\pm Y)-E(X\pm Y)]^2=E\{[X-E(X)]\pm[Y-E(Y)]\}^2\\&=E\{[X-E(X)]^2\pm 2[X-E(X)][Y-E(Y)]+[Y-E(Y)]^2\}\\&=E[X-E(X)]^2\pm 2E\{[X-E(X)][Y-E(Y)]\}+E[Y-E(Y)]^2\\&=D(X)\pm 2E\{[X-E(X)][Y-E(Y)]\}+D(Y)\end{aligned}$$

而 $E[(X-E(X))(Y-E(Y))]=E[(XY-E(X)Y-E(Y)X+E(X)E(Y)]=E(XY)-E(X)E(Y)$,因为 X,Y 相互独立,所在 $E\{[X-E(X)][Y-E(Y)]\}=0$,所以 $D(X\pm Y)=D(X)+D(Y)$.

综合性质 1～性质 3 可以得到:若随机变量 X_1 与 X_2 相互独立,C_0,C_1,C_2 是常数,则有

$$D(C_0+C_1X_1+C_2X_2)=C_1^2D(X_1)+C_2^2D(X_2).$$

可以把上式推广到有限个相互独立的随机变量的情形,即若 $X_1,X_2,\cdots,X_n$ 相互独立,$C_0,C_1,\cdots,C_n$ 为常数,则有

$$D(C_0+C_1X_1+C_2X_2+\cdots+C_nX_n)=C_1^2D(X_1)+C_2^2D(X_2)+\cdots+C_n^2D(X_n).$$

例 2　设随机变量 X 的数学期望 $E(X)$ 及方差 $D(X)$ 都存在,且 $D(X)>0$,令

$Y=\frac{X-E(X)}{\sqrt{D(X)}}$,证明:$E(Y)=0,D(Y)=1$.

证 由期望及方差的性质可得

$$E(Y)=E\left(\frac{X-E(X)}{\sqrt{D(X)}}\right)=\frac{E(X)-E(X)}{\sqrt{D(X)}}=0,$$

$$D(Y)=D\left(\frac{X-E(X)}{\sqrt{D(X)}}\right)=\frac{D[X-E(X)]}{D(X)}=\frac{D(X)}{D(X)}=1.$$

4.2.3 常见随机变量的方差

1. 二项分布

设随机变量 $X\sim B(n,p)$,$0<p<1$,其概率分布为

$$P\{X=k\}=C_n^k p^k q^{n-k},\quad k=0,1,2,\cdots,n,0<p<1,q=1-p,$$

已知 $E(X)=np$,而

$$\begin{aligned}E(X^2)&=\sum_{k=0}^{n}k^2\frac{n!}{k!(n-k)!}p^kq^{n-k}=\sum_{k=0}^{n}\frac{(k-1+1)n!}{(k-1)!(n-k)!}p^kq^{n-k}\\&=\sum_{k=0}^{n}\left[\frac{n(n-1)(n-2)!}{(k-2)!(n-k)!}+\frac{n(n-1)!}{(k-1)!(n-k)!}\right]p^kq^{n-k}\\&=n(n-1)p^2\sum_{k=2}^{n}\frac{(n-2)!}{(k-2)!(n-k)!}p^{k-2}q^{n-k}+np\sum_{k=1}^{n}\frac{(n-1)!}{(k-1)!(n-k)!}p^{k-1}q^{n-k}\\&=n(n-1)p^2+np=n^2p^2-np^2+np,\end{aligned}$$

所以 $D(X)=E(X^2)-[E(X)]^2=n^2p^2-np^2+np-n^2p^2=np(1-p)=npq$.

2. 泊松分布

设随机变量 $X\sim P(\lambda)$,其概率分布为

$$P\{X=k\}=\frac{\lambda^k e^{-\lambda}}{k!},\quad k=0,1,2,\cdots,$$

已知 $E(X)=\lambda$,而

$$\begin{aligned}E(X^2)&=\sum_{k=0}^{+\infty}k^2\frac{\lambda^k e^{-\lambda}}{k!}=\sum_{k=1}^{+\infty}\frac{k\lambda^k}{(k-1)!}e^{-\lambda}=\sum_{k=1}^{+\infty}(k-1+1)\frac{\lambda^k}{(k-1)!}e^{-\lambda}\\&=\sum_{k=2}^{+\infty}\frac{\lambda^k}{(k-2)!}e^{-\lambda}+\sum_{k=1}^{+\infty}\frac{\lambda^k}{(k-1)!}e^{-\lambda}=e^{-\lambda}\left[\lambda^2\sum_{k=2}^{+\infty}\frac{\lambda^{k-2}}{(k-2)!}+\lambda\sum_{k=1}^{\infty}\frac{\lambda^{k-1}}{(k-1)!}\right]\\&=\lambda^2e^{-\lambda}e^{\lambda}+\lambda e^{-\lambda}e^{\lambda}=\lambda^2+\lambda,\end{aligned}$$

所以 $D(X)=E(X^2)-[E(X)]^2=\lambda$.

3. 均匀分布

设随机变量 $X\sim U[a,b]$,其概率密度函数为

$$f(x)=\begin{cases}\frac{1}{b-a}, & a\leqslant x\leqslant b,\\0, & \text{其他},\end{cases}$$

已知 $E(X)=\frac{a+b}{2}$,而

$$E(X^2)=\int_{-\infty}^{+\infty}x^2f(x)\mathrm{d}x=\int_a^b\frac{x^2}{b-a}\mathrm{d}x=\frac{a^2+ab+b^2}{3},$$

所以 $D(X)=E(X^2)-[E(X)]^2=\frac{a^2+ab+b^2}{3}-\left(\frac{a+b}{2}\right)^2=\frac{(b-a)^2}{12}$.

4. 指数分布

设随机变量 $X\sim E(\lambda)$,其概率密度函数为

$$f(x)=\begin{cases}\lambda\mathrm{e}^{-\lambda x}, & x>0,\\ 0, & x\leqslant 0,\end{cases}$$

已知 $E(X)=\frac{1}{\lambda}$,而

$$E(X^2)=\lambda\int_0^{+\infty}x^2\mathrm{e}^{-\lambda x}\mathrm{d}x=\left(-x^2\mathrm{e}^{-\lambda x}-\frac{2x}{\lambda}\mathrm{e}^{-\lambda x}-\frac{2}{\lambda^2}\mathrm{e}^{-\lambda x}\right)\Bigg|_0^{+\infty}=\frac{2}{\lambda^2},$$

所以 $D(X)=E(X^2)-[E(X)]^2=\frac{2}{\lambda^2}-\frac{1}{\lambda^2}=\frac{1}{\lambda^2}$.

5. 正态分布

设随机变量 $X\sim N(\mu,\sigma^2)$,其概率密度函数为

$$f(x)=\frac{1}{\sqrt{2\pi}\sigma}\mathrm{e}^{-\frac{(x-\mu)^2}{2\sigma^2}},\quad -\infty<x<+\infty,$$

而 $D(X)=\int_{-\infty}^{+\infty}\frac{(x-\mu)^2}{\sqrt{2\pi}\sigma}\mathrm{e}^{-\frac{(x-\mu)^2}{2\sigma^2}}\mathrm{d}x$,令 $t=\frac{x-\mu}{\sigma}$,

$$D(X)=\int_{-\infty}^{+\infty}\sigma^2\frac{t^2}{\sqrt{2\pi}}\mathrm{e}^{-\frac{t^2}{2}}\mathrm{d}t=\sigma^2\left[-\frac{t}{\sqrt{2\pi}}\mathrm{e}^{-\frac{t^2}{2}}\Bigg|_{-\infty}^{+\infty}+\int_{-\infty}^{+\infty}\frac{1}{\sqrt{2\pi}}\mathrm{e}^{-\frac{t^2}{2}}\mathrm{d}t\right]=\sigma^2.$$

这表明正态分布的参数 σ^2 正是它的方差.

4.3 协方差与相关系数

4.3.1 协方差

对于二维随机变量 (X,Y),我们已经讨论了 X 与 Y 的数学期望和方差,但期望和方差只是反映了 X 与 Y 各自取值的平均情况,并没有反映出它们之间的联系. 在实际问题中,随机变量之间往往是相互影响的. 例如,人的身高和体重,产品的价格和产量等,这些都说明了对二维随机变量 (X,Y) 来说,除了研究 X 与 Y 的均值外,还需讨论它们之间的相互关系.

在 4.2 节证明方差的性质(3)时，我们看到，如果两个随机变量 X 与 Y 相互独立，就有

$$E\{[X-E(X)][Y-E(Y)]\}=0.$$

这说明当 $E\{[X-E(X)][Y-E(Y)]\}\neq 0$ 时，X 与 Y 不相互独立，即它们之间存在着一定的联系，由此引入如下定义.

定义 1　设(X,Y)二维随机变量，若 $E\{[X-E(X)][Y-E(Y)]\}$存在，称 $E\{[X-E(X)][Y-E(Y)]\}$为随机变量 X 与 Y 的**协方差**(covariance)，记为 $\mathrm{cov}(X,Y)$. 即

$$\mathrm{cov}(X,Y)=E\{[X-E(X)][Y-E(Y)]\}.$$

特别地，$\mathrm{cov}(X,X)=E\{[X-E(X)][X-E(X)]\}=D(X)$.

由随机变量函数的数学期望公式，得出协方差的计算公式为：

若(X,Y)为离散型随机变量，分布律为 $P\{X=x_i,Y=y_j\}=p_{ij},i,j=1,2,\cdots$，则有

$$\mathrm{cov}(X,Y)=\sum_{i=1}^{\infty}\sum_{j=1}^{\infty}[x_i-E(X)][y_i-E(Y)]\cdot p_{ij};$$

若(X,Y)为连续型随机变量，概率密度函数为 $f(x,y)$，则有

$$\mathrm{cov}(X,Y)=\int_{-\infty}^{+\infty}\int_{-\infty}^{+\infty}[x-E(X)][y-E(Y)]f(x,y)\mathrm{d}x\mathrm{d}y.$$

计算协方差常用的公式是

$$\mathrm{cov}(X,Y)=E(XY)-E(X)E(Y),$$

这是由于

$$\begin{aligned}\mathrm{cov}(X,Y)&=E\{X-E(X)[Y-E(Y)]\}\\&=E[XY-YE(X)-XE(Y)+E(X)E(Y)]\\&=E(XY)-E(Y)E(X)-E(X)E(Y)+E(X)E(Y)\\&=E(XY)-E(X)E(Y).\end{aligned}$$

由定义及前面对方差性质的讨论可知，对于任意两个随机变量 X 与 Y，下列等式成立：

$$D(X+Y)=D(X)+D(Y)+2\mathrm{cov}(X,Y).$$

协方差有以下四条性质.

定理 1　设 X,Y,Z 为随机变量，a,b 为任意实数，则有

(1)$\mathrm{cov}(X,Y)=\mathrm{cov}(Y,X)$；

(2)$\mathrm{cov}(aX,bY)=ab\,\mathrm{cov}(X,Y)$；

(3)$\mathrm{cov}(X+Y,Z)=\mathrm{cov}(X,Z)+\mathrm{cov}(Y,Z)$；

(4)若 X 与 Y 相互独立，则 $\mathrm{cov}(X,Y)=0$.

证　我们仅证明(3)，其余留给读者.

$$
\begin{aligned}
\operatorname{cov}(X+Y,Z) &= E[(X+Y)Z]-E(X+Y)E(Z) \\
&= E(XZ)+E(YZ)-E(X)E(Z)-E(Y)E(Z) \\
&= E(XZ)-E(X)E(Z)+E(YZ)-E(Y)E(Z) \\
&= \operatorname{cov}(X,Z)+\operatorname{cov}(Y,Z).
\end{aligned}
$$

例 1　设二维离散型随机变量(X,Y)的联合概率分布为

$X \backslash Y$	0	1	2
0	$\frac{1}{8}$	$\frac{1}{8}$	$\frac{1}{4}$
1	$\frac{1}{4}$	$\frac{1}{8}$	$\frac{1}{8}$

求随机变量 X 与 Y 的协方差 $\operatorname{cov}(X,Y)$.

解　由(X,Y)的联合概率分布可得 X 和 Y 的边缘分布分别为

X	0	1
P	$\frac{1}{2}$	$\frac{1}{2}$

Y	0	1	2
P	$\frac{3}{8}$	$\frac{1}{4}$	$\frac{3}{8}$

因此有 $E(X)=0\times\frac{1}{2}+1\times\frac{1}{2}=\frac{1}{2}$，$E(Y)=0\times\frac{3}{8}+1\times\frac{1}{4}+2\times\frac{3}{8}=1$.

$$
\begin{aligned}
E(XY) &= \sum_{i=1}^{\infty}\sum_{j=1}^{\infty} x_i y_j \cdot p_{ij} \\
&= 0\times0\times\frac{1}{8}+0\times1\times\frac{1}{8}+0\times2\times\frac{1}{4}+1\times0\times\frac{1}{4}+1\times1\times\frac{1}{8}+1\times2\times\frac{1}{8}=\frac{3}{8},
\end{aligned}
$$

于是得

$$
\operatorname{cov}(X,Y)=E(XY)-E(X)E(Y)=\frac{3}{8}-\frac{1}{2}\times1=-\frac{1}{8}.
$$

例 2　设二维随机变量(X,Y)在区域 $D=\{(x,y)\mid x^2+y^2\leqslant1\}$上服从均匀分布，求 $\operatorname{cov}(X,Y)$.

解　(X,Y)的概率密度函数为 $f(x,y)=\begin{cases}\frac{1}{\pi}, & x^2+y^2\leqslant1,\\ 0, & \text{其他},\end{cases}$

$$
\begin{aligned}
E(X) &= \int_{-\infty}^{+\infty}\int_{-\infty}^{+\infty} xf(x,y)\mathrm{d}x\mathrm{d}y = \iint_{x^2+y^2\leqslant1} x\,\frac{1}{\pi}\mathrm{d}x\mathrm{d}y \\
&= \frac{1}{\pi}\int_{-1}^{1} x\left[\int_{-\sqrt{1-x^2}}^{\sqrt{1-x^2}}\mathrm{d}y\right]\mathrm{d}x = \frac{2}{\pi}\int_{-1}^{1} x\sqrt{1-x^2}\,\mathrm{d}x = 0.
\end{aligned}
$$

同理 $E(Y)=0$，

$$
E(XY) = \int_{-\infty}^{+\infty}\int_{-\infty}^{+\infty} xyf(x,y)\mathrm{d}x\mathrm{d}y = \iint_{x^2+y^2\leqslant1} xy\,\frac{1}{\pi}\mathrm{d}x\mathrm{d}y = \frac{1}{\pi}\int_{-1}^{1} x\left[\int_{-\sqrt{1-x^2}}^{\sqrt{1-x^2}} y\mathrm{d}y\right]\mathrm{d}x = 0.
$$

于是得

$$\operatorname{cov}(X,Y)=E(XY)-E(X)E(Y)=0.$$

例 3 设 X 表示某人群中一个人的胸围(单位:cm),Y 表示体重(单位:kg),已知$D(X)=21.11$,$D(Y)=55.53$,$\operatorname{cov}(X,Y)=32.58$,令 $Z=3X+2Y$,求 $D(Z)$.

解 方差和协方差的性质有

$$\begin{aligned}D(Z)&=D(3X+2Y)\\&=9D(X)+4D(Y)+2\times3\times2\operatorname{cov}(X,Y)\\&=9\times21.11+4\times55.53+12\times32.58=803.07.\end{aligned}$$

4.3.2 相关系数

随机变量 X 与 Y 的协方差 $\operatorname{cov}(X,Y)$描述了 X 与 Y 之间的相关程度,但是协方差的缺点在于它的数值依赖于 X 与 Y 的单位的选取,如在例 3 中,$\operatorname{cov}(X,Y)=32.58(\text{cm}\cdot\text{kg})$,若胸围 X 改用米作单位,则 $\operatorname{cov}(X,Y)=0.3258(\text{m}\cdot\text{kg})$. 可见协方差数值的大小无法衡量两个随机变量之间相关程度的强弱,为了消除量纲对协方差的影响,我们改用一个与单位选取无关的量,即用

$$\frac{\operatorname{cov}(X,Y)}{\sqrt{D(X)}\sqrt{D(Y)}}$$

来度量随机变量 X 与 Y 之间的相关程度. 为此,我们引入相关系数的定义.

定义 2 设二维随机变量(X,Y)的协方差存在,且有 $D(X)>0$,$D(Y)>0$,则称$\dfrac{\operatorname{cov}(X,Y)}{\sqrt{D(X)}\sqrt{D(Y)}}$为 X 与 Y 的**相关系数**(correlation coefficient),记为 ρ_{XY}或$\rho(X,Y)$,即

$$\rho_{XY}=\rho(X,Y)=E\left[\frac{X-E(X)}{\sqrt{D(X)}}\cdot\frac{Y-E(Y)}{\sqrt{D(Y)}}\right]=\frac{\operatorname{cov}(X,Y)}{\sqrt{D(X)}\sqrt{D(Y)}}.$$

相关系数 ρ_{XY}与协方差 $\operatorname{cov}(X,Y)$之间只相差一个常数倍数,它的大小反映了 X 与 Y 之间的相关程度,而且不依赖于单位的选取,因此它能更好地反映 X 与 Y 之间的关系.

令

$$X^*=\frac{X-E(X)}{\sqrt{D(X)}},$$

显然有 $E(X^*)=0$,$D(X^*)=1$,X^* 称为标准化随机变量. 易知 $\rho_{XY}=E(X^*Y^*)$,故也称 ρ_{XY}为 X 与 Y 的标准协方差.

例 4 求例 1 中 X 与 Y 的协方差 ρ_{XY}.

解 由例 1 已求出的 X 与 Y 的分布可得 $D(X)=\dfrac{1}{4}$,$D(Y)=\dfrac{3}{4}$,而 $\operatorname{cov}(X,Y)=$

$-\frac{1}{8}$,因此得

$$\rho_{XY}=\frac{\operatorname{cov}(X,Y)}{\sqrt{D(X)}\sqrt{D(Y)}}=\frac{-\frac{1}{8}}{\sqrt{\frac{1}{4}\times\frac{3}{4}}}\approx-0.144.$$

下面给出相关系数的性质.

定理 2　设(X,Y)为二维随机变量,ρ_{XY}为 X 与 Y 的相关系数,则有

(1) $\rho_{XY}=\rho_{YX}$;

(2) $|\rho_{XY}|\leqslant 1$;

(3) $|\rho_{XY}|=1$ 的充要条件为存在不全为零的常数 a 和 b,使得

$$P\{Y=aX+b\}=1.$$

证　(1)由协方差的性质 1 可推出,读者自己证明.

(2)设 $X^*=\frac{X-E(X)}{\sqrt{D(X)}}$,$Y^*=\frac{Y-E(Y)}{\sqrt{D(Y)}}$,则有

$$E(X^*)=0,\quad E(Y^*)=0,\quad D(X^*)=1,\quad D(Y^*)=1.$$

于是

$$\begin{aligned}D(X^*\pm Y^*)&=D(X^*)+D(Y^*)\pm 2\operatorname{cov}(X^*,Y^*)\\&=2\pm 2\operatorname{cov}(X^*,Y^*)=2\pm 2\rho_{XY}=2(1\pm\rho_{XY}).\end{aligned}$$

而 $D(X^*\pm Y^*)\geqslant 0$,因此$(1\pm\rho_{XY})\geqslant 0$,即$-1\leqslant\rho_{XY}\leqslant 1$,所以$|\rho_{XY}|\leqslant 1$.

性质(3)的证明比较复杂,我们略去.

定义 3　若 X 与 Y 的相关系数 $\rho_{XY}=0$,则称 X 与 Y 不相关.

相关系数 ρ_{XY} 反映了 X 与 Y 之间的线性相关程度,当$|\rho_{XY}|=1$ 时,X 与 Y 之间有线性关系 $Y=aX+b$. 反之,$|\rho_{XY}|$越小,X 与 Y 的线性关系就越差,若 $\rho_{XY}=0$,X 与 Y 之间无线性关系,故称 X 与 Y 是不相关的. 可见$|\rho_{XY}|$的大小是 X 与 Y 间线性关系强弱的一种度量.

设随机变量 X 与 Y 的相关系数 ρ_{XY} 存在. 若 X 与 Y 相互独立,则有 $\operatorname{cov}(X,Y)=0$,从而 $\rho_{XY}=0$,即若 X 与 Y 相互独立,则 X 与 Y 不相关. 反之,若 X 与 Y 不相关,则 X 与 Y 不一定是相互独立的. 这说明“不相关”与“相互独立”是两个不同的概念,其含义是不同的,不相关只是就线性关系而言的,而相互独立是就一般关系而言的.

由于 ρ_{XY} 是 X 与 Y 线性关系强弱的数字特征,因此,当 $\rho_{XY}>0$ 时,称 X 与 Y 是正相关,此时表明 X 的取值越大,Y 的取值也越大;X 的取值越小,Y 的取值也越小. 当 $\rho_{XY}<0$ 时,称 X 与 Y 是负相关,此时表明 X 的取值越大,Y 的取值越小;X 的取值越小,Y 的取值越大.

例 5　若 $X\sim N(0,1)$,且 $Y=X^2$,问 X 与 Y 是否不相关?

解　因为 $X \sim N(0,1)$，密度函数 $f(x)=\frac{1}{\sqrt{2\pi}}e^{-\frac{x^2}{2}}$ 为偶函数，所以

$$E(X)=E(X^3)=0.$$

于是由

$$\mathrm{cov}(X,Y)=E(XY)-E(X)E(Y)=E(X^3)-E(X)E(X^2)=0$$

得

$$\rho_{XY}=\frac{\mathrm{cov}(X,Y)}{\sqrt{D(X)}\sqrt{D(Y)}}=0.$$

这说明 X 与 Y 是不相关的，但 $Y=X^2$，显然，X 与 Y 是不相互独立的.

例 6　设 (X,Y) 服从二维正态分布，即 $(X,Y)\sim N(\mu_1,\mu_2,\sigma_1^2,\sigma_2^2,\rho)$，求 ρ_{XY}.

解　由 $X\sim N(\mu_1,\sigma_1^2)$，$Y\sim N(\mu_2,\sigma_2^2)$，知

$$E(X)=\mu_1,\quad D(X)=\sigma_1^2,\quad E(Y)=\mu_2,\quad D(Y)=\sigma_2^2,$$

故

$$\begin{aligned}\mathrm{cov}(X,Y)&=\int_{-\infty}^{+\infty}\int_{-\infty}^{+\infty}(x-\mu_1)(y-\mu_2)f(x,y)\mathrm{d}x\mathrm{d}y\\&=\frac{1}{2\pi\sigma_1\sigma_2\sqrt{1-\rho^2}}\int_{-\infty}^{+\infty}\int_{-\infty}^{+\infty}(x-\mu_1)(y-\mu_2)e^{-\frac{1}{2(1-\rho^2)}\left[\frac{(x-\mu_1)^2}{\sigma_1^2}-2\rho\frac{(x-\mu_1)(y-\mu_2)}{\sigma_1\sigma_2}+\frac{(y-\mu_2)^2}{\sigma_2^2}\right]}\mathrm{d}x\mathrm{d}y\\&=\frac{1}{2\pi\sigma_1\sigma_2\sqrt{1-\rho^2}}\int_{-\infty}^{+\infty}(x-\mu_1)e^{-\frac{(x-\mu_1)^2}{2\sigma_1^2}}\mathrm{d}x\int_{-\infty}^{+\infty}(y-\mu_2)e^{-\frac{1}{2(1-\rho^2)}\left[\frac{(y-\mu_2)}{\sigma_2}-\rho\frac{(x-\mu_1)}{\sigma_1}\right]^2}\mathrm{d}y.\end{aligned}$$

令 $t=\frac{1}{\sqrt{1-\rho^2}}\left(\frac{(y-\mu_2)}{\sigma_2}-\rho\frac{(x-\mu_1)}{\sigma_1}\right)$，$u=\frac{x-\mu_1}{\sigma_1}$，则有

$$\begin{aligned}\mathrm{cov}(X,Y)&=\frac{1}{2\pi}\int_{-\infty}^{+\infty}\int_{-\infty}^{+\infty}(\sigma_1\sigma_2\sqrt{1-\rho^2}tu+\rho\sigma_1\sigma_2u^2)e^{-\frac{u^2}{2}-\frac{t^2}{2}}\mathrm{d}t\mathrm{d}u\\&=\frac{\rho\sigma_1\sigma_2}{2\pi}\left(\int_{-\infty}^{+\infty}u^2e^{-\frac{u^2}{2}}\mathrm{d}u\right)\left(\int_{-\infty}^{+\infty}e^{-\frac{t^2}{2}}\mathrm{d}t\right)+\frac{\sigma_1\sigma_2\sqrt{1-\rho^2}}{2\pi}\left(\int_{-\infty}^{+\infty}ue^{-\frac{u^2}{2}}\mathrm{d}u\right)\left(\int_{-\infty}^{+\infty}te^{-\frac{t^2}{2}}\mathrm{d}t\right)\\&=\frac{\rho\sigma_1\sigma_2}{2\pi}\sqrt{2\pi}\cdot\sqrt{2\pi}=\rho\sigma_1\sigma_2,\end{aligned}$$

于是 $\rho_{XY}=\frac{\mathrm{cov}(X,Y)}{\sqrt{D(X)}\sqrt{D(Y)}}=\rho.$

可见二维正态随机变量 (X,Y) 的密度函数中的参数 ρ 就是 X 与 Y 的相关系数，因此，二维正态随机变量的分布完全可由每个变量的数学期望 μ_1,μ_2，方差 σ_1^2,σ_2^2 及相关系数 ρ 确定.

对二维正态随机变量 (X,Y) 来说，相互独立的充分必要条件为 $\rho=0$，现在又知 $\rho_{XY}=\rho$，故对二维正态随机变量 (X,Y) 来说，X 与 Y 不相关和 X 与 Y 相互独立是等价的.

4.4　矩与协方差方阵

在前三节讨论的随机变量的数学期望、方差、协方差都是本节要讨论的矩的特例. 本节主要介绍随机变量的矩和协方差矩阵. 它们在概率论与数理统计中有重要的应用.

4.4.1　矩

定义 1　设 X 和 Y 为随机变量,若 $E(X^k)$, $k=1,2,\cdots$ 存在,则称它为随机变量 X 的 **k 阶原点矩**;

若 $E\{[X-E(X)]^k\}$, $k=1,2,\cdots$ 存在,则称它为随机变量 X 的 **k 阶中心矩**;

若 $E(X^kY^l)$, $k,l=1,2,\cdots$ 存在,则称它为随机变量 X 和 Y 的 **$k+l$ 阶混合原点矩**;

若 $E\{[(X-E(X)]^k[Y-E(Y)]^l\}$, $k,l=1,2,\cdots$ 存在,则称它为随机变量 X 和 Y 的 **$k+l$ 阶混合中心矩**.

显然,随机变量 X 的数学期望 $E(X)$ 是 X 的一阶原点矩,方差 $D(X)$ 是 X 的二阶中心矩,协方差 $\mathrm{cov}(X,Y)$ 是 X 和 Y 的 $1+1$ 阶混合中心矩.

4.4.2　协方差矩阵

定义 2　设二维随机变量 (X,Y) 的四个二阶中心矩都存在,分别记为

$$c_{11}=E\{[X_1-E(X_1)]^2\}=D(X_1),\quad c_{12}=E\{[X_1-E(X_1)][X_2-E(X_2)]\},$$
$$c_{21}=E\{[X_2-E(X_2)][X_1-E(X_1)]\},\quad c_{22}=E\{[X_2-E(X_2)]^2\}=D(X_2),$$

则称矩阵 $C=\begin{pmatrix} c_{11} & c_{12} \\ c_{21} & c_{22} \end{pmatrix}$ 为二维随机变量 (X,Y) 的协方差矩阵.

定义 3　如果 n 维随机变量 $(X_1,X_2,\cdots,X_n)$ 的二阶中心矩

$$c_{ij}=\mathrm{cov}(X_i,X_j)=E\{[X_i-E(X_i)][X_j-E(X_j)]\}$$

存在,则称矩阵

$$C=\begin{pmatrix} c_{11} & c_{12} & \cdots & c_{1n} \\ c_{21} & c_{22} & \cdots & c_{2n} \\ \vdots & \vdots & & \vdots \\ c_{n1} & c_{n2} & \cdots & c_{nn} \end{pmatrix}$$

为 n 维随机变量 $(X_1,X_2,\cdots,X_n)$ 的协方差矩阵.

不难看出,协方差矩阵是一个对称矩阵. 另外,协方差矩阵中的主对角线元素 c_{ii} $(i=1,2,\cdots,n)$ 就是随机变量 X_i 的方差,即 $c_{ii}=D(X_i)$ $(i=1,2,\cdots,n)$,而主对角线以外的元素 c_{ij} $(i\neq j)(i,j=1,2,\cdots,n)$ 就是 X_i 和 X_j 的协方差.

习　题　4

1. 从下面一句话中随机地取一个单词，

Never put off what you can do today until tomorrow

若 X 表示取到单词所包含的字母个数，试求 X 的数学期望.

2. 若随机变量 X 的分布为

X	10	11	12	13
P	0.4	0.3	0.2	0.1

试求 $E(X)$，$E[50(13-X)]$.

3. 若连续型随机变量 X 的概率密度为

$$f(x)=\begin{cases} a\sin x+b, & 0\leqslant x\leqslant \dfrac{\pi}{2}, \\ 0, & \text{其他}, \end{cases}$$

且 $E(X)=\dfrac{\pi+4}{8}$，试求常数 a,b.

4. 设随机变量 X 的概率密度为 $f(x)=\begin{cases} a(1+x), & -1\leqslant x<0, \\ b(2-x), & 0\leqslant x<2, \\ 0, & \text{其他}, \end{cases}$ $E(X)=\dfrac{1}{6}$，试求(1) 常数 a,b；

(2)已知 $Y=X^2-1$，则 $E(X^2+2Y)$.

5. 设随机变量 X 的概率密度为 $f(x)=\begin{cases} x, & 0<x<1, \\ 2-x, & 1\leqslant x<2, \\ 0, & \text{其他}, \end{cases}$ 试求 X 的期望及方差.

6. 若随机变量 X 服从[1,3]上的均匀分布，试求 $E\left(\dfrac{1}{X}\right)$.

7. 设随机变量 X 服从参数为 1 的指数分布，对 X 作三次独立观测，用 Y 表示观察值大于 3 的次数，试求 Y^2 的数学期望.

8. 一辆汽车沿着某一条街道行驶，需要经过 3 个都设有红绿灯的路口，假设每个信号灯为红或绿与其他信号灯相互独立，且红绿两个信号显示的时间相等，如果假设 X 表示汽车首次遇到红灯之前已经通过的路口个数，试求 $E\left(\dfrac{X}{X+1}\right)$.

9. 设随机变量 $X\sim U(0,1)$，$Y\sim U(1,3)$，且 X 与 Y 相互独立，试求 $E(XY)$，$D(XY)$.

10. 已知(X,Y)的联合密度函数为 $f(x,y)=\begin{cases}12y^2, & 0\leqslant y\leqslant x\leqslant 1,\\ 0, & 其他,\end{cases}$ 试求$E(X)$，$E(Y)$，$E(XY)$，$E(X+Y)$.

11. 在$[0,1]$区间上任取两个点，试求两点之间距离的数学期望和方差.

12. 已知长方形的周长为 20，假设长方形的宽 $X\sim U[0,2]$，试求长方形面积 S 的方差.

13. 填空题

(1)设随机变量 X 服从$[a,b]$上的均匀分布且 $E(X)=2$，$D(X)=\dfrac{1}{3}$，则 $a=$__________，$b=$__________.

(2)设 X 表示 10 次独立重复射击命中目标的次数，每次射中目标的概率是 0.4，$E(X^2)=$__________.

(3)已知 $X\sim N(\mu,\sigma^2)$，Y 服从参数为 λ 的指数分布，则 $E(X+Y)=$__________，$E(X^2+Y^2)=$__________.

(4)已知随机变量 $X\sim N(0,1)$，则 $Y=3X+2\sim$__________.

(5)若随机变量 X,Y 相互独立，概率密度分别为

$$f_X(x)=\frac{1}{\sqrt{2\pi}\sqrt{2}}e^{-\frac{(x-3)^2}{4}}\,(x\in\mathbf{R}),\quad f_Y(y)=\begin{cases}\dfrac{1}{2}e^{-\frac{1}{2}y}, & y\geqslant 0,\\ 0, & y<0,\end{cases}$$

则 $E(2X-Y+2013)=$__________，$D(2X-Y+2013)=$__________.

(6)设随机变量 $X\sim N(-1,22)$，$Y\sim N(-2,32)$，且 X 与 Y 相互独立，则 $X-Y\sim$__________.

14. 设二维随机变量 X,Y 的分布律为

X \ Y	-1	0	1
0	0.07	0.18	0.15
1	0.08	0.32	0.20

试求 $\operatorname{cov}(X^2,Y^2)$.

15. 已知随机变量 X 的分布律为

X	-1	0	1
P	0.25	0.5	0.25

试求(1)$Y=X^2$ 的分布律；

(2)(X,Y)的联合分布律；

(3)X,Y 的相关系数 ρ_{XY}；

(4)讨论 X,Y 的相关性、独立性.

16. 已知随机变量 X,Y 分别服从 $N(1,3^2)$，$N(0,4^2)$，且 $\rho_{XY}=-\frac{1}{2}$，设 $Z=\frac{X}{3}+\frac{Y}{2}$，试求

(1)$E(Z)$，$D(Z)$；

(2)X,Z 的相关系数 ρ_{XZ}.

17. 已知(X,Y)的联合密度函数为 $f(x,y)=\begin{cases}2, & -1\leqslant x\leqslant 0,-x-1\leqslant y\leqslant 0,\\ 0, & \text{其他},\end{cases}$ 试求 $E(X)$，$E(Y)$，$D(X)$，$D(Y)$，$\mathrm{cov}(X,Y)$，ρ_{XY}.

18. 已知(X,Y)服从区域 $D=\{(x,y)\mid 0<x<1,|y|<x\}$ 上的均匀分布，试求

(1) X,Y 是否独立；

(2) X,Y 的相关系数.

19. 假设 $X\sim U(0,1)$，$Y=|X-a|(0<a<1)$，则 a 取何值时，X,Y 不相关.

20. 设 X_1，X_2 独立同分布，其共同分布为 $N(\mu,\sigma^2)$，试求 $Y=\alpha X_1+\beta X_2$，$Z=\alpha X_1-\beta X_2$ 的相关系数，其中 α,β 为不为零的常数.

21. 试求泊松分布 $P(\lambda)$的三阶原点矩.

22. 已知(X,Y)的联合密度函数为 $f(x,y)=\begin{cases}\frac{6}{7}\left(x^2+\frac{xy}{2}\right), & 0\leqslant x\leqslant 1,0\leqslant y\leqslant 2,\\ 0, & \text{其他},\end{cases}$ 试求(X,Y)的协方差矩阵.

第5章　大数定律与中心极限定理

概率论与数理统计是研究随机现象统计规律的学科.而随机现象的统计规律是在相同的条件下进行大量重复试验时会呈现某种稳定性.例如,大量的抛掷硬币的随机试验中,正面出现的频率;在大量文字资料中,字母使用的频率;工厂大量生产某种产品过程中,产品的废品率等.一般地,要从随机现象中去寻求事件内在的必然规律,就要研究大量随机现象的问题.

在生产实践中,人们还认识到大量试验数据、测量数据的算术平均值也具有稳定性.这种稳定性就是我们将要讨论的大数定律的客观背景.在本章,我们将介绍有关随机变量序列的最基本的两类极限定理——大数定律和中心极限定理.通过大数定律和中心极限定理以确切的数学语言对以上问题给予理论上的说明.从这个意义上说,本章是概率论部分的一个总结.

我们首先介绍一个重要的不等式.

5.1　切比雪夫不等式

定理1　设随机变量 X 有期望 $E(X)$ 和方差 $D(X)$,则对任意的 $\varepsilon>0$,有

$$P\{|X-E(X)|\geqslant\varepsilon\}\leqslant\frac{D(X)}{\varepsilon^2}. \tag{1}$$

证　(仅对连续型的随机变量进行证明)设 $f(x)$ 为 X 的密度函数,记 $E(X)=\mu$,$D(X)=\sigma^2$,则

$$P\{|X-E(X)|\geqslant\varepsilon\}=\int_{|x-\mu|\geqslant\varepsilon}f(x)\mathrm{d}x\leqslant\int_{|x-\mu|\geqslant\varepsilon}\frac{(x-\mu)^2}{\varepsilon^2}f(x)\mathrm{d}x$$

$$\leqslant\frac{1}{\varepsilon^2}\int_{-\infty}^{+\infty}(x-\mu)^2f(x)\mathrm{d}x\leqslant\frac{1}{\varepsilon^2}\times\sigma^2=\frac{D(X)}{\varepsilon^2}.$$

当 X 是离散型随机变量,只需将上述证明中的概率密度换成分布列,积分号换成求和符号即可.

(1)式可写成其等价形式

$$P\{|X-E(X)|<\varepsilon\}\geqslant1-\frac{D(X)}{\varepsilon^2}, \tag{2}$$

它们均称为切比雪夫(Chebyshev)不等式.其意义在于仅利用随机变量的期望 $E(X)$ 和 $D(X)$ 就可以对 X 的概率分布进行估计,它给出了随机变量 X 落在以期望 $E(X)$ 为中心的对称区间 $(E(X)-\varepsilon,E(X)+\varepsilon)$ 之外(以内)的概率的上(下)界.

例 1　若 $D(X)=0$,试证 $P\{X=E(X)\}=1$.

证　由切比雪夫不等式知,对于任意的 $\varepsilon>0$,均有

$$P\{|X-E(X)|\geqslant\varepsilon\}\leqslant\frac{D(X)}{\varepsilon^2}=0,\quad 即\ P\{|X-E(X)|\geqslant\varepsilon\}=0.$$

因此 $P\{X\neq E(X)\}=0$,即 $P\{X=E(X)\}=1$.

例 2　200 个新生婴儿中,估计男孩多于 80 个且少于 120 个的概率(假定生男孩和女孩的概率均为 0.5).

解　设 X 表示男孩个数,则 $X\sim B(200,0.5)$.

用切比雪夫不等式估计:

$$E(X)=np=200\times0.5=100,\quad D(X)=npq=200\times0.5\times0.5=50,$$

$$P\{80<X<120\}=P\{|X-100|<20\}\geqslant1-\frac{50}{20^2}=0.875.$$

后面用中心极限定理估计这个概率约为 0.995,这里,切比雪夫不等式的估计只给出这个概率的一个下限.在理论上,切比雪夫不等式是证明大数定律的重要工具.

5.2　大数定律

定义 1　如果一个随机变量序列 $X_1,X_2,\cdots,X_n,\cdots$ 中任意有限个随机变量都是相互独立的,则称这个随机变量序列是相互独立的.若所有 X_n 有相同的分布函数,则称 $X_1,X_2,\cdots,X_n,\cdots$ 是独立同分布的随机变量序列.

定义 2　若存在常数 a,使对于任何 $\varepsilon>0$,有 $\lim\limits_{n\to\infty}P\{|X_n-a|<\varepsilon\}=1$,则称随机变量序列 $X_1,X_2,\cdots,X_n,\cdots$ 依概率收敛于 a.记为 $X_n\xrightarrow{p}a$, $n\to\infty$.

$\{X_n\}$ 依概率收敛于 a 表示当 n 充分大时 X_n 与 a 很接近,即 X_n 与 a 之差绝对值小于任意给定的 $\varepsilon>0$ 的概率随着 n 的增加而接近于 1.

定理 1(切比雪夫大数定律)　设 $X_1,X_2,\cdots,X_n,\cdots$ 是一个相互独立的随机变量序列,分别具有均值 $E(X_1),E(X_2),\cdots,E(X_n),\cdots$ 及方差 $D(X_1),D(X_2),\cdots,D(X_n),\cdots$,若存在常数 C,使 $D(X_i)\leqslant C\ (i=1,2,\cdots)$,则任给 $\varepsilon>0$,有

$$\lim_{n\to+\infty}P\left\{\left|\frac{1}{n}\sum_{i=1}^{n}X_i-\frac{1}{n}\sum_{i=1}^{n}E(X_i)\right|<\varepsilon\right\}=1.\tag{1}$$

证　因 $X_1,X_2,\cdots,X_n,\cdots$ 相互独立,所以

$$E\left(\frac{1}{n}\sum_{i-1}^{n}X_i\right)=\frac{1}{n}\sum_{i=1}^{n}E(X_i),\quad D\left(\frac{1}{n}\sum_{i-1}^{n}X_i\right)=\frac{1}{n^2}\sum_{i=1}^{n}D(X_i)\leqslant\frac{1}{n^2}nC=\frac{C}{n}.$$

由切比雪夫不等式,对于任意的 $\varepsilon>0$,有

$$P\left\{\left|\frac{1}{n}\sum_{i=1}^{n}X_i-\frac{1}{n}\sum_{i=1}^{n}E(X_i)\right|<\varepsilon\right\}\geqslant1-\frac{C}{n\varepsilon^2},$$

所以

$$1-\frac{C}{n\varepsilon^2}\leqslant P\left\{\left|\frac{1}{n}\sum_{i=1}^{n}X_i-\frac{1}{n}\sum_{i=1}^{n}E(X_i)\right|<\varepsilon\right\}\leqslant 1.$$

于是 $\lim\limits_{n\to+\infty}P\left\{\left|\frac{1}{n}\sum_{i=1}^{n}X_i-\frac{1}{n}\sum_{i=1}^{n}E(X_i)\right|<\varepsilon\right\}=1.$

切比雪夫大数定律说明:在定理的条件下,当 n 充分大时,由 n 个相互独立的随机变量的平均数得到的随机变量的离散程度是很小的.这意味着,经过算术平均过后的随机变量 $\frac{1}{n}\sum\limits_{i=1}^{n}X_i$,将比较密集地聚集在它的数学期望 $\frac{1}{n}\sum\limits_{i=1}^{n}E(X_i)$ 的附近.当 $n\to\infty$ 时,随机变量序列 $\left\{\frac{1}{n}\sum\limits_{i=1}^{n}X_i\right\}$ 依概率收敛于其自身的数学期望.即 $\frac{1}{n}\sum\limits_{i=1}^{n}X_i\xrightarrow{p}E\left(\frac{1}{n}\sum\limits_{i=1}^{n}X_i\right)\ (n\to\infty)$.

推论(切比雪夫大数定律的特殊情况)　设相互独立的随机变量 $X_1,X_2,\cdots,X_n,\cdots$ 有相同的分布,且 $E(X_i)=\mu,D(X_i)=\sigma^2\ (i=1,2,\cdots)$ 存在,则对于任给 $\varepsilon>0$,有 $\lim\limits_{n\to+\infty}P\left\{\left|\frac{1}{n}\sum_{i=1}^{n}X_i-\mu\right|<\varepsilon\right\}=1.$

切比雪夫大数定律由俄国数学家切比雪夫于 1866 年所证明,其证明主要是利用切比雪夫不等式.利用切比雪夫不等式的前提是方差存在,但这个条件有时是可以变宽的,对于独立同分布的随机变量序列只要求期望存在即可.下面不加证明地给出著名的辛钦大数定律.

定理 2(辛钦(Rhinchine)大数定律)　设 $X_1,X_2,\cdots,X_n,\cdots$ 是独立同分布的随机变量序列,且数学期望 $E(X_i)=\mu\ (i=1,2,\cdots)$ 存在,则对任意的 $\varepsilon>0$,有

$$\lim_{n\to+\infty}P\left\{\left|\frac{1}{n}\sum_{i=1}^{n}X_i-\mu\right|<\varepsilon\right\}=1.\tag{2}$$

辛钦大数定律表明,当试验次数 n 足够大时,随机变量 X 在 n 次独立重复试验中 n 个观察值的算术平均值 $\frac{1}{n}\sum\limits_{i=1}^{n}X_i$ 依概率收敛于其数学期望值 μ.这一理论提供了近似计算期望值的方法.假使要测量某个物理量 a,在不变的情况下重复测量 n 次,得到观察值 $x_1,x_2,\cdots,x_n$,这些结果可看作是相互独立且服从同一分布的随机变量 $X_1,X_2,\cdots,X_n$ 的试验数值,因此,当 n 充分大时,可以取 $\frac{1}{n}\sum\limits_{i=1}^{n}x_i$ 作为 a 的近似值.这是数理统计中参数估计的一个理论依据.

下面回答频率和概率的关系问题.

定理 3(伯努利(Bernoulli)大数定律)　设在 n 次伯努利试验中事件 A 出现的次数为 n_A,而在每次试验中事件 A 出现的概率为 p,则对任意 $\varepsilon>0$,有

$$\lim_{n\to\infty}P\left\{\left|\frac{n_A}{n}-p\right|<\varepsilon\right\}=1. \tag{3}$$

证 令 $X_i=\begin{cases}1, & 第\ i\ 次试验中\ A\ 发生,\\ 0, & 第\ i\ 次试验中\ A\ 不发生\end{cases}$ $(i=1,2,\cdots,n)$, $X_1,X_2,\cdots,X_n$ 是 n 个相互独立的随机变量,且都服从参数为 p 的 0-1 分布, $E(X_i)=p, D(X_i)=pq$, $(q=1-p, i=1,2,\cdots,n)$. 又 $n_A=X_1+X_2+\cdots+X_n$,因而由定理 2,对于任意的 $\varepsilon>0$,有

$$\lim_{n\to+\infty}P\left\{\left|\frac{1}{n}\sum_{i=1}^{n}X_i-p\right|<\varepsilon\right\}=1\ ,即\lim_{n\to\infty}P\left\{\left|\frac{n_A}{n}-p\right|<\varepsilon\right\}=1.$$

伯努利大数定律指出:一个事件发生的频率依概率收敛于它的概率;当试验次数 n 很大时,一个事件发生的频率可作为其概率的近似值.

至此,我们对频率稳定于概率、独立观察值的平均值稳定于期望值等直观描述给以严格的数学表达形式. 大数定律从理论上阐述了大量的、在一定条件下重复的随机现象呈现的规律性即稳定性. 在大量随机现象中,无论个别随机现象的结果如何,在大数定律的作用下,大量随机因素的总体作用将不依赖于每一个个别随机现象的结果.

5.3 中心极限定理

正态分布在随机变量的各种分布中占有特别重要的地位. 在一定条件下,即使原来并不服从正态分布的一些独立的随机变量,当随机变量的个数无限增加时,其和的分布也是趋于正态分布的. 概率论里,把研究在什么条件下独立随机变量和的分布以正态分布为极限这一类定理称为中心极限定理.

下面我们叙述一个常用的中心极限定理.

定理 1(独立同分布条件下中心极限定理) 设随机变量序列 $X_1,X_2,\cdots,X_n,\cdots$ 独立同分布,且有期望值 $E(X_i)=\mu$,方差 $D(X_i)=\sigma^2\neq 0$ $(i=1,2,\cdots)$,则对一切 $x\in R$,有

$$\lim_{n\to+\infty}P\left\{\frac{\sum_{i=1}^{n}X_i-n\mu}{\sqrt{n}\sigma}\leqslant x\right\}=\int_{-\infty}^{x}\frac{1}{\sqrt{2\pi}}e^{-\frac{t^2}{2}}dt=\Phi(x). \tag{1}$$

这个定理也称为列维-林德伯格(Levy-Lindeberg)中心极限定理. 它表明,对于随机变量序列 $X_1,X_2,\cdots,X_n,\cdots$ 只要各随机变量独立同分布及方差存在,则不管它们原来的分布如何,随机变量 $\dfrac{\sum_{i=1}^{n}X_i-n\mu}{\sqrt{n}\sigma}$ 的极限分布为 $N(0,1)$. 因而当 n 充分大时,随机变量之和 $\sum_{i=1}^{n}X_i$ 近似服从 $N(n\mu,n\sigma^2)$ 以及它们的算术平均值 $\dfrac{1}{n}\sum_{i=1}^{n}X_i$ 近似服从 $N\left(\mu,\dfrac{\sigma^2}{n}\right)$. 这从理论上说明了正态分布的常见性及重要性,也提供了计算独立

同分布的随机变量和及算术平均值的概率分布的近似方法,在应用上十分有效.

例1 袋装茶叶用机器装袋,每袋的净重为随机变量,其期望值为100g,标准差为10g,一大盒内装100袋,求一盒茶叶净重大于10.2kg的概率.

解 设一盒茶叶重量为X(kg),盒中第i袋茶叶的重量为X_i(g)($i=1,2,\cdots,100$).

由题意知$X_1,\cdots,X_{100}$相互独立且服从同一分布,$E(X_i)=100(\text{g})$,$\sqrt{D(X_i)}=10(\text{g})$.且$X=\sum_{i=1}^{100}X_i$,则

$$E(X)=\sum_{i=1}^{100}E(X_i)=100\times100=10000(\text{g})=10(\text{kg}),$$

$$D(X)=\sum_{i=1}^{100}D(X_i)=100\times100=10000(\text{g}),\quad \sqrt{D(X)}=100(\text{g})=0.1(\text{kg}).$$

由中心极限定理,X近似服从$N(10,0.1^2)$.故

$$P\{X>10.2\}=1-P\{X\leqslant10.2\}=1-P\left\{\frac{X-10}{0.1}\leqslant\frac{10.2-10}{0.1}\right\}$$
$$\approx1-\Phi(2)=1-0.97725=0.02275.$$

例2 独立地多次测量一个物理量,每次测量产生的随机误差都服从$(-1,1)$内的均匀分布.(1)若将n次测量的算术平均值作为测量结果,求它与真值的差的绝对值小于一个小的正数ε的概率;(2)当$\varepsilon=\frac{1}{6}$时,要使上述概率不小于0.95,问至少要进行多少次测量?

解 (1)以μ表示所测物理量的真值,X_i表示第i次测量值,ε_i表示第i次测量产生的随机误差.于是$X_i=\mu+\varepsilon_i(i=1,2,\cdots,n)$.

由题设,ε_i服从$(-1,1)$上的均匀分布,所以

$$E(\varepsilon_i)=\frac{-1+1}{2}=0,\quad D(\varepsilon_i)=\frac{[1-(-1)]^2}{12}=\frac{1}{3},$$

$$E(X_i)=E(\mu+\varepsilon_i)=\mu,\quad D(X_i)=D(\mu+\varepsilon_i)=\frac{1}{3}.$$

由题设知,$X_1,\cdots,X_n$独立同分布,所以,当n很大时,由中心极限定理知$X=\frac{1}{n}\sum_{i=1}^{n}X_i$近似服从正态分布.由于$E(X)=\mu,D(X)=\frac{1}{3n}$,故$X$近似服从$N\left(\mu,\frac{1}{3n}\right)$.

于是所求概率

$$P\{|X-\mu|<\varepsilon\}=P\left\{\left|\frac{X-\mu}{1/\sqrt{3n}}\right|<\varepsilon\sqrt{3n}\right\}\approx2\Phi(\varepsilon\sqrt{3n})-1.$$

(2)要求n满足$P\{|X-\mu|<\frac{1}{6}\}\approx2\Phi\left(\frac{\sqrt{3n}}{6}\right)-1\geqslant0.95$,即

$$\Phi\left(\frac{\sqrt{3n}}{6}\right)\geqslant 0.975\text{，查表得}\frac{\sqrt{3n}}{6}\geqslant 1.96.$$

从而 $n\geqslant\frac{1.96^2\times 6^2}{3}\approx 46.$

可见，要使测得的平均值离真值不超过$\frac{1}{6}$的可靠度不小于 0.95，至少需进行 46 次测量.

将独立同分布条件下中心极限定理应用到伯努利试验的情形，可以得到下面的定理.

定理 2(棣莫佛-拉普拉斯(De Movire-Laplace)中心极限定理) 设随机变量 X_1，X_2，…，X_n，…，相互独立，且都服从参数为 p 的两点分布，则对于任意实数 x，有

$$\lim_{n\to+\infty}P\left\{\frac{\sum_{i=1}^{n}X_i-np}{\sqrt{np(1-p)}}\leqslant x\right\}=\int_{-\infty}^{x}\frac{1}{\sqrt{2\pi}}\mathrm{e}^{-\frac{t^2}{2}}\mathrm{d}t=\Phi(x).$$

证 因为 $E(X_i)=p$，$D(X_i)=p(1-p)$ $(i=1,2,\cdots)$，由定理 1 即得结论.

这个定理说明正态分布是二项分布的极限分布，当 n 充分大时我们可以用上式来计算二项分布的概率。为了方便计算，我们补充下面的推论.

推论 设随机变量序列 X_1，X_2，…，X_n…，相互独立，且都服从参数为 p 的两点分布，则(1)局部极限定理：当 n 很大时，

$$P\left\{\sum_{i=1}^{n}X_i=k\right\}\approx\frac{1}{\sqrt{2\pi npq}}\mathrm{e}^{-\frac{(k-np)^2}{2npq}}.$$

(2)积分极限定理：当 n 很大时，

$$P\left\{a<\sum_{i=1}^{n}X_i<b\right\}\approx F(b)-F(a)=\Phi\left(\frac{b-np}{\sqrt{npq}}\right)-\Phi\left(\frac{a-np}{\sqrt{npq}}\right).$$

例 3 设随机变量 X 服从 $B(100,0.8)$，求 $P\{80\leqslant X\leqslant 100\}$.

解 $P\{80\leqslant X\leqslant 100\}\approx\Phi\left(\frac{100-80}{\sqrt{100\times 0.8\times 0.2}}\right)-\Phi\left(\frac{80-80}{\sqrt{100\times 0.8\times 0.2}}\right)=\Phi(5)-\Phi(0)=1-0.5=0.5.$

例 4 据统计，某年龄段保险者中，一年内每个人死亡的概率为 0.005，现有 10000 个该年龄段人参加人寿保险，试求未来一年内在这些保险者里面，(1)有 40 个人死亡的概率；(2)死亡人数不超过 70 个的概率.

解 设 X 表示 10000 个投保者在一年内死亡人数. 由题意知，$X\sim B(10000,0.005)$，则

(1)直接计算：$P\{X=40\}=\mathrm{C}_{10000}^{40}(0.005)^{40}(0.995)^{9960}=0.0214.$

若用局部极限定理近似计算：$np=50$，$npq=49.75$，

$$P\{X=40\}\approx\frac{1}{\sqrt{2\pi npq}}e^{-\frac{(k-np)^2}{2npq}}=\frac{1}{\sqrt{2\pi\times49.75}}e^{-\frac{(40-50)^2}{2\times49.75}}=0.0207.$$

可见,后一种计算的准确度较高.

(2)由积分极限定理近似计算:

$$P\{X\leqslant70\}=P\left\{\frac{X-50}{\sqrt{49.75}}\leqslant\frac{70-50}{\sqrt{49.75}}\right\}\approx\Phi\left(\frac{70-50}{\sqrt{49.75}}\right)=\Phi(2.85)=0.9978.$$

例 5　用积分极限定理计算 5.1 节中例 2 的概率.

解 设 X 表示男孩个数,则 $X\sim B(200,0.5)$, $np=100$, $npq=50$,

$$P\{80<X<120\}=P\left\{\left|\frac{X-100}{\sqrt{50}}\right|<\frac{20}{\sqrt{50}}\right\}\approx2\Phi(2.83)-1$$

$$=2\times0.997673-1\approx0.995.$$

例 6　设电路供电网中有 10000 盏灯,夜间每一盏灯开着的概率为 0.7,假设各灯的开关彼此独立,计算同时开着的灯数在 6800 与 7200 之间的概率.

解　记同时开着的灯数为 X,它服从二项分布 $B(10000,0.7)$,于是

$$P\{6800\leqslant X\leqslant7200\}=\Phi\left(\frac{7200-7000}{\sqrt{10000\times0.7\times0.3}}\right)-\Phi\left(\frac{6800-7000}{\sqrt{10000\times0.7\times0.3}}\right)$$

$$=2\Phi\left(\frac{200}{45.83}\right)-1=2\Phi(4.36)-1=0.99999\approx1.$$

例 7　某电教中心有 100 台彩电,各台彩电发生故障的概率都是 0.02,各台彩电的工作是相互独立的,试分别用二项分布、泊松分布、中心极限定理,计算彩电出故障的台数不小于 1 的概率.

解　设彩电故障的台数为 X,则 $X\sim B(100,0.02)$.

(1)用二项分布直接计算:

$$\begin{aligned}P\{X\geqslant1\}&=1-P\{X<1\}=1-P\{X=0\}\\&=1-C_{100}^{0}(0.02)^{0}(0.98)^{100}\\&=1-(0.98)^{100}\approx0.8674.\end{aligned}$$

(2)用泊松分布作近似计算:

$$n=100,\quad p=0.02,\quad \lambda=np=2,$$

$$P\{X\geqslant1\}=\sum_{k=1}^{\infty}\frac{2^k e^{-2}}{k!}=0.8674.$$

(3)用中心极限定理计算:

$$np=2,\quad \sqrt{npq}=\sqrt{2\times0.98}=1.4,$$

$$\frac{X-np}{\sqrt{npq}}=\frac{X-2}{1.4}\sim N(0,1),$$

$$P\{X\geqslant1\}=1-P\{0\leqslant X<1\}$$

$$=1-P\left\{\frac{0-2}{1.4}\leqslant\frac{X-2}{1.4}<\frac{1-2}{1.4}\right\}$$
$$=1-\left[\Phi\left(\frac{-1}{1.4}\right)-\Phi\left(\frac{-2}{1.4}\right)\right]$$
$$=1-[\Phi(-0.7143)-\Phi(-1.4286)]$$
$$=0.8356.$$

由例 7 可以看出,正态分布和泊松分布都是二项分布的极限分布.一般说来,对于 n 很大、p 很小(通常用于 $p\leqslant 0.1$ 而 $npq\leqslant 9$ 的情形)的二项分布,用泊松分布近似比用正态分布计算精确,用正态分布近似只以 $n\to\infty$ 为条件.

习　题　5

1. 伯努利概型中,事件 A 发生的概率为 0.5,利用切比雪夫不等式估计:在 1000 次试验中,事件 A 发生次数为 450～550 的概率.

2. 设 $E(X)=\mu, D(X)=\sigma^2$,则 $P\{|X-\mu|<3\sigma\}=$__________.

3. 设随机变量 X 的概率密度为 $f(x)=\begin{cases}\frac{1}{2}x^2e^{-x}, & x>0,\\ 0, & x\leqslant 0,\end{cases}$ 利用切比雪夫不等式估计 $P\{0<X<6\}\geqslant$__________.

4. 设 $X_1,X_2,\cdots,X_9$ 为独立同分布的随机变量序列,且 $E(X_i)=1, D(X_i)=1(i,=1,2,\cdots,9)$,则对于任意给定的 $\varepsilon>0$, $P\left\{\left|\sum_{i=1}^{9}X_i-9\right|<\varepsilon\right\}\geqslant$__________.

5. 已知 X 的分布列为

X	-1	2	3
P	0.4	0.3	0.3

利用切比雪夫不等式估计 $P\{|X-E(X)|>2\}$.

6. 对于随机变量 X,Y,已知 $E(X)=-3, E(Y)=3, D(X)=1, D(Y)=4, \rho_{XY}=0.5$,则由切比雪夫不等式估计 $P\{|X+Y|\leqslant 5\}$.

7. 如果 $X_n\xrightarrow{P}X, Y_n\xrightarrow{P}Y$,试证 $X_n+Y_n\xrightarrow{P}X+Y$.

8. 设 $\{X_n\}$ 为相互独立的随机变量序列,$P\{X_n=\pm\sqrt{n}\}=\frac{1}{n}$, $P\{X_n=0\}=1-\frac{2}{n}$ $(n=2,3,\cdots)$,证明 $\{X_n\}$ 服从大数定律.

9. 设随机变量序列 $X_i(i=1,2,\cdots)$ 独立且同服从 $[-1,1]$ 上均匀分布,则 $\lim\limits_{n\to\infty}P\left\{\sum_{i=1}^{n}X_i\leqslant\frac{\sqrt{n}}{2}\right\}=$__________.

10. 设随机变量序列 $X_i(i=1,2,\cdots)$ 独立且服从同一正态分布,$E(X_i)=\mu$,

$D(X_i)=\sigma^2$ ($i=1, 2,\cdots$)，则 $\frac{1}{n}\sum_{i=1}^{n}X_i \sim$ __________，$\sum_{i=1}^{n}X_i \sim$ __________，$\lim_{n\to+\infty}P\left\{\left|\frac{1}{n}\sum_{i=1}^{n}X_i-\mu\right|<\varepsilon\right\}=$ ________.

11. 假设有 400 名考生参加考试，根据以往资料统计显示，该考试的通过率为 0.8，试计算 400 名考生中至少有 300 名通过的概率.

12. 某保险公司经多年的资料统计表明，在索赔户中被盗索赔户占 20%，随意抽查的 100 家索赔户中被盗的索赔户数假设为随机变量 X，

(1) 写出 X 的概率分布；

(2) 利用中心极限定理，求被盗的索赔户数不少于 14 户且不多于 30 户的概率.

13. 某保险公司有 10000 个同龄又同阶层的人参加人寿保险，已知该类人在一年内死亡率为 0.006，每位参保人在年初付 12 元保险费，而发生意外时，家属可以从公司获得 1000 元赔金，问此项活动中：

(1) 保险公司亏本的概率；

(2) 保险公司获利不少于 40000 元的概率.

14. 某种器件的寿命(单位：h)服从参数为 λ 的指数分布，其平均寿命为 20h，在使用中当一个器件损坏后立即更换另一个新器件，已知器件每个进价为 a 元，试求在年计划中此器件做多少预算才能有 95%以上的把握保证一年够用(假定一年按 2000 个工作小时计算).

15. 某灯泡厂生产的灯泡的平均寿命原为 2000h，标准差为 250h. 经过技术改造使得平均寿命提高到 2250h，标准差不变。为了检验这一成果，进行如下实验：任意挑选若干个灯泡，如果这些灯泡的平均寿命超过 2200h，就正式承认技术改造有效，为了使得检验通过的概率超过 0.99，则至少应检查多少只灯泡?

第 6 章 数理统计的基本知识

随机变量的概率分布完整地描述了随机变量的统计规律性，在概率论的许多问题中，概率分布通常是已知的，并在此基础上进行计算和推断. 但在实际问题中往往并非如此，一个随机现象所服从的分布可能不知道，或者仅知道了分布但不知道其所含的参数. 因此了解他们的分布或者分布中的参数是至关重要的问题，这也是数理统计首先要解决的问题. 数理统计是以概率论为理论基础，从研究对象的全体中取出一部分进行观测或实验，根据实验或观测到的数据，对总体做出合理的估计和推断.

数理统计学是一门实用性很强的学科，已经成为各学科从事科学研究及生产、经济管理等部门进行有效工作的有力数学工具. 本章主要介绍总体、样本及统计量等几个概念，并重点讲述几个常用统计量及抽样分布.

6.1 样本与经验分布函数

6.1.1 总体与样本

数理统计中把被研究对象的一个或多个指标的全体称为总体或母体，记为 X，它是一个随机变量. 把组成总体的每个基本单位称为个体. 比如，考察某批灯泡的使用寿命，这批灯泡的寿命取值的全体就是总体，每一个灯泡的寿命就是一个个体. 由概率论的知识可知，整批灯泡的使用寿命可用随机变量 X 表示，因此，总体就是一个具有确定分布的随机变量. 对总体的研究就归结为对随机变量 X 的分布及其主要数字特征的研究.

若对研究对象进行全面了解从而对所获数据进行估计或推断，无疑是最理想的，但实际工作中往往不能这样做，若对所有灯泡测试，灯泡就会烧坏了. 很多试验限于各种客观情况不能逐一进行. 数理统计学解决这类问题的方法不是对所研究的对象进行全面试验，而是从研究对象的全体中随机抽取一小部分试验，然后对总体进行推断.

从总体 X 中随机抽取的一部分个体 $X_1, X_2, \cdots, X_n$ 构成的向量$(X_1, X_2, \cdots, X_n)$称为**样本或子样**，样本中所含个体的数量 n 称为**样本容量**.

总体根据其所包含的个体数量可以分为有限总体和无限总体. 若总体中包含有限个个体，则称这个总体为有限总体. 如 2006 年在德国举行的世界杯足球比赛的全体参赛球队是有限总体. 若总体中包含的个体数量无限，称为无限总体. 若一个有限总体包含的个体相当多,也可以看成无限总体,如一袋麦子,空气中的悬浮颗粒等.

在实际中我们研究的是总体 X 中个体的各种数量指标及其在总体中的分布情况,从总体中抽取一个样本,相当于对总体 X 做了一次观测,就每一次观察结果来说,它们是完全确定的一组数,称为**样本观测值**,记作$(x_1,x_2,\cdots,x_n)$.

我们抽样的目的是对总体的分布规律进行各种分析和推断,所以要求抽取的样本能很好地反映总体的特征,因此所抽取的样本必须满足以下要求.

(1)随机性:总体的每一个体 X_i 有同等机会被选入样本,且与总体 X 同分布;

(2)独立性:样本的分量是相互独立的随机变量,即每一次抽取的个体不影响其他个体的抽取.

满足上述两个要求的抽样方法称为**简单随机抽样**,经简单随机抽样获得的样本称为**简单随机样本**.今后我们所提到的样本,均指简单随机样本,简称样本.

由简单随机样本的概念可得下面的定理.

定理 1　设$(X_1,X_2,\cdots,X_n)$是来自总体 X 的样本.

(1)若总体 X 的分布函数为 $F(x)$,则样本$(X_1,X_2,\cdots,X_n)$的联合分布函数为

$$F^*(x_1,x_2,\cdots,x_n)=\prod_{i=1}^{n}F(x_i);$$

(2)若总体 X 是离散型随机变量,其概率分布为 $P\{X=x_i\}=p_i,i=1,2,\cdots$,则样本$(X_1,X_2,\cdots,X_n)$的联合概率分布为

$$P\left\{X_1=x_{k_1},X_2=x_{k_2},\cdots,X_n=X_{k_n}\right\}=\prod_{i=1}^{n}P\left\{X=x_{k_i}\right\}=\prod_{i=1}^{n}p_{k_i};$$

(3)若总体 X 是连续型随机变量,其概率密度函数为 $f(x)$,则样本$(X_1,X_2,\cdots,X_n)$的联合密度函数为

$$f^*(x_1,x_2,\cdots,x_n)=\prod_{i=1}^{n}f(x_i).$$

需要说明的一点是,当总体为有限总体时,抽样应采取放回抽样,这样才能使总体的成分保持不变.但在实际应用中,若总体包含的个体数量很大,而样本容量相对较小的,可以把不放回抽样所获得的样本近似地看成是简单随机样本.

6.1.2　经验分布函数

样本既然是随机变量,就有一定的概率分布.许多样本的观测数据如果未经加工整理,基本上没有什么利用价值,很难从中得到总体的信息,因此为了从这些大量的样本数据中获得有用的信息,在利用之前,必须进行整理.这里介绍两种总体分布的近似求法:经验分布函数和直方图.

经验分布函数的近似求法　设$(X_1,X_2,\cdots,X_n)$是来自总体 X 的一个样本,$(x_1,x_2,\cdots,x_n)$是样本观测值,把样本观测值从小到大重新排列得

$$x_{(1)} \leqslant x_{(2)} \leqslant \cdots \leqslant x_{(n)},$$

则称这个排列为顺序统计量.若 $x_{(k)} \leqslant x < x_{(k+1)}$ 则不大于 x 的观测值的频率为 k/n，因此，在 n 次重复独立试验中，事件$\{X \leqslant x\}$的频率可用下述函数表示：

$$F_n(x)=\begin{cases}0, & x<x_{(1)}, \\ k/n, & x_{(k)} \leqslant x<x_{(k+1)}, \\ 1, & x \geqslant x_{(n)},\end{cases}$$

其中 $k=1,2,\cdots,n-1$.

函数 $F_n(x)$是一个非减的右连续函数，且 $0 \leqslant F_n(x) \leqslant 1$，它具备分布函数的性质，称为 X 的样本分布函数或经验分布函数.

经验分布函数的图形称为累积频率曲线，它是一条跳跃上升的阶梯曲线，当观测值不重复时，则每一跃度为$\frac{1}{n}$，当观测值有重复时，跃度为$\frac{1}{n}$的倍数.对于不同的样本观测值，将得到不同的经验分布函数，故 $F_n(x)$也是一个随机变量，图 6-1 给出了某样本的一个经验分布函数.

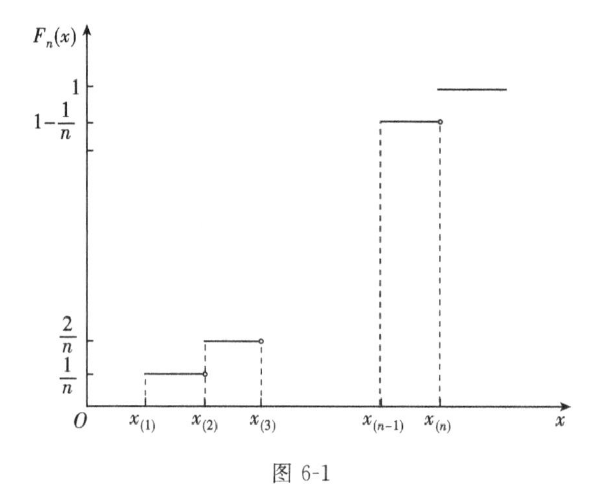

图 6-1

由大数定律知，在一定条件下，事件发生的频率依概率收敛于这个事件发生的概率，那么，对于任一固定的 x，$F_n(x)$是事件$\{X \leqslant x\}$发生的频率，只要 n 相当大，就有 $F_n(x)$依概率收敛于 $F(x)$，即对任意 $\varepsilon>0$，有

$$\lim_{n \to \infty} P\{|F_n(x)-F(x)|>\varepsilon\}=0.$$

这说明，经验分布函数是总体分布函数的一个近似描述，n 越大，近似程度越好，这也是我们用样本推断总体的一个重要依据.

例 1　某食品厂生产罐装饮料，现从生产线上随机抽取五罐饮料，称得其净重(单位:g)为 351，347，355，344，351。这是一个容量为 5 的样本，经排序可得有序样本：

$$x_{(1)}=344,\quad x_{(2)}=347,\quad x_{(3)}=351,\quad x_{(4)}=351,\quad x_{(5)}=355.$$

其经验分布函数为

$$F_n(x)=\begin{cases}0, & x<344,\\ 0.2, & 344\leqslant x<347,\\ 0.4, & 347\leqslant x<351,\\ 0.8, & 351\leqslant x<355,\\ 1, & x\geqslant 355.\end{cases}$$

6.2　统计量与抽样分布

样本是总体的反映,但经过抽样得到的数据一般是杂乱无章的,不能直接用于我们所要研究的问题.因此我们通过构造一个合适的依赖于样本的函数——统计量,把样本所含的信息进行整理,提取需要的信息,以利于问题的解决.

定义 1　设$(X_1,X_2,\cdots,X_n)$为来自总体 X 的一个样本,$g(X_1,X_2,\cdots,X_n)$为样本的一个函数,若 g 中不包含任何未知参数,则称 g 为一个**统计量**.统计量的分布称为**抽样分布**.

如果样本的观测值是$(x_1,x_2,\cdots,x_n)$,则 $g(x_1,x_2,\cdots,x_n)$是 $g(X_1,X_2,\cdots,X_n)$的一个观测值.

例如,总体 $X\sim N(\mu,\sigma^2)$,μ,σ^2 分别表示总体的均值和方差,在此,μ,σ^2 为参数.若 μ 已知,σ^2 未知,$(X_1,X_2,\cdots,X_n)$是来自总体 X 的一个样本,则 $\sum\limits_{i=1}^{n}(X_i-\mu)^2$ 是统计量,$\dfrac{1}{\sigma^2}\sum\limits_{i=1}^{n}(X_i-\mu)^2$ 不是统计量.

下面我们介绍一些常用的统计量及其分布.

定义 2　设$(X_1,X_2,\cdots,X_n)$是来自总体 X 的容量为 n 的样本,定义

样本均值　$\overline{X}=\dfrac{1}{n}\sum\limits_{i=1}^{n}X_i$;

样本方差　$S^2=\dfrac{1}{n-1}\sum\limits_{i=1}^{n}(X_i-\overline{X})^2=\dfrac{1}{n-1}\sum\limits_{i=1}^{n}X_i^2-\dfrac{n}{n-1}\overline{X}^2$;

样本标准差　$S=\sqrt{\dfrac{1}{n-1}\sum\limits_{i=1}^{n}(X_i-\overline{X})^2}$;

样本 k 阶原点矩　$M_k=\dfrac{1}{n}\sum\limits_{i=1}^{n}X_i^k(k=1,2,\cdots)$;

样本 k 阶中心矩　$M'_k=\dfrac{1}{n}\sum\limits_{i=1}^{n}(X_i-\overline{X})^k(k=1,2,\cdots)$.

注 样本均值刻画了样本数据取值的平均情况,样本方差刻画了样本数据的分散程度.

在数理统计中,我们常将2阶中心矩记为

$$S_n^2 = \frac{1}{n}\sum_{i=1}^{n}(X_i - \overline{X})^2,$$

称为未修正的样本方差.

若样本观测值为 $x_1, x_2, \cdots, x_n$,则

$$\overline{x} = \frac{1}{n}\sum_{i=1}^{n}x_i,$$

$$s^2 = \frac{1}{n-1}\sum_{i=1}^{n}(x_i - \overline{x})^2,$$

$$m_k = \frac{1}{n}\sum_{i=1}^{n}x_i^k (k = 1,2,\cdots),$$

$$m_k' = \frac{1}{n}\sum_{i=1}^{n}(x_i - \overline{x})^k (k = 1,2,\cdots),$$

分别称为 $\overline{X}, S^2, M_k, M_k'$ 的观测值.

从上述定义我们不难看出:关于样本的随机变量 $\overline{X}, S^2, M_k, M_k'$ 都刻画了样本的性质,我们称之为样本的数字特征,而且它们都是统计量,其中 $\overline{X}$ 和 S^2 是统计学中两个特别重要的统计量.

6.3 常用统计量的分布

在数理统计中,统计量是对总体的分布和数字特征进行推断的基础,因此,仅仅构造统计量是不够的,还需要知道统计量的分布.但要确定一般的统计量的分布是比较困难的,在实际问题中,用正态分布刻画随机变量现象比较普遍,因此,以下仅介绍几个常用的来自正态总体的样本所构成的统计量的分布.即 χ^2 分布、t 分布和 F 分布.以后我们将看到这些分布在数理统计中有重要的应用.

6.3.1 χ^2 分布

定义 1 设随机变量 $X_1, X_2, \cdots, X_n$ 相互独立且都服从标准正态分布,则随机变量

$$\chi^2 = \sum_{i=1}^{n}X_i^2$$

服从自由度为 n 的 χ^2 分布,记为 $\chi^2 \sim \chi^2(n)$.

注 自由度是指上式右端包含的独立随机变量的个数.

若随机变量 $X_1,X_2,\cdots,X_n$ 相互独立,且均服从 $N(\mu,\sigma^2)$,则

$$\frac{1}{\sigma}(X_i-\mu)\sim N(0,1),$$

从而统计量

$$\chi^2=\frac{1}{\sigma^2}\sum_{i=1}^{n}(X_i-\mu)^2$$

服从自由度为 n 的 χ^2 分布.

χ^2 分布的概率密度函数为

$$f(x)=\begin{cases}\dfrac{1}{2^{n/2}\Gamma\left(\dfrac{n}{2}\right)}x^{\frac{n}{2}-1}\mathrm{e}^{-\frac{x}{2}}, & x>0,\\ 0, & x\leqslant 0,\end{cases}$$

其中 $\Gamma(\cdot)$为 Gamma 函数,

$$\Gamma(t)=\int_0^{+\infty}x^{t-1}\mathrm{e}^{-x}\mathrm{d}x(t>0).$$

χ^2 分布的概率密度函数的图形如图 6-2 所示.

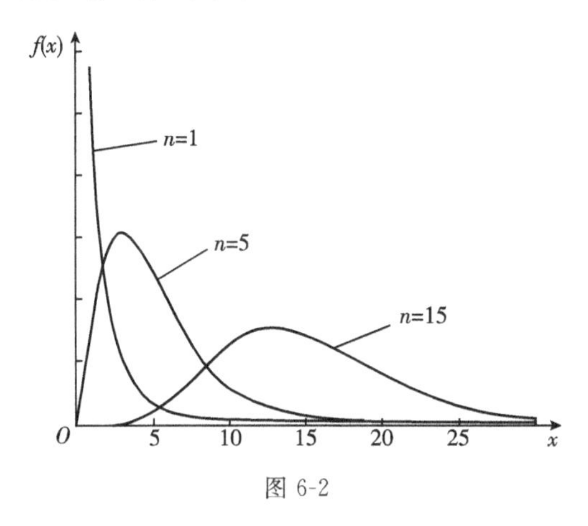

图 6-2

由图 6-2 可以看出,χ^2 分布的密度函数曲线是不对称的,其形状与自由度 n 有关,随自由度 n 的增大图形逐渐接近正态分布.

χ^2 分布具有以下性质.

(1)χ^2 分布的可加性.

设 $X\sim\chi^2(n_1)$,$Y\sim\chi^2(n_2)$,且它们相互独立,则有

$$X+Y\sim\chi^2(n_1+n_2).$$

(2)χ^2 分布的数学期望和方差.

若 $\chi^2\sim\chi^2(n)$,则 $E(\chi^2)=n$,$D(\chi^2)=2n$.

证 由 $X_i \sim N(0,1), i=1,2,\cdots,n$,故有

$$E(\chi^2) = E\left(\sum_{i=1}^{n} X_i^2\right) = \sum_{i=1}^{n} E(X_i^2) = \sum_{i=1}^{n} [D(X_i) + (E(X_i))^2]$$
$$= \sum_{i=1}^{n} D(X_i) = \sum_{i=1}^{n} 1 = n.$$

由于

$$D(X_i^2) = E(X_i^4) - [E(X_i^2)]^2 = E(X_i^4) - 1$$
$$= \frac{1}{\sqrt{2\pi}} \int_{-\infty}^{+\infty} x^4 \mathrm{e}^{-\frac{x^2}{2}} \mathrm{d}x = 3 - 1 = 2,$$

所以

$$D(\chi^2) = D\left(\sum_{i=1}^{n} X_i^2\right) = \sum_{i=1}^{n} D(X_i^2) = \sum_{i=1}^{n} 2 = 2n.$$

定理 1 设 $X_1, X_2, \cdots, X_n$ 是来自正态总体 $N(\mu, \sigma^2)$ 的样本,$\overline{X} = \frac{1}{n}\sum_{i=1}^{n} X_i$ 和 $S^2 = \frac{1}{n-1}\sum_{i=1}^{n}(X_i - \overline{X})^2$ 分别为样本均值和样本方差,则

(1)$\overline{X} \sim N\left(\mu, \frac{1}{n}\sigma^2\right)$,等价地,有$\frac{\overline{X}-\mu}{\sigma/\sqrt{n}} \sim N(0,1)$;

(2) $\frac{(n-1)S^2}{\sigma^2} \sim \chi^2(n-1)$ 或$\frac{1}{\sigma^2}\sum_{i=1}^{n}(X_i - \overline{X})^2 \sim \chi^2(n-1)$;

(3)$\overline{X}$ 与 S^2 相互独立.

注 (1)的证明由正态分布的性质很容易得到,(2)和(3)的证明这里略去.

χ^2 分布的分位点 设 $\chi^2 \sim \chi^2(n)$,对于给定的正数 $\alpha(0<\alpha<1)$,称满足

$$P\{\chi^2 > \chi_\alpha^2(n)\} = \int_{\chi_\alpha^2(n)}^{+\infty} f(x)\mathrm{d}x = \alpha$$

的 $\chi_\alpha^2(n)$为 χ^2 分布的上 α 分位点(图 6-3).

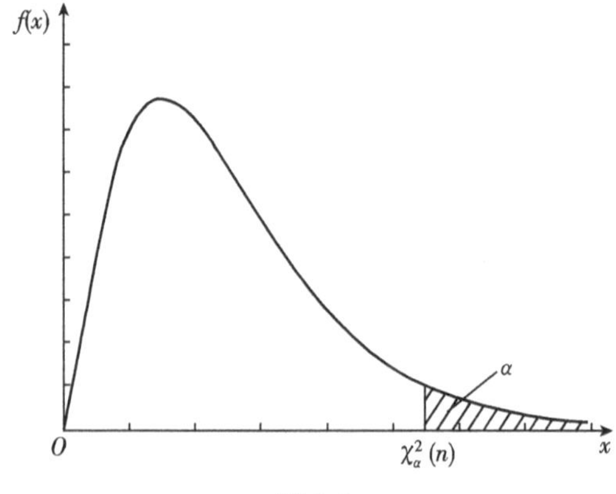

图 6-3

对于不同的 α，人们按 $P\{\chi^2>\chi_\alpha^2(n)\}=\alpha(0<\alpha<1)$ 制成了 χ^2 分布表，我们可以通过查表得需要的数值. 例如，查表可得 $\chi_{0.05}^2(40)=55.7585$，$\chi_{0.1}^2(15)=22.3071$.

6.3.2　t 分布

定义 2　设 $X\sim N(0,1)$，$Y\sim\chi^2(n)$，且 X 与 Y 相互独立，则随机变量

$$T=\frac{X}{\sqrt{Y/n}}$$

服从自由度为 n 的 t 分布，记为 $T\sim t(n)$.

t 分布的概率密度函数为

$$f(x)=\frac{\Gamma([(n+1)/2])}{\sqrt{n\pi}\cdot\Gamma(n/2)}\left(1+\frac{x^2}{n}\right)^{-(n+1)/2}(-\infty<x<+\infty),$$

t 分布的概率密度函数的图像如图 6-4 所示.

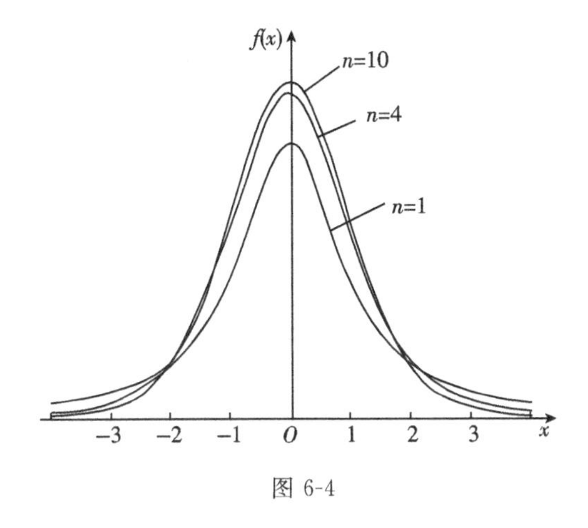

图 6-4

容易看出，$f(x)$ 为偶函数，且 $f(x)$ 的形状随着 n 的不同而不同，对于较小的 n，t 分布与标准正态分布差别较大；当 n 充分大时，t 分布就接近于标准正态分布了. 由 Gamma 函数的性质可知

$$\lim_{n\to\infty}f(x)=\frac{1}{\sqrt{2\pi}}e^{-\frac{x^2}{2}},\quad -\infty<x<+\infty,$$

即当 $n\to\infty$ 时，t 分布接近于标准正态分布 $N(0,1)$. 这是 t 分布的一个重要性质. 在实际问题中，当 n 较大时，可以将 t 分布视为标准正态分布 $N(0,1)$.

定理 2　设$(X_1,X_2,\cdots,X_n)$是来自正态总体 $N(\mu,\sigma^2)$的样本，$\overline{X}$ 和 S^2 分别为样本均值和样本方差，则

$$T=\frac{\overline{X}-\mu}{S/\sqrt{n}}\sim t(n-1).$$

证　由于 $\overline{X}$ 与 S^2 相互独立，且 $\dfrac{\overline{X}-\mu}{\sigma/\sqrt{n}}\sim N(0,1)$，$\dfrac{(n-1)S^2}{\sigma^2}\sim\chi^2(n-1)$，故

$$\frac{\dfrac{\overline{X}-\mu}{\sigma/\sqrt{n}}}{\sqrt{\dfrac{(n-1)S^2}{\sigma^2}\Big/n-1}}=\frac{\overline{X}-\mu}{S/\sqrt{n}}\sim t(n-1).$$

定理 3　设 $(X_1,X_2,\cdots,X_m)$ 和 $(Y_1,Y_2,\cdots,Y_n)$ 分别是来自正态总体 $N(\mu_1,\sigma^2)$ 和 $N(\mu_2,\sigma^2)$ 的样本，且它们相互独立，则

$$T=\frac{(\overline{X}-\overline{Y})-(\mu_1-\mu_2)}{S_w\sqrt{\dfrac{1}{m}+\dfrac{1}{n}}}\sim t(m+n-2),$$

其中

$$\begin{aligned}S_w^2&=\frac{1}{m+n-2}\left[\sum_{i=1}^{m}(X_i-\overline{X})^2+\sum_{i=1}^{n}(Y_i-\overline{Y})^2\right]\\&=\frac{(m-1)S_1^2+(n-1)S_2^2}{m+n-2}.\end{aligned}$$

$\overline{X}$ 和 $\overline{Y}$ 分别为两个总体的样本均值，S_1^2 和 S_2^2 分别为两个总体的样本方差.

证　由定理 1(2)知

$$\frac{1}{\sigma^2}\sum_{i=1}^{m}(X_i-\overline{X})^2\sim\chi^2(m-1)$$

和

$$\frac{1}{\sigma^2}\sum_{i=1}^{n}(Y_i-\overline{Y})^2\sim\chi^2(n-1),$$

且两者相互独立，因此，由 χ^2 分布的可加性

$$\frac{1}{\sigma^2}\left[\sum_{i=1}^{m}(X_i-\overline{X})^2+\sum_{i=1}^{n}(Y_i-\overline{Y})^2\right]\sim\chi^2(m+n-2),$$

而

$$\frac{(\overline{X}-\overline{Y})-(\mu_1-\mu_2)}{S_w\sqrt{\dfrac{1}{m}+\dfrac{1}{n}}}=\frac{\dfrac{(\overline{X}-\overline{Y})-(\mu_1-\mu_2)}{\sqrt{\dfrac{\sigma^2}{m}+\dfrac{\sigma^2}{n}}}}{\sqrt{\dfrac{\dfrac{1}{\sigma^2}\left[\sum\limits_{i=1}^{m}(X_i-\overline{X})^2+\sum\limits_{i=1}^{n}(Y_i-Y)^2\right]}{m+n-2}}}.$$

由定理 1 知上式分子服从 $N(0,1)$，且分子与分母相互独立，由 t 分布的定义知结论成立.

***t* 分布的分位点**　设 $t\sim t(n)$，对于给定的正数 $\alpha(0<\alpha<1)$，称满足

$$P\{t > t_{\alpha}(n)\} = \int_{t_{\alpha}(n)}^{+\infty} f(x)\mathrm{d}x = \alpha$$

的 $t_{\alpha}(n)$ 为 t 分布的上侧分位点(图 6-5).

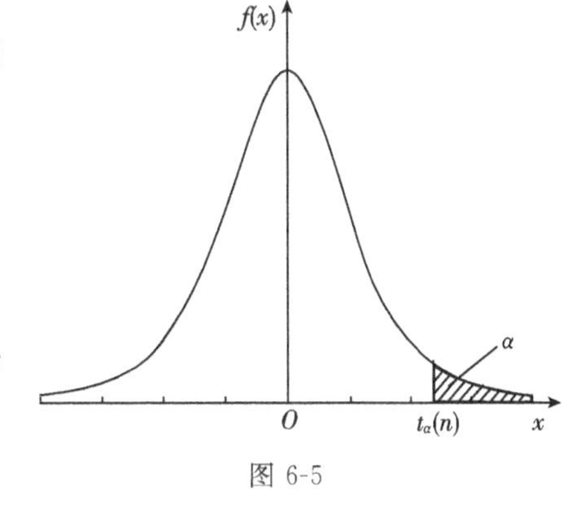

图 6-5

由 t 分布的上侧分位点的定义及 $f(x)$ 图像的对称性知

$$\int_{t_{\alpha}(n)}^{+\infty} f(x)\mathrm{d}x = \int_{-\infty}^{-t_{\alpha}(n)} f(x)\mathrm{d}x = \alpha,$$

所以

$$t_{1-\alpha}(n) = -t_{\alpha}(n).$$

t 分布的上 α 分位点可以从本书的附表中查到,在 $n>45$ 时,就用标准正态分布近似,即

$$t_{\alpha}(n) = u_{\alpha},$$

其中 u_{α} 是 $N(0,1)$ 的上 α 分位点.

注　t 分布是统计中的一个重要分布,它与 $N(0,1)$ 的微小差别是戈塞特(Gosset. W. S.)提出的.他是英国一家酿酒厂的化学技师,在长期从事实验和数据分析中发现了 t 分布,并在 1908 年以笔名"Student"发表此项结果,故后人又称 t 分布为"学生分布".

6.3.3　F 分布

定义 3　设 $X\sim\chi^2(m)$,$Y\sim\chi^2(n)$,且 X 与 Y 相互独立,则随机变量

$$F = \frac{X/m}{Y/n}$$

服从自由度为 (m,n) 的 F 分布(Fisher 分布),记为 $F\sim F(m,n)$.

F 分布的概率密度函数为

$$f(x) = \begin{cases} \dfrac{\Gamma(n+m/2)}{\Gamma(n/2)\Gamma(m/2)}\left(\dfrac{m}{n}\right)^{\frac{m}{2}}(x)^{\frac{m}{2}-1}\left(1+\dfrac{m}{n}x\right)^{-\frac{m+n}{2}}, & x>0, \\ 0, & x\leqslant 0. \end{cases}$$

F 分布的概率密度的图像如图 6-6 所示.

定理 4　设 $(X_1,X_2,\cdots,X_m)$ 和 $(Y_1,Y_2,\cdots,Y_n)$ 分别是来自正态总体 $N(\mu_1,\sigma_1^2)$ 和 $N(\mu_2,\sigma_2^2)$ 的样本,且它们相互独立,设 S_1^2 和 S_2^2 分别为两总体的样本方差,则

(1) $\dfrac{(\overline{X}-\overline{Y})-(\mu_1-\mu_2)}{\sqrt{\dfrac{\sigma_1^2}{m}+\dfrac{\sigma_2^2}{n}}}\sim N(0,1)$;

(2) $\dfrac{\sum\limits_{i=1}^{m}(X_i-\mu_1)^2/m\sigma_1^2}{\sum\limits_{i=1}^{n}(Y_i-\mu_2)^2/n\sigma_2^2}\sim F(m,n)$;

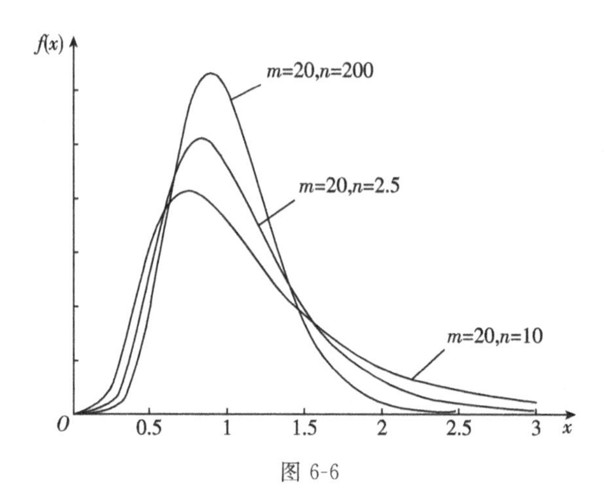

图 6-6

(3)$\dfrac{S_1^2/\sigma_1^2}{S_2^2/\sigma_2^2}\sim F(m-1,n-1)$.

特别地，当 $\sigma_1^2=\sigma_2^2$ 时，有$\dfrac{S_1^2}{S_2^2}\sim F(m-1,n-1)$.

证 (1)$\overline{X}-\overline{Y}$ 是独立正态随机变量 $X_1,X_2,\cdots,X_m$ 和 $Y_1,Y_2,\cdots,Y_n$ 的线性组合，因此 $\overline{X}-\overline{Y}$ 是正态变量，又由于

$$E(\overline{X}-\overline{Y})=E(\overline{X})-E(\overline{Y})=\mu_1-\mu_2,$$

$$D(\overline{X}-\overline{Y})=D(\overline{X})+D(\overline{Y})=\frac{\sigma_1^2}{m}+\frac{\sigma_2^2}{n},$$

所以

$$\overline{X}-\overline{Y}\sim N\left(\mu_1-\mu_2,\frac{\sigma_1^2}{m}+\frac{\sigma_2^2}{n}\right).$$

然后把 $\overline{X}-\overline{Y}$ 标准化后即得所要的结论.

(2)由于

$$\frac{X_1-\mu_1}{\sigma_1},\frac{X_2-\mu_1}{\sigma_1},\cdots,\frac{X_m-\mu_1}{\sigma_1}$$

和

$$\frac{Y_1-\mu_2}{\sigma_2},\frac{Y_2-\mu_2}{\sigma_2},\cdots,\frac{Y_n-\mu_2}{\sigma_2}$$

是 $m+n$ 个独立同分布的随机变量，且都服从 $N(0,1)$，因此，由 χ^2 分布的定义可得

$$\frac{1}{\sigma_1^2}\sum_{i=1}^{m}(X_i-\mu_1)^2\sim\chi^2(m)$$

和

$$\frac{1}{\sigma_2^2}\sum_{i=1}^{n}(Y_i-\mu_2)^2\sim\chi^2(n),$$

且两者相互独立,于是,由 F 分布的定义即得所要的结论.

(3) 由定理 1(2)知

$$\frac{(m-1)S_1^2}{\sigma_1^2}=\frac{1}{\sigma_1^2}\sum_{i=1}^{m}(X_i-\overline{X})^2\sim\chi^2(m-1)$$

和

$$\frac{(n-1)S_2^2}{\sigma_2^2}=\frac{1}{\sigma_2^2}\sum_{i=1}^{n}(Y_i-\overline{Y})^2\sim\chi^2(n-1),$$

且两者相互独立,于是,由 F 分布的定义即得所要的结论.

F 分布的分位点　设 $F\sim F(m,n)$,对于给定的正数 $\alpha(0<\alpha<1)$,称满足

$$P\{F>F_\alpha(m,n)\}=\int_{F_\alpha(m,n)}^{+\infty}f(x)\mathrm{d}x=\alpha$$

的 $F_\alpha(m,n)$为 F 分布的上 α 分位点(图 6-7).

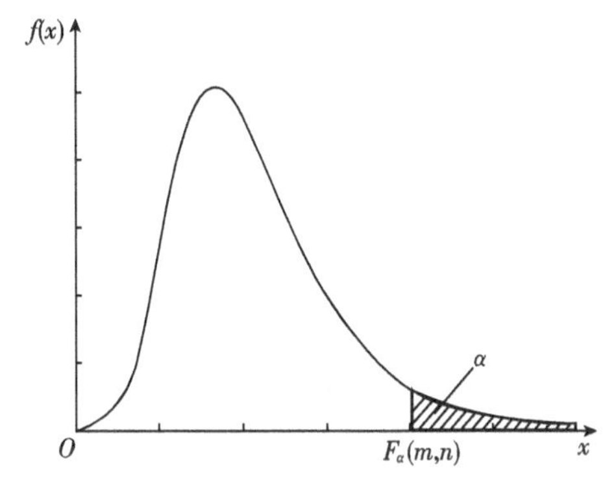

图 6-7

由定义可知,如果 $F\sim F(m,n)$,则$\dfrac{1}{F}\sim F(n,m)$,且有

$$F_{1-\alpha}(n,m)=\frac{1}{F_\alpha(m,n)}.$$

对于这个结果,我们证明如下:

由于

$$P\{F>F_\alpha(m,n)\}=\alpha,$$

所以

$$P\{F\leqslant F_\alpha(m,n)\}=1-P\{F>F_\alpha(m,n)\}=1-\alpha,$$

于是

$$P\left\{\frac{1}{F}>\frac{1}{F_\alpha(m,n)}\right\}=1-\alpha.$$

再由

$$P\left\{\frac{1}{F}>F_{1-\alpha}(n,m)\right\}=1-\alpha,$$

故有

$$F_{1-\alpha}(n,m)=\frac{1}{F_{\alpha}(m,n)}\text{或 }F_{\alpha}(m,n)=\frac{1}{F_{1-\alpha}(n,m)}.$$

这个性质常用于求 F 分布表中没有列出的某些值，如

设 $F\sim F(15,12)$，$\alpha=0.05$，则由附表查得 $F_{0.05}(15,12)=2.62$，从而

$$F_{0.95}(12,15)=1/F_{0.05}(15,12)=1/2.62=0.382.$$

习　题　6

1. 在总体 $X\sim N(52,6.3^2)$ 中随机抽一容量为 36 的样本，求样本均值 $\overline{X}$ 落在 50.8 到 53.8 之间的概率.

2. 在总体 $X\sim N(12,4)$ 中随机抽取容量为 5 的样本 (X_1,X_2,X_3,X_4,X_5).

(1)求样本均值与总体平均值之差的绝对值大于 1 的概率；

(2)求概率 $P\{\max(X_1,X_2,X_3,X_4,X_5)>15\}$；

(3)求概率 $P\{\min(X_1,X_2,X_3,X_4,X_5)<10\}$.

3. 设 $(X_1,X_2,\cdots,X_{10})$ 为 $X\sim N(0,0.3^2)$ 的一个样本，求 $P\left\{\sum_{i=1}^{10}X_i^2>1.44\right\}$.

4. 设 $(X_1,X_2,\cdots,X_n)$ 是来自泊松分布 $P(\lambda)$ 的一个样本，$\overline{X}$，S^2 分别为样本均值和样本方差，求 $E(\overline{X})$，$D(\overline{X})$，$E(S^2)$.

5. 设总体 $X\sim B(1,p)$，$(X_1,X_2,\cdots,X_n)$ 是来自 X 的样本.

(1)求 $(X_1,X_2,\cdots,X_n)$ 的分布律；

(2)求 $\sum_{i=1}^{n}X_i$ 的分布律；

(3)求 $E(\overline{X})$，$D(\overline{X})$，$E(S^2)$.

6. 设总体 $X\sim N(\mu,\sigma^2)$，$(X_1,X_2,\cdots,X_{10})$ 是来自 X 的样本.

(1)写出 $(X_1,X_2,\cdots,X_{10})$ 的联合概率密度；

(2)写出 $\overline{X}$ 的概率密度.

7. 设 $(2,1,5,2,1,3,1)$ 是来自总体 X 的样本的观测值，试求总体 X 的经验分布函数.

8. 设总体 $X\sim U[0,\theta]$，$(X_1,X_2,\cdots,X_n)$ 是来自总体 X 的样本，分别求最小次序统计量 $X_{(1)}$ 和最大次序统计量 $X_{(n)}$ 的概率密度函数.

9. 设 $(X_1,X_2,\cdots,X_n)$ 是来自正态总体 $X\sim N(0,1)$ 的样本，试求下列统计量的分布

(1) $\dfrac{\sqrt{n-1}X_1}{\sqrt{\sum\limits_{i=2}^{n} X_i^2}}$；　　(2) $\dfrac{(n-3)\sum\limits_{i=1}^{3} X_i^2}{3\sum\limits_{i=4}^{n} X_i^2}$.

10. 设$(X_1, X_2, \cdots, X_5)$是来自正态总体 $N(0,1)$的样本，令 $Y=\dfrac{c(X_1+X_2)}{\sqrt{\sum\limits_{i=3}^{5} X_i^2}}$，求常数 c，使统计量 Y 服从 t 分布.

11. 求满足以下概率式的临界值并给出对应的记号：

(1) $P\{\chi^2(14)<\lambda\}=0.05$；

(2) $P\{t(8)<\lambda\}=0.05$；

(3) $P\{|t(8)|>\lambda\}=0.05$；

(4) $P\{U<\lambda\}=0.05$；

(5) $P\{|U|>\lambda\}=0.05$.

12. 设电子元件的寿命服从参数 $\lambda=0.0015$ 的指数分布，现在独立对 6 个电子元件进行测试，并且记录这些元件失效的时间. 试求

(1)没有电子元件在 800h 内失效的概率；

(2)没有电子元件最终超过 3000h 的概率.

13. 设总体 X 的期望为 μ，方差为 σ^2，如果要求至少以 95%的概率保证 $|\overline{X}-\mu|<0.1\sigma$，试求样本容量至少是多少？

第7章 参数估计

统计推断，就是用样本来推断总体，是数理统计的重要内容，它包括两大核心内容：参数估计和假设检验. 所谓参数估计，是假定总体的分布类型已知，利用样本资料，对其所含未知参数的值(或取值范围)作出尽可能正确推断的一种方法，它分为点估计和区间估计两种. 本章介绍参数估计的基本原理和方法. 第8章介绍假设检验的基本原理和方法.

7.1 参数的点估计

要进行参数估计，首先要取得样本，由于样本来自总体，它必然在一定程度上反映总体的性质，因而在参数估计问题中，常用样本的适当函数来估计总体的参数. 对总体的参数做定值估计，称为参数的点估计.

7.1.1 估计量与估计值

定义1 设样本$(X_1,X_2,\cdots,X_n)$来自分布函数为$F(x;\theta_1,\theta_2,\cdots,\theta_k)$的总体，其中$\theta_1,\theta_2,\cdots,\theta_k$是未知参数，适当地构造样本$X_1,X_2,\cdots,X_n$的$k$个函数$\hat{\theta}_i=\hat{\theta}_i(X_1,X_2,\cdots,X_n)(i=1,2,\cdots,k)$，分别用$\hat{\theta}_i$估计未知参数$\theta_i$，称$\hat{\theta}_i$是$\theta_i$的估计量.

若将样本的观测值代入$\hat{\theta}_i=\hat{\theta}_i(X_1,X_2,\cdots,X_n)$得$\hat{\theta}_i=\hat{\theta}_i(x_1,x_2,\cdots,x_n)$，称$\hat{\theta}_i(x_1,x_2,\cdots,x_n)$是$\theta_i$的估计值.

由于估计量是样本的函数，因此对于不同的样本值，θ_i的估计值一般是不相同的.

下面介绍两种常用的构造估计量的方法：矩估计法和极大似然估计法.

7.1.2 矩估计法

矩估计法是皮尔逊在1894年提出的求点估计的方法，其基本思想是以样本矩替换总体矩. 这是基于当总体k阶矩存在时，样本的k阶矩在一定程度上反映了总体k阶矩的特征. 如可以用样本均值作为总体均值的估计量，用样本方差可以作为总体方差的估计量. 一般用样本矩去估计与之相应的总体矩，由此得到的参数估计方法就称为矩估计法. 用矩估计法确定的估计量称为矩估计量，相应的估计值称为矩估计值. 矩估计量和矩估计值统称为矩估计.

定义2 设总体X的分布函数$F(x;\theta_1,\theta_2,\cdots,\theta_l)$中有$l$个未知参数$\theta_1,\theta_2,\cdots,$

θ_l,假定总体 X 的 k 阶原点矩 $E(X^k)$存在,一般地,它们都是 $\theta_1,\theta_2,\cdots,\theta_l$ 的函数,记为 $v_k(\theta_1,\theta_2,\cdots,\theta_l)=E(X^k)(k=1,2,\cdots,l)$,样本 $X_1,X_2,\cdots,X_n$ 的 k 阶原点矩为 $M_k=\frac{1}{n}\sum_{i=1}^{n}X_i^k(k=1,2,\cdots,l)$,用样本矩作为总体矩的估计,得到下面 l 个关于未知参数 $\theta_1,\theta_2,\cdots,\theta_l$ 的方程:

$$\begin{cases}\frac{1}{n}\sum_{i=1}^{n}X_i=v_1(\theta_1,\theta_2,\cdots,\theta_l),\\ \frac{1}{n}\sum_{i=1}^{n}X_i^2=v_2(\theta_1,\theta_2,\cdots,\theta_l),\\ \cdots\cdots\\ \frac{1}{n}\sum_{i=1}^{n}X_i^l=v_l(\theta_1,\theta_2,\cdots,\theta_l),\end{cases}$$

解此方程组,得

$$\hat{\theta}_k=\hat{\theta}_k(X_1,X_2,\cdots,X_n),\quad k=1,2,\cdots,l,$$

$\hat{\theta}_k$ 即为未知参数 θ_k 的矩估计量.

例 1　设总体 X 的数学期望 μ 和方差 σ^2 都存在,均未知,$(X_1,X_2,\cdots,X_n)$是来自总体 X 的样本,试求 μ 和 σ^2 的矩估计量.

解　总体 X 的一阶矩、二阶矩分别为

$$v_1=E(X)=\mu,$$
$$v_2=E(X^2)=D(X)+[E(X)]^2=\sigma^2+\mu^2,$$

根据矩估计法,令

$$\begin{cases}\frac{1}{n}\sum_{i=1}^{n}X_i=\mu,\\ \frac{1}{n}\sum_{i=1}^{n}X_i^2=\sigma^2+\mu^2,\end{cases}$$

解此方程组,得 μ 和 σ^2 的矩估计量为

$$\begin{cases}\hat{\mu}=\overline{X},\\ \hat{\sigma}^2=\frac{1}{n}\sum_{i=1}^{n}X_i^2-(\overline{X})^2=\frac{1}{n}\sum_{i=1}^{n}(X_i-\overline{X})^2=S_n^2.\end{cases}$$

结果表明,总体数学期望 μ 和 σ^2 的矩估计量分别是样本均值 $\overline{X}$ 和样本二阶中心矩 S_n^2.

例 2　设总体 X 服从$[\theta_1,\theta_2]$上的均匀分布,θ_1,θ_2 未知,$(X_1,X_2,\cdots,X_n)$是来自总体 X 的样本,试求 θ_1,θ_2 的矩估计量.

解　由 $X\sim U[\theta_1,\theta_2]$,知 $E(X)=\frac{\theta_1+\theta_2}{2}$,$D(X)=\frac{(\theta_2-\theta_1)^2}{12}$. 因此总体的一阶矩、二阶矩分别为

$$v_1=E(X)=\frac{\theta_1+\theta_2}{2},$$

$$v_2=E(X^2)=D(X)+[E(X)]^2=\frac{(\theta_2-\theta_1)^2}{12}+\frac{(\theta_1+\theta_2)^2}{4}.$$

根据矩估计法，令

$$\begin{cases}\frac{1}{n}\sum_{i=1}^{n}X_i=\frac{\theta_1+\theta_2}{2},\\ \frac{1}{n}\sum_{i=1}^{n}X_i^2=\frac{(\theta_2-\theta_1)^2}{12}+\frac{(\theta_1+\theta_2)^2}{4},\end{cases}$$

解此方程组，得 θ_1,θ_2 的矩估计量为

$$\begin{cases}\hat{\theta}_1=\overline{X}-\sqrt{3}S_n,\\ \hat{\theta}_2=\overline{X}+\sqrt{3}S_n.\end{cases}$$

例 3　已知总体 X 的概率分布如下：

X	0	1	2	3
P	θ^2	$2\theta(1-\theta)$	θ^2	$1-2\theta$

其中 $\theta\left(0<\theta<\frac{1}{2}\right)$是未知参数. 利用总体的如下样本值：

$$3,1,3,0,3,1,2,3,$$

求 θ 的矩估计值.

解　因为 $E(X)=0\times\theta^2+1\times2\theta(1-\theta)+2\times\theta^2+3\times(1-2\theta)=3-4\theta$，根据矩估计法，令 $E(X)=3-4\theta=\overline{X}$，得 θ 的矩估计量为 $\hat{\theta}=\frac{(3-\overline{X})}{4}$. 经计算，样本观测值的平均值为 $\bar{x}=2$，从而 θ 的矩估计值为$\frac{1}{4}$.

7.1.3　极大似然估计法

极大似然估计法是求点估计的另一种有效而又被广泛应用的方法. 它首先是由德国数学家高斯(C. F. Gauss)在 1821 年提出的. 但一般将之归功于英国统计学家费希尔(R. A. Fisher)，因为他在 1922 年再次提出这种想法并证明了它的一些性质而使得极大似然估计法得到了广泛的应用.

下面通过一个具体的例子说明极大似然估计法的基本思想.

例 4　有甲乙两袋球，各装 10 个球，甲中有 8 白 2 黑，乙中有 8 黑 2 白，今从某袋有返回的抽取 4 次，结果如下：(1,0,1,1)，其中“1”表示抽得黑球，“0”表示抽得白球，根据这个样本，推测：它是由哪个袋中抽取的？

解　若由甲袋抽取，其样本出现的概率为 $p_1=\left(\frac{1}{5}\right)^3\cdot\frac{4}{5}=\frac{4}{625}$；

若由乙袋抽取，其样本出现的概率为 $p_2=\left(\frac{4}{5}\right)^3\cdot\frac{1}{5}=\frac{64}{625}$.

由于 $p_2>p_1$，我们有理由认为是从概率大的袋子中取出的，即可认为是从乙袋中取出的.这就是极大似然估计法的直观想法.

选择参数 p 的值使抽得的样本值出现的概率最大，并且用这个值作未知参数 p 的估计值，这就是极大似然估计法选择未知参数的估计值的基本思想.

下面分别就离散型总体和连续型总体情形作具体讨论.

定义 3　设总体 X 是离散型随机变量，概率分布为 $P\{X=x\}=p(x;\theta_1,\theta_2,\cdots,\theta_l)$，其中 $\theta_1,\theta_2,\cdots,\theta_l$ 是未知参数，$(X_1,X_2,\cdots,X_n)$是来自总体 X 的样本，样本联合概率分布为

$$p(x_1,x_2,\cdots,x_n;\theta_1,\theta_2,\cdots,\theta_l)=\prod_{i=1}^{n}p(x_i;\theta_1,\theta_2,\cdots,\theta_l),$$

称函数

$$L=L(X_1,X_2,\cdots,X_n;\theta_1,\theta_2,\cdots,\theta_l)=\prod_{i=1}^{n}p(x_i;\theta_1,\theta_2,\cdots,\theta_l)$$

为似然函数，当$(X_1,X_2,\cdots,X_n)$固定时，L 是 $\theta_1,\theta_2,\cdots,\theta_l$ 的函数，如果 L 在$\hat{\theta}_1,\hat{\theta}_2,\cdots,\hat{\theta}_l$ 取得极大值，分别称$\hat{\theta}_1,\hat{\theta}_2,\cdots,\hat{\theta}_l$ 为 $\theta_1,\theta_2,\cdots,\theta_l$ 的极大似然估计量.

定义 4　设总体 X 是连续型随机变量，概率密度函数为 $f(x;\theta_1,\theta_2,\cdots\theta_l)$，其中 $\theta_1,\theta_2,\cdots,\theta_l$ 是未知参数，$(X_1,X_2,\cdots,X_n)$是来自总体 X 的样本，样本联合概率密度函数为

$$f(x_1,x_2,\cdots,x_n;\theta_1,\theta_2,\cdots,\theta_l)=\prod_{i=1}^{n}f(x_i;\theta_1,\theta_2,\cdots,\theta_l),$$

称函数

$$L=L(X_1,X_2,\cdots,X_n;\theta_1,\theta_2,\cdots,\theta_l)=\prod_{i=1}^{n}f(x_i;\theta_1,\theta_2,\cdots,\theta_l)$$

为似然函数，当 $X_1,X_2,\cdots,X_n$ 固定时，L 是 $\theta_1,\theta_2,\cdots,\theta_l$ 的函数，如果 L 在$\hat{\theta}_1,\hat{\theta}_2,\cdots,\hat{\theta}_l$ 取得极大值，分别称$\hat{\theta}_1,\hat{\theta}_2,\cdots,\hat{\theta}_l$ 为 $\theta_1,\theta_2,\cdots,\theta_l$ 的极大似然估计量.

事实上，求极大似然估计量，就是求似然函数 L 的极大值问题.故当 L 对 $\theta_1,\theta_2,\cdots,\theta_l$ 可微时，可由方程组

$$\frac{\partial L}{\partial\theta_i}=0(i=1,2,\cdots,l)$$

求出 θ_i.因为 L 与 $\ln L$ 有相同的极大值点，为了计算方便，θ_i 一般由方程组

$$\frac{\partial\ln L}{\partial\theta_i}=0(i=1,2,\cdots,l)$$

求得.通常把该方程组称为似然方程组.

例 5　设随机变量 X 服从参数为$\lambda(\lambda>0)$的泊松分布，其中 λ 未知，求 λ 的极大似然估计量.

解　设$(x_1,x_2,\cdots,x_n)$为样本$(X_1,X_2,\cdots,X_n)$的一组观测值，于是似然函数为

$$L = L(\lambda; x_1, x_2, \cdots, x_n) = \prod_{i=1}^{n} \frac{\lambda^{x_i} e^{-\lambda}}{x_i !} = \frac{\lambda^{\sum\limits_{i=1}^{n} x_i} e^{-n\lambda}}{\prod\limits_{i=1}^{n} x_i !},$$

两边取对数得

$$\ln L(\lambda) = -n\lambda + \sum_{i=1}^{n} x_i \ln\lambda - \ln \prod_{i=1}^{n} (x_i !),$$

由此得似然方程

$$\frac{d\ln L(\lambda)}{d\lambda} = -n + \frac{1}{\lambda}\sum_{i=1}^{n} x_i = 0.$$

解得

$$\lambda = \frac{1}{n}\sum_{i=1}^{n} x_i = \bar{x},$$

即参数 λ 的极大似然估计量为

$$\hat{\lambda} = \frac{1}{n}\sum_{i=1}^{n} X_i = \bar{X}.$$

例 6 设总体 $X \sim N(\mu, \sigma^2)$，求 μ, σ^2 的极大似然估计量.

解 设$(x_1, x_2, \cdots, x_n)$为样本$(X_1, X_2, \cdots, X_n)$的一组观测值，于是似然函数为

$$L = L(\mu, \sigma^2; x_1, x_2, \cdots, x_n) = \left(\frac{1}{2\pi\sigma^2}\right)^{\frac{n}{2}} e^{-\frac{1}{2\sigma^2}\sum\limits_{i=1}^{n}(x_i-\mu)^2},$$

两边取对数，

$$\ln L = -\frac{n}{2}\ln(2\pi) - \frac{n}{2}\ln(\sigma^2) - \frac{1}{2\sigma^2}\sum_{i=1}^{n}(x_i - \mu)^2.$$

似然方程为

$$\begin{cases} \dfrac{\partial \ln L}{\partial \mu} = \dfrac{1}{\sigma^2}\sum\limits_{i=1}^{n}(x_i - \mu) = 0, \\ \dfrac{\partial \ln L}{\partial \sigma^2} = -\dfrac{n}{2}\dfrac{1}{\sigma^2} + \dfrac{1}{2\sigma^4}\sum\limits_{i=1}^{n}(x_i - \mu)^2 = 0, \end{cases}$$

解得

$$\begin{cases} \mu = \dfrac{1}{n}\sum\limits_{i=1}^{n} x_i = \bar{x}, \\ \sigma^2 = \dfrac{1}{n}\sum\limits_{i=1}^{n}(x_i - \bar{x})^2 = s_n^2, \end{cases}$$

即参数 μ, σ^2 的极大似然估计量为

$$\begin{cases} \hat{\mu} = \dfrac{1}{n}\sum\limits_{i=1}^{n} X_i = \bar{X}, \\ \hat{\sigma}^2 = \dfrac{1}{n}\sum\limits_{i=1}^{n}(X_i - \bar{X})^2 = S_n^2. \end{cases}$$

未知参数的极大似然估计量常常是通过求解似然方程得到的,但是这种方法并不是总有效.请看下面的例子.

例7　设总体 X 服从 $[\theta_1,\theta_2]$ 上的均匀分布,θ_1,θ_2 未知,$(X_1,X_2,\cdots,X_n)$ 是来自总体 X 的样本,试求 θ_1,θ_2 的极大似然估计量.

解　设 $(x_1,x_2,\cdots,x_n)$ 为样本 $(X_1,X_2,\cdots,X_n)$ 的一组观测值,于是似然函数为

$$L=L(\theta_1,\theta_2;x_1,x_2,\cdots,x_n)=\frac{1}{(\theta_2-\theta_1)^n},\quad \theta_1\leqslant x_i\leqslant\theta_2.$$

由于似然函数无驻点,因而不能用微分法来求极大似然估计量,而必须从极大似然估计量的定义出发,求 L 的最大值.要使 L 最大,$\theta_2-\theta_1$ 必须尽可能地小,由于 $\theta_1\leqslant x_i\leqslant\theta_2(i=1,2,\cdots,n)$.

令 $x_{(1)}=\min\{x_1,x_2,\cdots,x_n\}$,$x_{(n)}=\max\{x_1,x_2,\cdots,x_n\}$,所以当 $\theta_1=x_{(1)}$,$\theta_2=x_{(n)}$ 时,L 最大.所以 θ_1,θ_2 的极大似然估计量为

$$\hat{\theta}_1=X_{(1)}=\min\{X_1,X_2,\cdots,X_n\},\quad \hat{\theta}_2=X_{(n)}=\max\{X_1,X_2,\cdots,X_n\}.$$

7.2　估计量的评选标准

对于总体分布的未知参数,不同的估计方法可能获得不同的估计量,如7.1节讨论的例2和例7.这些估计量虽无是非之分,但有优劣之比,人们自然希望使用尽可能好的估计量,因此需要提出一些评判标准,以便对估计量的优劣进行比较.下面介绍三种常用的标准.

1.无偏性

估计量 $\hat{\theta}(X_1,X_2,\cdots,X_n)$ 是一个随机变量,对一次具体的观察或实验的结果,估计值可能较真实的参数值有一定的偏离,但一个好的估计量不应总是偏小或偏大,在多次实验中所得估计量的平均值应与参数的真值相吻合,这正是无偏性的要求.

定义1　设 $(X_1,X_2,\cdots,X_n)$ 是来自总体 X 的样本,$\hat{\theta}=\hat{\theta}(X_1,X_2,\cdots,X_n)$ 是未知参数 θ 的估计量,如果

$$E(\hat{\theta})=\theta,$$

则称 $\hat{\theta}$ 是 θ 的无偏估计量.

若 $\hat{\theta}$ 满足

$$\lim_{n\to\infty}E(\hat{\theta})=\theta,$$

则称 $\hat{\theta}$ 是 θ 的渐近无偏估计量.

例1　验证样本均值 $\overline{X}$ 和样本方差 S^2 分别为总体均值 μ 和总体方差 σ^2 的无偏估计量,但二阶中心矩 S_n^2 不是 σ^2 的无偏估计量.

解　样本 $X_1,X_2,\cdots,X_n$ 是独立同分布的随机变量,故 $E(X_i)=\mu$,$(i=1,2,\cdots,n)$,

$$E(\overline{X})=E\left(\frac{1}{n}\sum_{i=1}^{n}X_i\right)=\frac{1}{n}\sum_{i=1}^{n}E(X_i)=\mu,$$

所以 $\overline{X}$ 是 μ 的无偏估计量.

$$\begin{aligned}E(S^2)&=E\left[\frac{1}{n-1}\sum_{i=1}^{n}(X_i-\overline{X})^2\right]\\&=\frac{1}{n-1}E\left\{\sum_{i=1}^{n}[(X_i-\mu)-(\overline{X}-\mu)]^2\right\}\\&=\frac{1}{n-1}\sum_{i=1}^{n}E(X_i-\mu)^2-\frac{n}{n-1}E(\overline{X}-\mu)^2,\end{aligned}$$

其中

$$E(X_i-\mu)^2=D(X_i)=\sigma^2,$$

$$E(\overline{X}-\mu)^2=D(\overline{X})=D\left(\frac{1}{n}\sum_{i=1}^{n}X_i\right)=\frac{1}{n^2}\sum_{i=1}^{n}D(X_i)=\frac{1}{n}\sigma^2.$$

因此 $E(S^2)=\frac{n}{n-1}\sigma^2-\frac{1}{n-1}\sigma^2=\sigma^2$，而 $E(S_n^2)=E\left(\frac{n-1}{n}S^2\right)=\frac{n-1}{n}E(S^2)=\frac{n-1}{n}\sigma^2$.

因此，样本均值 $\overline{X}$ 和样本方差 S^2 分别为总体均值 μ 和总体方差 σ^2 的无偏估计量，二阶中心矩 S_n^2 不是 σ^2 的无偏估计量. 但当 $n\to\infty$ 时，$E(S^2)\to\sigma^2$，因此 S^2 为 σ^2 的渐近无偏估计量.

2. 有效性

用样本的统计量作为总体参数的估计量，其无偏性是重要的，但同一参数的无偏估计量不是唯一的，还应该从中选择最好的. 对于参数的无偏估计量的取值，我们自然希望它与真值之间的偏差越小越好，也就是说无偏估计量的方差越小越好. 这就有了有效性的概念.

定义 2 设 $\hat{\theta}_1=\hat{\theta}_1(X_1,X_2,\cdots,X_n)$ 和 $\hat{\theta}_2=\hat{\theta}_2(X_1,X_2,\cdots,X_n)$ 均是 θ 的无偏估计量，如果满足

$$D(\hat{\theta}_2)<D(\hat{\theta}_1),$$

则称 $\hat{\theta}_2$ 比 $\hat{\theta}_1$ 有效.

例 2 设总体 X 服从 $[0,\theta]$ 上的均匀分布 $(\theta>0)$，$(X_1,X_2,\cdots,X_n)$ 是来自总体 X 的样本，试验证下面两个估计量

$$\hat{\theta}_1=2X_1,\quad \hat{\theta}_2=2\overline{X},$$

都是 θ 的无偏估计量，并说明哪一个有效？

解 因为 X 服从 $[0,\theta]$ 上的均匀分布，故 $E(X)=\frac{\theta}{2}$. 根据样本 $X_1,X_2,\cdots,X_n$ 与总体 X 同分布可知

$$E(\hat{\theta}_1)=E(2X_1)=2E(X_1)=\theta,$$

$$E(\hat{\theta}_2)=E\left(\frac{2}{n}\sum_{i=1}^{n}X_i\right)=\frac{2}{n}\sum_{i=1}^{n}E(X_i)=\theta,$$

所以,$\hat{\theta}_1$,$\hat{\theta}_2$ 都是 θ 的无偏估计量. 又根据样本 $X_1,X_2,\cdots,X_n$ 的独立性,得

$$D(\hat{\theta}_1)=D(2X_1)=4D(X_1)=4D(X),$$

$$D(\hat{\theta}_2)=D\left(\frac{2}{n}\sum_{i=1}^{n}X_i\right)=\frac{4}{n^2}\sum_{i=1}^{n}D(X_i)=\frac{4}{n^2}\sum_{i=1}^{n}D(X)=\frac{4}{n}D(X),$$

所以,当样本容量 $n>1$ 时,有 $D(\hat{\theta}_2)<D(\hat{\theta}_1)$,所以 $\hat{\theta}_2$ 比 $\hat{\theta}_1$ 有效.

3. 一致性

无偏性与有效性都是在样本容量 n 固定的前提下提出的. 实际上,估计量与样本容量的大小是有关的,即随着样本容量的增大,一个估计量的值逐渐稳定于待估参数的真值,这就是一致性准则.

定义 3 设 $\hat{\theta}=\hat{\theta}(X_1,X_2,\cdots,X_n)$ 是未知参数 θ 的估计量,若 $\hat{\theta}$ 依概率收敛于 θ,即对任意 $\varepsilon>0$,有

$$\lim_{n\to\infty}P\{|\hat{\theta}-\theta|<\varepsilon\}=1,$$

则称 $\hat{\theta}$ 是 θ 的一致估计量.

例 3 在例 2 中,试验证 $\hat{\theta}_1=2X_1$ 不是 θ 的一致估计量.

解 为证 $\hat{\theta}_1$ 不是 θ 的一致估计量,只需证明:对任意 $\varepsilon>0$,有

$$\lim_{n\to\infty}P\{|\hat{\theta}_1-\theta|\geqslant\varepsilon\}=\lim_{n\to\infty}P\{|2X_1-\theta|\geqslant\varepsilon\}\neq 0,$$

而 $|2X_1-\theta|\geqslant\varepsilon$ 等价于 $2X_1-\theta\geqslant\varepsilon$ 或 $2X_1-\theta\leqslant-\varepsilon$,即 $X_1\geqslant\frac{\theta+\varepsilon}{2}$ 或 $X_1\leqslant\frac{\theta-\varepsilon}{2}$.

$$\begin{aligned}P\{|2X_1-\theta|\geqslant\varepsilon\}&=\int_{|2X_1-\theta|\geqslant\varepsilon}f(x)\mathrm{d}x=\int_{\frac{\theta+\varepsilon}{2}}^{\theta}f(x)\mathrm{d}x+\int_{0}^{\frac{\theta-\varepsilon}{2}}f(x)\mathrm{d}x\\&=\frac{1}{\theta}\cdot\left(\theta-\frac{\theta+\varepsilon}{2}\right)+\frac{1}{\theta}\cdot\frac{\theta-\varepsilon}{2}=\frac{\theta-\varepsilon}{\theta},\end{aligned}$$

因此 $\lim_{n\to\infty}P\{|\hat{\theta}_1-\theta|\geqslant\varepsilon\}=\frac{\theta-\varepsilon}{\theta}\neq 0$,所以 $\hat{\theta}_1$ 不是 θ 的一致估计量.

另外,读者可以自己验证,S^2 和 S_n^2 都是总体方差 σ^2 的一致估计量.

7.3 区间估计

前面我们讨论了参数的点估计,点估计就是用一个值去估计未知参数,但在许多实际问题中,有时人们不仅要求知道未知参数的近似值,还要求知道参数真值所在的范围,以及这个范围包含参数真值的可信程度,这样的范围通常以区间的形式给出. 这种估计方法称为区间估计,所得的区间称为置信区间.

7.3.1 区间估计基本概念

定义 1 设总体 X 的分布中含有一个未知参数 θ,如果有样本的两个统计量 $\hat{\theta}_1=\hat{\theta}_1(X_1,X_2,\cdots,X_n)$ 和 $\hat{\theta}_2=\hat{\theta}_2(X_1,X_2,\cdots,X_n)$,使对于给定的常数 $\alpha(0<\alpha<1)$,满足

$$P\{\hat{\theta}_1\leqslant\theta\leqslant\hat{\theta}_2\}=1-\alpha, \tag{1}$$

则称随机区间$[\hat{\theta}_1,\hat{\theta}_2]$为参数 θ 的置信度(或置信水平、可靠度)为 $1-\alpha$ 的双侧置信区间. $\hat{\theta}_1$ 和 $\hat{\theta}_2$ 分别称为双侧置信下限和置信上限.

置信区间的意义可解释如下:若反复抽样 N 次,每次抽得的样本容量均为 n,其样本观测值为$(x_{1k},x_{2k},\cdots,x_{nk})$,$k=1,2,\cdots,N$. 每组样本观测值确定一个区间$(\hat{\theta}_{1k},\hat{\theta}_{2k})$,对每一个这样的区间,要么包含 θ 的真值,要么不包含 θ 的真值. 当(1)式成立时,这些区间中包含 θ 真值的约占 $100(1-\alpha)\%$.

例如,若 $\alpha=0.05$,则在 100 次抽样下,大约有 95 个区间包含 θ 的真值.

在许多实际问题中,人们往往只对未知参数的上限或下限感兴趣,例如对设备的使用寿命,我们关心的是它的使用下限,对于产品的废品率我们关心的是它的上限,这就引出了单侧置信区间问题.

定义 2 设总体 X 的分布含有一个未知参数 θ,如果有样本的统计量 $\hat{\theta}_1=\hat{\theta}_1(X_1,X_2,\cdots,X_n)$,使对于给定的常数 $\alpha(0<\alpha<1)$,满足

$$P\{\theta\geqslant\hat{\theta}_1\}=1-\alpha,$$

则称随机区间$[\hat{\theta}_1,+\infty)$为参数 θ 的置信度(或置信水平、可靠度)为 $1-\alpha$ 的单侧置信区间. $\hat{\theta}_1$ 称为单侧置信下限.

如果有样本的统计量 $\hat{\theta}_2=\hat{\theta}_2(X_1,X_2,\cdots,X_n)$,使对于给定的常数 $\alpha(0<\alpha<1)$,满足

$$P\{\theta\leqslant\hat{\theta}_2\}=1-\alpha,$$

则称随机区间$(-\infty,\hat{\theta}_2]$为参数 θ 的置信度为 $1-\alpha$ 的单侧置信区间. $\hat{\theta}_2$ 称为单侧置信上限.

求未知参数 θ 的双侧置信区间的一般步骤如下:

(1)寻求一个样本$(X_1,X_2,\cdots,X_n)$和 θ 的函数 $W=W(X_1,X_2,\cdots,X_n;\theta)$,使得 W 的分布不依赖于 θ 以及其他未知参数,称具有这种性质的函数 W 为**枢轴量**.

(2)对于给定的置信度 $1-\alpha$,设 W 的上 $1-\frac{\alpha}{2}$分位点为 a,W 的上$\frac{\alpha}{2}$分位点为 b,使 $P\{a\leqslant W\leqslant b\}=1-\alpha$.

(3)把不等式"$a\leqslant W\leqslant b$"做等价变形,使它变为

$$\hat{\theta}_1(X_1,X_2,\cdots,X_n)\leqslant\theta\leqslant\hat{\theta}_2(X_1,X_2,\cdots,X_n),$$

则$[\hat{\theta}_1(X_1,X_2,\cdots,X_n),\hat{\theta}_2(X_1,X_2,\cdots,X_n)]$就是 θ 的一个置信度为 $1-\alpha$ 的双侧置信区间.

求单侧置信区间的方法与求双侧置信区间的一般步骤基本相同，不同的只是在步骤(2)中，W 的上 $1-\alpha$ 分位点为 a，W 的上 α 分位点为 b，然后对 $P\{a\leqslant W\}=1-\alpha$ 或 $P\{W\leqslant b\}=1-\alpha$ 中的"$a\leqslant W$"或"$W\leqslant b$"做不等式等价变形即可.

在工农业生产和科研实际中，很多指标都服从正态分布，所以我们重点讨论正态总体中参数的区间估计问题.

7.3.2　单个正态总体的区间估计

设总体 $X\sim N(\mu,\sigma^2)$，其总体均值 μ 为未知参数，$(X_1,X_2,\cdots,X_n)$ 为总体 X 的容量为 n 的一组样本.

1. 当方差 σ^2 已知时，μ 的置信度为 $1-\alpha$ 的置信区间

由于 $\overline{X}$ 是 μ 的无偏估计量，而 $\overline{X}\sim N\left(\mu,\dfrac{\sigma^2}{n}\right)$，用 U 表示 $\overline{X}$ 的标准化，则 $U=\dfrac{\overline{X}-\mu}{\sigma/\sqrt{n}}\sim N(0,1)$，对于给定的置信度 $1-\alpha$，由标准正态分布的上 α 分位点的定义，选取一点 $u_{\alpha/2}$，如图 7-1 所示，满足 $P(|U|\leqslant u_{\alpha/2})=1-\alpha$，即

$$P\left(\overline{X}-u_{\alpha/2}\frac{\sigma}{\sqrt{n}}\leqslant\mu\leqslant\overline{X}+u_{\alpha/2}\frac{\sigma}{\sqrt{n}}\right)=1-\alpha,$$

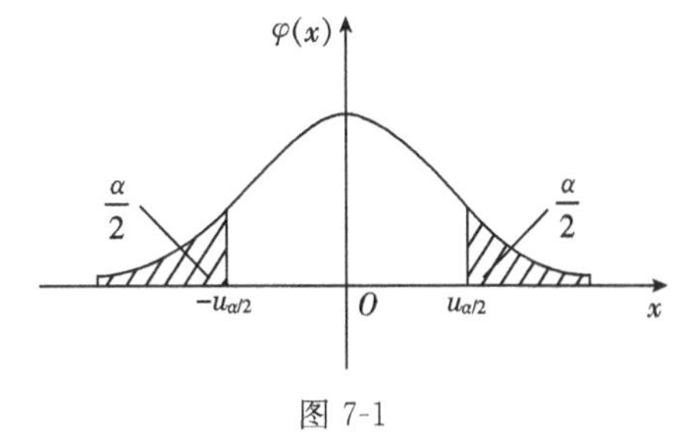

图 7-1

于是得到 μ 的置信度为 $1-\alpha$ 的双侧置信区间

$$\left[\overline{X}-u_{\alpha/2}\frac{\sigma}{\sqrt{n}},\overline{X}+u_{\alpha/2}\frac{\sigma}{\sqrt{n}}\right].$$

例 1　设某种电子管的使用寿命 X(单位：h)服从正态分布 $N(\mu,300^2)$，从中抽取 16 个进行检验，算得平均使用寿命为 1980h，求该电子管平均使用寿命 μ 的置信度为 0.95 的置信区间.

解　由题设条件，得

$$\sigma=300,\quad \bar{x}=1980,\quad n=16,\quad \alpha=0.05.$$

查表得 $u_{\alpha/2}=u_{0.025}=1.96$，所以电子管平均使用寿命的置信度为 0.95 的置信区间为

$$\left[1980-1.96\times\frac{300}{\sqrt{16}},1980+1.96\times\frac{300}{\sqrt{16}}\right]=[1833,2127].$$

2. 当方差 σ^2 未知时，μ 的置信度为 $1-\alpha$ 的置信区间

当然还是从 $\overline{X}$ 出发构造函数，但由于$\dfrac{\overline{X}-\mu}{\sigma/\sqrt{n}}$除了 μ 以外还包含了一个未知参数 σ，所以不能再采用此函数. 为此，我们考虑到 S^2 为 σ^2 的无偏估计量，所以用 S 代替

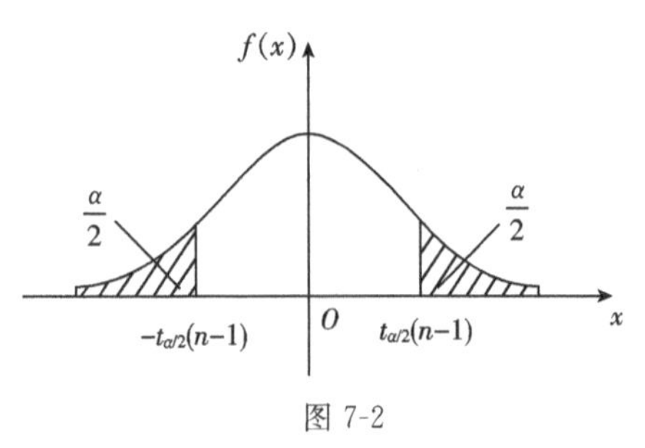

图 7-2

$U=\dfrac{\overline{X}-\mu}{\sigma/\sqrt{n}}$中的$\sigma$，得到统计量$T=\dfrac{\overline{X}-\mu}{S/\sqrt{n}}$，由 6.3 节定理 2 知，$T=\dfrac{\overline{X}-\mu}{S/\sqrt{n}}\sim t(n-1)$. 对于置信度 $1-\alpha$，由 t 分布的上 α 分位点的定义，选取一点 $t_{\alpha/2}(n-1)$，如图 7-2 所示，满足 $P(|T|\leqslant t_{\alpha/2}(n-1))=1-\alpha$，即

$$P\left(\overline{X}-t_{\alpha/2}(n-1)\frac{S}{\sqrt{n}}\leqslant\mu\leqslant\overline{X}+t_{\alpha/2}(n-1)\frac{S}{\sqrt{n}}\right)=1-\alpha,$$

于是得到 μ 的置信度为 $1-\alpha$ 的双侧置信区间为

$$\left[\overline{X}-t_{\alpha/2}(n-1)\frac{S}{\sqrt{n}},\overline{X}+t_{\alpha/2}(n-1)\frac{S}{\sqrt{n}}\right].$$

例 2　设有一批某种袋装物品，每袋净重 $X\sim N(\mu,\sigma^2)$（单位：g），μ,σ 均未知，今任取 8 袋测得净重：12.1，11.9，12.4，12.3，11.9，12.1，12.4，12.1. 试求净重 μ 的置信度为 0.99 的置信区间.

解　这里 $1-\alpha=0.99$，$\dfrac{\alpha}{2}=0.005$. 由样本观测值计算得 $\bar{x}=12.15$，$s=0.2$，查 t 分布表得 $t_{\alpha/2}(n-1)=t_{0.005}(7)=3.4995$，故 μ 的置信度为 0.99 的置信区间为

$$\left[\bar{x}-3.4995\times\frac{s}{\sqrt{n}},\bar{x}+3.4995\times\frac{s}{\sqrt{n}}\right]=[11.90,12.40].$$

3. 当 μ 已知时，σ^2 的置信度为 $1-\alpha$ 的置信区间

设总体 $X\sim N(\mu,\sigma^2)$，其总体方差 σ^2 为未知参数，$(X_1,X_2,\cdots,X_n)$为总体 X 的容量为 n 的一组样本. 与求 μ 的置信区间的方法类似，在求 σ^2 的区间估计时，应按 μ 已知和 μ 未知两种情形来讨论.

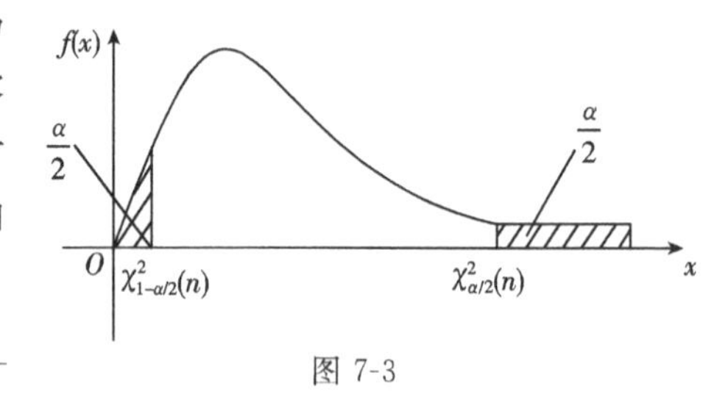

图 7-3

由第 6 章抽样分布知 $\chi^2=\dfrac{1}{\sigma^2}\sum\limits_{i=1}^{n}(X_i-\mu)^2\sim\chi^2(n)$，对于给定的置信度 $1-\alpha$，由 χ^2 分布的上 α 分位点的定义，选取两点 $\chi^2_{1-\alpha/2}(n)$与 $\chi^2_{\alpha/2}(n)$，如图 7-3 所示，满足

$$P\left(\chi^2_{1-\alpha/2}(n)\leqslant\chi^2\leqslant\chi^2_{\alpha/2}(n)\right)=1-\alpha,$$

于是得到 σ^2 的置信度为 $1-\alpha$ 的双侧置信区间为

$$\left[\frac{\sum\limits_{i=1}^{n}(X_i-\mu)^2}{\chi^2_{\alpha/2}(n)},\frac{\sum\limits_{i=1}^{n}(X_i-\mu)^2}{\chi^2_{1-\alpha/2}(n)}\right].$$

例3　假设总体 $X \sim N(0.5, \sigma^2)$，从总体中抽取容量为 $n=6$ 的样本，得到样本观测值为

$$0.503, 0.498, 0.492, 0.512, 0.506, 0.502.$$

求 σ^2 的置信度为 0.90 的置信区间.

解　由题设知 $\mu=0.5, \alpha=0.1$，查 χ^2 分布表，得 $\chi^2_{0.05}(6)=15.5916$，$\chi^2_{0.95}(6)=1.6354$. 由于

$$\begin{aligned}\sum_{i=1}^{6}(x_i-\mu)^2 &= 0.003^2+(-0.002)^2+(-0.008)^2+0.012^2+0.006^2+0.002^2\\ &=0.000261,\end{aligned}$$

故所求的置信区间为

$$\left[\frac{0.000261}{12.592}, \frac{0.000261}{1.635}\right]，即[0.000021, 0.00016].$$

4. 当 μ 未知时，σ^2 的置信度为 $1-\alpha$ 的置信区间

由于此时 $\chi^2=\dfrac{1}{\sigma^2}\sum\limits_{i=1}^{n}(X_i-\mu)^2$ 除了 σ^2 以外还包含了一个未知参数 μ，故不能再采用此函数. 考虑到 $\overline{X}$ 是 μ 的无偏估计量，在上式中将 μ 换成 $\overline{X}$，这样就得到了函数 $\dfrac{1}{\sigma^2}\sum\limits_{i=1}^{n}(X_i-\overline{X})^2=\dfrac{(n-1)S^2}{\sigma^2}$，由 6.3 节定理 1 知 $\dfrac{(n-1)S^2}{\sigma^2}\sim\chi^2(n-1)$. 对于给定的置信度 $1-\alpha$，由 χ^2 分布的上 α 分位点的定义，选取两点 $\chi^2_{1-\alpha/2}(n-1)$ 与 $\chi^2_{\alpha/2}(n-1)$，满足

$$P\left(\chi^2_{1-\alpha/2}(n-1)\leqslant\chi^2\leqslant\chi^2_{\alpha/2}(n-1)\right)=1-\alpha,$$

于是得到 σ^2 的置信度为 $1-\alpha$ 的双侧置信区间为

$$\left[\frac{(n-1)S^2}{\chi^2_{\alpha/2}(n-1)}, \frac{(n-1)S^2}{\chi^2_{1-\alpha/2}(n-1)}\right]或\left[\frac{\sum\limits_{i=1}^{n}(X_i-\overline{X})^2}{\chi^2_{\alpha/2}(n-1)}, \frac{\sum\limits_{i=1}^{n}(X_i-\overline{X})^2}{\chi^2_{1-\alpha/2}(n-1)}\right].$$

例4　求例 2 中 σ^2 的置信度为 0.99 的置信区间.

解　当置信度为 0.99 时，$\alpha=0.01$，按自由度 $n-1=7$ 查 χ^2 分布表，得 $\chi^2_{0.995}(7)=0.9893$，$\chi^2_{0.005}(7)=20.2777$. 故 σ^2 的置信度为 0.99 的置信区间为

$$\left[\frac{(n-1)S^2}{\chi^2_{\alpha/2}(n-1)}, \frac{(n-1)S^2}{\chi^2_{1-\alpha/2}(n-1)}\right]=\left[\frac{7\times0.2^2}{20.278}, \frac{7\times0.2^2}{0.989}\right]=[0.014, 0.283].$$

7.3.3　两个正态总体的区间估计

在实际中，常遇到由于工艺、原料、设备及操作人员的变化而引起产品某项质量指标的变化，或同一品种的作物由于种植和管理水平不同引起产量变化等问题. 设产品的该项指标服从正态分布，若想知道这种变化的大小，就需要对两个正态总体的均

值差、方差比进行区间估计.

设有两个总体 $X\sim N(\mu_1,\sigma_1^2)$，$Y\sim N(\mu_2,\sigma_2^2)$，$(X_1,X_2,\cdots,X_{n_1})$ 和 $(Y_1,Y_2,\cdots,Y_{n_2})$ 分别是来自这两个总体的相互独立的样本，记样本均值分别为 $\overline{X}$ 和 $\overline{Y}$，样本方差分别为 S_1^2 和 S_2^2.

1. σ_1^2 和 σ_2^2 都已知时，$\mu_1-\mu_2$ 的置信度为 $1-\alpha$ 的置信区间

由 6.3 节定理 4 知

$$U=\frac{(\overline{X}-\overline{Y})-(\mu_1-\mu_2)}{\sqrt{\dfrac{{\sigma_1}^2}{n_1}+\dfrac{{\sigma_2}^2}{n_2}}}\sim N(0,1),$$

对照单个正态总体均值的区间估计的求法知，$\mu_1-\mu_2$ 的置信度为 $1-\alpha$ 的双侧置信区间为

$$\left[(\overline{X}-\overline{Y})-u_{\alpha/2}\sqrt{\frac{\sigma_1^2}{n_1}+\frac{\sigma_2^2}{n_2}},(\overline{X}-\overline{Y})+u_{\alpha/2}\sqrt{\frac{\sigma_1^2}{n_1}+\frac{\sigma_2^2}{n_2}}\right].$$

例 5 自总体 $X\sim N(\mu_1,32)$ 得到一个容量为 8 的样本，算得 $\bar{x}=25$，自总体 $Y\sim N(\mu_2,36)$ 得到一个容量为 9 的样本，算得 $\bar{y}=26.2$. 设这两个样本是相互独立的，求 $\mu_1-\mu_2$ 的置信度为 0.95 的置信区间.

解 由题设，有 $\sqrt{\dfrac{\sigma_1^2}{n_1}+\dfrac{\sigma_2^2}{n_2}}=\sqrt{\dfrac{32}{8}+\dfrac{36}{9}}=2.83$，由 $1-\alpha=0.95$ 得 $\alpha=0.05$，$u_{\alpha/2}=u_{0.025}=1.96$，故 $\mu_1-\mu_2$ 的置信度为 0.95 的置信区间为

$$[(25-26.2)-1.96\times2.83,(25-26.2)+1.96\times2.83]=[-6.75,4.35].$$

2. $\sigma_1^2=\sigma_2^2=\sigma^2$ 但未知时，$\mu_1-\mu_2$ 的置信度为 $1-\alpha$ 的置信区间

由 6.3 节定理 3 知

$$T=\frac{(\overline{X}-\overline{Y})-(\mu_1-\mu_2)}{S_w\sqrt{\dfrac{1}{n_1}+\dfrac{1}{n_2}}}\sim t(n_1+n_2-2),$$

其中 $S_w^2=\dfrac{(n_1-1)S_1^2+(n_2-1)S_2^2}{n_1+n_2-2}$，由

$$P(|T|\leqslant t_{\alpha/2}(n_1+n_2-2))=1-\alpha$$

得 $\mu_1-\mu_2$ 的置信度为 $1-\alpha$ 的双侧置信区间为

$$\left[(\overline{X}-\overline{Y})-t_{\alpha/2}(n_1+n_2-2)S_w\sqrt{\frac{1}{n_1}+\frac{1}{n_2}},(\overline{X}-\overline{Y})+t_{\alpha/2}(n_1+n_2-2)S_w\sqrt{\frac{1}{n_1}+\frac{1}{n_2}}\right].$$

这是一个在实际问题中经常运用的区间估计公式.

3. μ_1,μ_2 未知时，两总体方差比 σ_1^2/σ_2^2 的置信度为 $1-\alpha$ 的置信区间

由 6.3 节定理 4 知

$$F=\frac{S_1^2/\sigma_1^2}{S_2^2/\sigma_2^2}\sim F(n_1-1,n_2-1),$$

由 $P(F_{1-\alpha/2}(n_1-1,n_2-1)\leqslant F\leqslant F_{\alpha/2}(n_1-1,n_2-1))=1-\alpha$，得方差比 σ_1^2/σ_2^2 的置信

度为 $1-\alpha$ 的双侧置信区间为

$$\left[\frac{S_1^2}{S_2^2}\frac{1}{F_{\alpha/2}(n_1-1,n_2-1)},\frac{S_1^2}{S_2^2}\frac{1}{F_{1-\alpha/2}(n_1-1,n_2-1)}\right].$$

例 6　研究由机器 A 和机器 B 生产的某种圆形工件的内径，随机抽取由机器 A 生产的工件 18 只，经计算得内径的平均值为 $\bar{x}_A=91.37\text{mm}$，样本方差 $s_A^2=0.34\text{mm}^2$；抽取由机器 B 生产的工件 13 只，经计算得内径的平均值为 $\bar{x}_B=93.75\text{mm}$，样本方差 $s_B^2=0.29\text{mm}^2$. 设两样本相互独立，且这两台机器生产的内径分别服从正态分布，即 $X\sim N(\mu_A,\sigma_A^2)$，$Y\sim N(\mu_B,\sigma_B^2)$. 取 $\alpha=0.10$，求

(1)若 $\sigma_A^2=\sigma_B^2$，求 $\mu_A-\mu_B$ 的置信度为 0.90 的置信区间；

(2)σ_A^2/σ_B^2 的置信区间.

解　已知 $\bar{x}_A=91.37\text{mm}$，$\bar{x}_B=93.75\text{mm}$，$s_A^2=0.34\text{mm}^2$，$s_B^2=0.29\text{mm}^2$ 且 $n_1=18$，$n_2=13$.

(1) $S_w^2=\dfrac{(n_1-1)S_A^2+(n_2-1)S_B^2}{n_1+n_2-2}=\dfrac{17\times0.34+12\times0.29}{18+13-2}=0.32$，此外，$\bar{x}_A-\bar{x}_B=-2.38$，$\sqrt{\dfrac{1}{18}+\dfrac{1}{13}}=0.3640$，由 $\alpha=0.10$，自由度 $n_1+n_2-2=29$，查 t 分布表可得到 $t_{0.05}(29)=1.6991$，故 $\mu_A-\mu_B$ 的置信度为 0.90 的置信区间为

$$\left[(\bar{x}-\bar{y})-t_{0.05}(29)S_w\sqrt{\frac{1}{18}+\frac{1}{13}},(\bar{x}-\bar{y})+t_{0.05}(29)S_w\sqrt{\frac{1}{18}+\frac{1}{13}}\right]=[-2.72,-2.036].$$

(2)已知 $\alpha=0.10$，查 F 分布表得

$$F_{\alpha/2}(n_1-1,n_2-1)=F_{0.05}(17,12)=2.59,$$

$$F_{1-\alpha/2}(n_1-1,n_2-1)=F_{0.95}(17,12)=\frac{1}{F_{0.05}(12,17)},\quad F_{0.05}(12,17)=2.38.$$

于是得 σ_1^2/σ_2^2 的置信度为 0.90 的置信区间为

$$\left[\frac{0.34}{0.29}\times\frac{1}{2.59},\frac{0.34}{0.29}\times2.38\right]=[0.4507,2.7903].$$

下面我们再看一个求单侧置信区间的例子.

这里我们只就正态总体方差未知情况下均值的单侧置信区间进行讨论，其余情形读者自己完成.

由 6.3 节定理 2 知，$T=\dfrac{\overline{X}-\mu}{S/\sqrt{n}}\sim t(n-1)$，对于置信度 $1-\alpha$，按自由度 $n-1$ 查 t 分布表，求得 $t_\alpha(n-1)$ 及 $t_{1-\alpha}(n-1)=-t_\alpha(n-1)$，因此由

$$P(T\leqslant t_\alpha(n-1))=P\left(\mu\geqslant\overline{X}-t_\alpha(n-1)\frac{S}{\sqrt{n}}\right)=1-\alpha$$

得到 μ 的单侧置信下限为 $\overline{X}-t_\alpha(n-1)\dfrac{S}{\sqrt{n}}$，即 μ 的单侧置信区间为

$$\left[\overline{X}-t_\alpha(n-1)\frac{S}{\sqrt{n}},+\infty\right);$$

由

$$P(T \geqslant t_{1-\alpha}(n-1)) = P(T \geqslant -t_\alpha(n-1)) = P\left(\mu \leqslant \overline{X} + t_\alpha(n-1)\frac{S}{\sqrt{n}}\right) = 1-\alpha$$

得到 μ 的单侧置信上限为 $\overline{X} + t_\alpha(n-1)\frac{S}{\sqrt{n}}$，即 μ 的单侧置信区间为

$$\left(-\infty, \overline{X} + t_\alpha(n-1)\frac{S}{\sqrt{n}}\right].$$

例 7 为估计制造某种产品所需的单件平均工时(单位:h)，现制造 5 件，记录每件所需工时如下：

$$10.5, 11, 11.2, 12.5, 12.8.$$

设制造单件产品所需工时 $X \sim N(\mu, \sigma^2)$，试求均值 μ 的 0.95 的单侧置信下限.

解 已知 $n=5, \bar{x}=11.6, s^2=0.995$，又由 $1-\alpha=0.95, \alpha=0.05$，查 t 分布表得到 $t_{0.05}(4)=2.1318$，因此置信下限为

$$\bar{x} - t_\alpha(n-1)\frac{s}{\sqrt{n}} = 11.6 - 2.132 \times \frac{\sqrt{0.995}}{\sqrt{5}} \approx 10.65.$$

因此，单侧置信区间为$[10.65, +\infty)$.

有关正态分布参数的置信区间见表 7-1.

表 7-1 正态分布参数的置信区间

待估参数	条件	置信区间
均值 μ	方差 σ^2 已知	$\left[\overline{X} - u_{\alpha/2}\frac{\sigma}{\sqrt{n}}, \overline{X} + u_{\alpha/2}\frac{\sigma}{\sqrt{n}}\right]$
均值 μ	方差 σ^2 未知	$\left[\overline{X} - t_{\alpha/2}(n-1)\frac{S}{\sqrt{n}}, \overline{X} + t_{\alpha/2}(n-1)\frac{S}{\sqrt{n}}\right]$
方差 σ^2	均值 μ 已知	$\left[\frac{\sum_{i=1}^{n}(X_i-\mu)^2}{\chi^2_{\alpha/2}(n)}, \frac{\sum_{i=1}^{n}(X_i-\mu)^2}{\chi^2_{1-\alpha/2}(n)}\right]$
方差 σ^2	均值 μ 未知	$\left[\frac{(n-1)S^2}{\chi^2_{\alpha/2}(n-1)}, \frac{(n-1)S^2}{\chi^2_{1-\alpha/2}(n-1)}\right]$
均值差 $\mu_1-\mu_2$	方差 σ_1^2, σ_2^2 已知	$\left[(\overline{X}-\overline{Y}) - u_{\alpha/2}\sqrt{\frac{\sigma_1^2}{n_1}+\frac{\sigma_2^2}{n_2}}, (\overline{X}-\overline{Y}) + u_{\alpha/2}\sqrt{\frac{\sigma_1^2}{n_1}+\frac{\sigma_2^2}{n_2}}\right]$
均值差 $\mu_1-\mu_2$	$\sigma_1^2=\sigma_2^2$ 但未知	$\left[(\overline{X}-\overline{Y}) - t_{\alpha/2}(n_1+n_2-2)S_w\sqrt{\frac{1}{n_1}+\frac{1}{n_2}},\right.$ $\left.(\overline{X}-\overline{Y}) + t_{\alpha/2}(n_1+n_2-2)S_w\sqrt{\frac{1}{n_1}+\frac{1}{n_2}}\right]$
方差比 σ_1^2/σ_2^2	均值 μ_1, μ_2 未知	$\left[\frac{S_1^2}{S_2^2}\frac{1}{F_{\alpha/2}(n_1-1, n_2-1)}, \frac{S_1^2}{S_2^2}\frac{1}{F_{1-\alpha/2}(n_1-1, n_2-1)}\right]$

习 题 7

1. 设总体 X 服从均匀分布 $U[0,\theta]$，其中 $\theta>0$，它的密度函数为

$$f(x)=\begin{cases}\dfrac{1}{\theta}, & 0\leqslant x\leqslant\theta,\\ 0, & \text{其他}.\end{cases}$$

(1)求未知参数 θ 的矩估计量；

(2)当样本观测值为(0.3,0.8,0.27,0.35,0.62,0.55)时，求 θ 的矩估计值.

2. 设总体 X 的概率分布为

X	1	2	3
p	θ^2	$2\theta(1-\theta)$	$(1-\theta)^2$

其中 $\theta(0<\theta<1)$ 为未知参数. 已知样本值 1,2,1，试求

(1) θ 的矩估计值；

(2) θ 的极大似然估计值.

3. 设总体 X 的概率密度

$$f(x)=\begin{cases}\theta x^{\theta-1}, & 0<x<1,\\ 0, & \text{其他},\end{cases}\quad \theta>0,$$

求(1) θ 的矩估计量；

(2) θ 的极大似然估计量.

4. 设 $(X_1,\cdots,X_n)$ 为总体 X 的样本，$(x_1,\cdots,x_n)$ 为一组相应的样本观测值，总体 X 具有概率密度

$$f(x)=\begin{cases}\theta c^{\theta}x^{-(\theta+1)}, & x>c,\\ 0, & \text{其他},\end{cases}$$

其中 $c(c>0)$ 为已知，$\theta(\theta>0)$ 为未知参数. 求

(1) θ 的矩估计量；

(2) θ 的极大似然估计量.

5. 设总体 X 服从 $[0,\theta]$ 上的均匀分布，$\theta>0$ 是未知参数，$(X_1,\cdots,X_n)$ 是总体 X 的样本，求 θ 的极大似然估计量.

6. 设总体 X 服从 $N(\alpha+\beta,\sigma^2)$，Y 服从 $N(\alpha-\beta,\sigma^2)$，α,β 未知，已知 $(X_1,\cdots,X_n)$ 和 $(Y_1,\cdots,Y_n)$ 分别是总体 X 和 Y 的样本，设两个样本独立. 试求 α,β 的极大似然估计量.

7. 设 $(X_1,X_2,\cdots,X_n)$ 为样本，对应总体分布的概率密度为

$$f(x,\mu,\sigma)=\begin{cases}\dfrac{1}{\sigma}\exp\left(-\dfrac{x-\mu}{\sigma}\right), & x\geqslant\mu,\\ 0, & \text{其他},\end{cases}\quad \sigma>0,$$

求 μ,σ 的极大似然估计量.

8. 设$(X_1,X_2,\cdots,X_n)$是来自服从参数为 λ 的泊松分布总体的简单随机样本,试求 λ^2 的无偏估计量.

9. 设$(X_1,\cdots,X_n)$是来自总体 X 的样本,$E(X)$存在,证明:对任何满足条件 $\sum_{i=1}^{n} C_i=1$ 的常数 $C_1,\cdots,C_n$,$\hat{\mu}=\sum_{i=1}^{n} C_i X_i$ 是 $\mu=E(X)$的无偏估计量.

10. 设总体 X 的均值 $E(X)$和方差 $D(X)$都存在,(X_1,X_2)是来自总体 X 的样本,证明

$$\hat{\mu}_1=\frac{2}{3}X_1+\frac{1}{3}X_2,\quad \hat{\mu}_2=\frac{1}{4}X_1+\frac{3}{4}X_2,\quad \hat{\mu}_3=\frac{1}{2}X_1+\frac{1}{2}X_2$$

都是 $E(X)$的无偏估计量,并判断哪一个最有效.

11. 设某种清漆的 9 个样品,其干燥时间(单位:h)分别为

6.0,5.7,5.8,6.5,7.0,6.3,5.6,6.1,5.0.

设干燥时间总体服从正态分布 $N(\mu,\sigma^2)$,求 μ 的置信度为 0.95 的置信区间:

(1)若由以往经验知 $\sigma=0.6$h;

(2)若 σ 为未知.

12. 已知钢丝的折断强度 X 服从正态分布 $N(\mu,163)$,随机抽取 10 根测试平均折断强度为 574kg,试求 μ 的置信度为 0.95 的置信区间.

13. 设总体 X 服从正态分布 $N(\mu,\sigma^2)$,已知 $\sigma=\sigma_0$,要使总体均值 μ 的置信度为 $1-\alpha$ 的置信区间的长度不大于 l,问需要抽取多大容量的样本?

14. 设电子元件的寿命服从正态分布 $N(\mu,\sigma^2)$,抽样检查 10 个元件,得到样本均值 $\bar{x}=1500$h,样本标准差 $s=14$h,求

(1)μ 的置信度为 0.99 的置信区间;

(2)用 $\bar{x}$ 作为 μ 的估计值,误差绝对值不大于 10h 的概率.

15. 某厂生产一批金属材料,其抗弯强度服从正态分布,今从这批金属材料中抽取 11 个测试件,测得它们的抗弯强度为(单位:N)

42.5,42.7,43.0,42.3,43.4,44.5,44.0,43.8,44.1,43.9,43.7.

求(1)平均抗弯强度 μ 的置信度为 0.95 的置信区间;

(2)抗弯强度标准差 σ 的置信度为 0.90 的置信区间.

16. 随机取了某种炮弹 9 发做试验,得炮口速度的样本标准差 $s=11$m/s,设炮口速度服从正态分布,求这种炮弹的炮口速度的标准差 σ 的置信度为 0.95 的置信区间.

17. 从总体 $X\sim N(\mu,25)$中抽得容量为 10 的样本,算得样本均值 $\bar{x}=19.8$,自总体 $Y\sim N(\mu,36)$中抽得容量为 10 的样本,算得样本均值 $\bar{y}=24.0$,两样本的总体相互独立,求 $\mu_1-\mu_2$ 的 0.9 的置信区间.

18. 为降低某一化学生产过程的损耗，要采用一种新的催化剂，为慎重起见，先进行了试验，设采用原来的催化剂进行了 $n_1=11$ 次试验，得到的损耗的平均值为 $\bar{x}=8.06$，样本方差为 $s_1^2=0.063^2$；采用新的催化剂进行了 $n_2=21$ 次试验，得到的损耗的平均值为 $\bar{y}=7.74$，样本方差为 $s_2^2=0.059^2$；假设两总体都服从正态分布，且方差相同，求两总体均值差 $\mu_1-\mu_2$ 的置信度为 0.95 的置信区间.

19. 某车间两条生产线生产同一种产品，产品的质量指标可以认为服从正态分布，现分别从两条生产线的产品中抽取容量为 25 和 21 的样本检测，算得样本方差分别是 7.89 和 5.07，求产品质量指标方差比的置信度为 0.95 的置信区间.

20. 设两位化验员 A，B 独立地对某种聚合物含氯量用相同的方法各做 10 次测定，其测定值的样本方差依次为 $s_A^2=0.5419$，$s_B^2=0.6065$. 其中 σ_A^2，σ_B^2 分别为 A，B 所测定的测定值的总体方差，设总体均为正态的，两样本独立. 求方差比 $\frac{\sigma_A^2}{\sigma_B^2}$ 的置信度为 0.95 的置信区间.

第8章　假设检验

假设检验是统计推断的另一类重要问题. 对总体 X 的分布或分布中的未知参数提出的假设,称为统计假设. 假设检验就是根据样本提供的信息来检验对总体 X 提出的假设是否成立. 对参数的假设检验称为参数假设检验,对不是参数的假设进行的检验称为非参数假设检验. 假设检验在理论研究和实际应用上都占有重要地位,假设检验有其独特的统计思想,许多实际问题都可以作为假设检验问题而得以有效的解决. 本章主要介绍假设检验的基本思想和常用的检验方法,重点讨论正态总体参数的假设检验.

8.1　假设检验的基本概念

8.1.1　假设检验问题的提出

科学实践中,人们需要探索和了解未知总体的某些指标特性及其变化规律,为此在对总体进行研究时需要先对总体做出某种假设,然后才能进行下一步的讨论. 先看两个例子.

例1　已知某个炼铁厂的铁水含碳量 X,在某种工艺条件下服从正态分布 $N(4.55, 0.108^2)$. 现改变了工艺条件,又测了5炉铁水,其含碳量分别为

$$4.28,\ 4.40,\ 4.42,\ 4.35,\ 4.37,$$

根据以往的经验,总体的方差 $\sigma^2=0.108^2$ 一般不会改变. 试问工艺改变后,铁水含碳量的均值有无改变?

这里需要解决的问题是如何根据样本判断现在冶炼的铁水的含碳量 X 是服从 $\mu=4.55$的正态分布,还是服从 $\mu\neq4.55$ 的正态分布. 若是前者,可以认为新工艺对铁水的含碳量没有显著的影响;若是后者,则认为新工艺对铁水的含碳量有显著影响. 通常,选择其中之一作为假设后,再利用样本检验假设的真伪.

例2　某自动车床生产了一批铁钉,现从该批铁钉中随机抽取了11根,测得长度(单位:mm)数据为

$$10.41, 10.32, 10.62, 10.18, 10.77, 10.64, 10.82, 10.49, 10.38, 10.59, 10.54,$$

试问铁钉的长度 X 是否服从正态分布?

在本例中,我们关心的问题是总体 X 是否服从正态分布 $N(\mu, \sigma^2)$. 如同例1那样,选择是或否作为假设,然后利用样本对假设的真伪作出判断.

在假设检验问题中，常把一个被检验的假设称为原假设或零假设，一般用 H_0 表示；而把与原假设对立的假设称为备择假设，记为 H_1. 如例 1，若原假设为 $H_0:\mu=4.55$，则备择假设为 $H_1:\mu\neq4.55$. 若例 2 的原假设为 $H_0:X$ 服从正态分布 $N(\mu,\sigma^2)$，则备择假设为 $H_1:X$ 不服从正态分布. 当然，在两个假设中用哪一个作为原假设，哪一个作为备择假设，视具体问题的题设和要求而定. 例 1 中总体分布已知，是对总体参数作出假设，这种假设称为参数假设检验，而例 2 中，总体的分布完全不知或不确切知道，是对总体分布作出某种假设，这种假设称为非参数假设.

8.1.2 假设检验问题的基本思想和步骤

前面介绍了针对具体问题如何提出假设，那么如何对假设进行判断呢？也就是如何利用从总体中抽取的样本来检验一个关于总体的假设是否成立呢？如何来获取并利用样本信息是解决问题的关键. 统计学中常用“小概率原理”和“概率反证法”来解决这个问题.

小概率原理　概率很小的事件在一次试验中不会发生. 如果小概率事件在一次试验中竟然发生了，则实属反常，一定有导致反常的特别原因，有理由怀疑试验的原定条件不成立.

概率反证法　欲判断假设 H_0 的真假，先假定 H_0 为真，在此前提下构造一个小概率事件 A. 试验取样，由样本信息确定 A 是否发生. 若 A 发生，这与小概率原理相违背，说明试验的假定条件 H_0 不成立，那就拒绝 H_0，接受 H_1 成立；若小概率事件 A 没有发生，那么就没理由拒绝 H_0，只好接受 H_0 成立.

反证法的关键是通过推理，得到一个与常理（定理、公式、原理）相违背的结论. “概率反证法”依据的是“小概率原理”，那么多小的概率才算小概率呢，这要由实际问题的不同需要来决定. 用符号 α 记为小概率，一般常取 $\alpha=0.01,0.05,0.1$ 等. 在假设检验中，要求小概率事件的概率不超过 α. 称 α 为**检验水平或显著性水平**.

下面结合例 1 的问题，说明假设检验的基本思想方法和主要步骤.

首先建立假设：

$$H_0:\mu=\mu_0=4.55,\quad H_1:\mu\neq4.55.$$

其次，从总体中抽样得到一样本观测值 $(x_1,x_2,\cdots,x_n)$. 由第 7 章我们知道，样本均值 $\overline{X}$ 是总体数学期望 μ 的一个无偏估计. 因此若 H_0 正确，$\bar{x}$ 与 $\mu_0=4.55$ 的值应该比较接近，或者说偏差 $|\bar{x}-\mu_0|$ 不应太大，若偏差 $|\bar{x}-\mu_0|$ 过大，我们就有理由怀疑 H_0 的正确性并进而拒绝 H_0. 由于 $U=\dfrac{\overline{X}-\mu_0}{\sigma/\sqrt{n}}\sim N(0,1)$，因此考察 $|\overline{X}-\mu_0|$ 的大小等价于考察 $\dfrac{|\overline{X}-\mu_0|}{\sigma/\sqrt{n}}$ 的大小，那么如何判断 $\dfrac{|\overline{X}-\mu_0|}{\sigma/\sqrt{n}}$ 是否偏大呢？要想判别其大小，需要有一个衡量的标准，一般事先给定一个较小的正数 α（也即显著性水平），由

于事件"$\frac{|\overline{X}-\mu_0|}{\sigma/\sqrt{n}} \geqslant u_{\alpha/2}$"是概率为 α 的小概率事件，即 $P\left\{\frac{|\overline{X}-\mu_0|}{\sigma/\sqrt{n}} \geqslant u_{\alpha/2}\right\}=\alpha$，因此当用样本值代入统计量 $U=\frac{\overline{X}-\mu_0}{\sigma/\sqrt{n}}$ 具体计算得到其观察值 $|u|=\frac{|\bar{x}-\mu_0|}{\sigma/\sqrt{n}}$ 时，若 $|u| \geqslant u_{\alpha/2}$，即说明在一次抽样中小概率事件居然发生了，因此依据小概率原理，有理由拒绝 H_0，接受 H_1 成立；若 $|u|<u_{\alpha/2}$，则没有理由拒绝 H_0，只能接受 H_0. 称 $(|U| \geqslant u_{\alpha/2})=\left\{\frac{|\overline{X}-\mu_0|}{\sigma/\sqrt{n}} \geqslant u_{\alpha/2}\right\}$ 为检验的拒绝域，记为 W，称 $\{|U|<u_{\alpha/2}\}$ 为检验的接受域，如图 8-1 所示. 用于检验假设问题的统计量

$$U=\frac{\overline{X}-\mu_0}{\sigma/\sqrt{n}},$$

称为**检验统计量**. 由于 H_0 成立时，检验统计量

$$U=\frac{\overline{X}-\mu_0}{\sigma/\sqrt{n}} \sim N(0,1),$$

故当给定 α 时，由式子 $P(|U| \geqslant u_{\alpha/2})=\alpha$ 可以查标准正态分布表得到 $u_{\alpha/2}$ 的值，$u_{\alpha/2}$ 也称为检验的**临界值**.

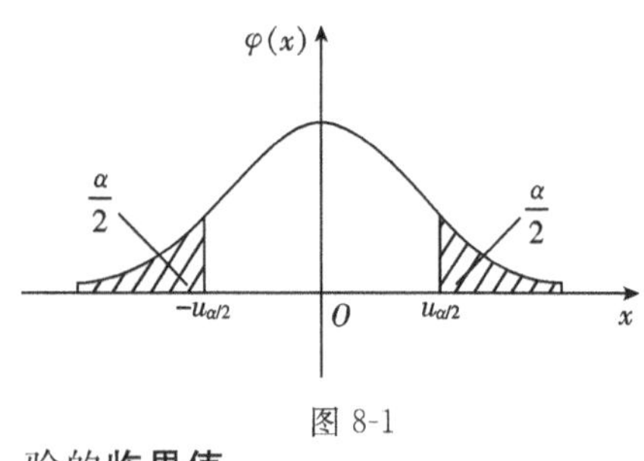

图 8-1

综合上述，可归纳出处理假设检验问题的步骤如下：

(1)根据所讨论的实际问题提出原假设 H_0 及备择假设 H_1；

(2)构造适当的检验统计量，并在 H_0 成立的条件下确定其分布；

(3)对事先给定的显著性水平 α，根据检验统计量的分布，查表找出临界值，从而确定 H_0 的拒绝域 W；

(4)由样本观测值计算检验统计量的值；

(5)判断：如果检验统计量的值落入拒绝域 W 内，则拒绝 H_0，接受 H_1；如果没有落入拒绝域 W 内，则接受 H_0.

根据上面的步骤，我们来解决例 1 提出的问题：

(1)假设 $H_0: \mu=\mu_0=4.55, H_1: \mu \neq 4.55$；

(2)H_0 成立条件下，构造检验统计量

$$U=\frac{\overline{X}-\mu_0}{\sigma/\sqrt{n}} \sim N(0,1);$$

(3)对给定的 $\alpha=0.05$，查标准正态分布表的临界值 $u_{\alpha/2}=u_{0.025}=1.96$，从而拒绝域 $W=\{|u| \geqslant 1.96\}$；

(4)计算：这里 $n=5, \bar{x}=4.364, \sigma=0.108$，故检验统计量 U 的值

$$u=\frac{\bar{x}-\mu_0}{\sigma/\sqrt{n}}=\frac{4.364-4.55}{0.108/\sqrt{5}}=-3.9;$$

(5)判断:因为$|u|=3.9>1.96$,所以拒绝 H_0,接受 H_1,即认为新工艺改变了铁水的平均含碳量.

8.1.3　假设检验中的两类错误

假设检验是根据样本信息与小概率原理而对总体分布的某个假设作出的检验结论,由于抽样的随机性,以及实际中小概率事件有可能发生.因此我们的判断不是绝对无误的.推断有可能出错,其错误有两类.

第一类错误　当原假设 H_0 为真时,根据样本却做出拒绝 H_0 的判断,通常称之为**弃真错误**或**拒真错误**.

犯第一类错误的概率为 P(拒绝 $H_0|H_0$ 为真),该概率值不超过检验的显著性水平 α.α 通常是根据实际问题的性质事先给定,它可用来控制犯第一类错误的概率.α 越小,一次抽样中在 H_0 为真时拒绝 H_0 的概率就越小,从而也就越不容易拒绝 H_0,接受域也就越大.

第二类错误　当原假设 H_0 不成立时,根据样本却做出接受 H_0 的决定,这类错误称之为**取伪错误**.

犯第二类错误的概率记为 P(接受 $H_0|H_0$ 不真)$=\beta$,这个概率的计算通常很复杂,不作过多探讨.

由于在数理统计中,总是由局部推断整体,由一次抽样结果检验对总体的假设,因此不可能要求一个检验永远不会出错.但可以要求尽可能使犯错误的概率小一些.为此在确定检验法时,应尽可能使犯两类错误的概率越小越好.事实上,在样本容量 n 固定的情况下这一点是办不到的.因为当 α 减小时,β 就增大;反之当 β 减小时,α 就增大.若要同时减少犯两类错误的概率除非增大样本容量.

据此适用的方法是,先控制犯第一类错误的概率 α,然后适当增大样本容量 n,以减少犯第二类错误的概率 β,从而使 α,β 都适当小.而在样本容量固定、两类错误不能同时减少的情况下一般这样处理:实际问题中对原假设 H_0 要经过充分考虑建立,或者认为犯弃真错误会造成严重的后果.例如,原假设是前人工作的结晶,具有稳定性,从经验看若没有条件发生变化是不会轻易改变的,如果因犯第一类错误而被否定往往会造成很大的损失.因此在 H_0 与 H_1 之间我们主观上往往倾向于保护 H_0,即 H_0 确实成立时作出拒绝 H_0 的概率应是一个很小的正数.也就是将犯弃真错误的概率限制在事先给定的 α 范围内.这种只对犯第一类错误加以控制而不考虑犯第二类错误的检验问题,称为**显著性检验问题**.这类假设检验通常称为**显著性假设检验**.

最后假设检验有两种形式,**双侧检验**和**单侧检验**.

在对总体的分布中的参数进行检验时,如果原假设为 $H_0:\theta=\theta_0$,备择假设为 $H_1:\theta\neq\theta_0$,称这类假设检验问题为双侧检验,其他类型的都称为单侧检验,具体为:

双侧检验：$H_0:\theta=\theta_0, H_1:\theta\neq\theta_0$；

单侧检验：$H_0:\theta=\theta_0, H_1:\theta>\theta_0$ 或 $H_0:\theta\leqslant\theta_0, H_1:\theta>\theta_0$，

$H_0:\theta=\theta_0, H_1:\theta<\theta_0$ 或 $H_0:\theta\geqslant\theta_0, H_1:\theta<\theta_0$.

本书着重介绍双侧检验，单侧检验与双侧检验的步骤类似，区别在于第一步原假设和备择假设的形式不一样以及拒绝域不一样，其他都类似，因此对单侧检验只做简单介绍并举例.

假设检验按所取子样容量的大小，分为小子样和大子样两类问题，对于小子样显著性检验，需要给出检验统计量的精确分布，而对大子样问题，可利用检验统计量的极限分布，8.2 节介绍小子样的正态总体参数的假设检验，8.3 节介绍大子样的非正态总体参数的假设检验.

8.2 正态总体参数的假设检验

由中心极限定理知正态分布是一种常见的分布，具有一定的普遍性，关于它的两个参数的假设检验问题是在实际中经常遇到的问题. 本节讨论正态总体参数的假设检验问题. 在本节中我们将讨论几种常用的检验方法，对每一种检验问题，其检验步骤仍与 8.1 节所述相同. 这里主要给出统计量，并举例说明其应用，主要讲双侧检验，在本节的最后简单举几个单侧检验的例子.

8.2.1 单个正态总体 $N(\mu,\sigma^2)$ 的假设检验

设总体 $X\sim N(\mu,\sigma^2)$，$X_1,X_2,\cdots,X_n$ 为来自总体 X 的样本，并记样本均值和样本方差为

$$\overline{X}=\frac{1}{n}\sum_{i=1}^{n}X_i,\quad S^2=\frac{1}{n-1}\sum_{i=1}^{n}(X_i-\overline{X})^2.$$

下面分别就单个正态总体的均值 μ 和方差 σ^2 进行假设检验.

1. 均值 μ 的检验

对均值 μ 的检验要分方差已知和方差未知两种情况来考虑，现就两种情形分别讨论如下.

(1)总体方差 σ_0^2 已知，关于均值 μ 的检验(U 检验).

8.1 节的例 1 中，我们已经讨论了当 σ^2 已知时正态总体 $N(\mu,\sigma^2)$ 关于 $\mu=\mu_0$ 的检验问题，要检验的假设为

$$H_0:\mu=\mu_0,\quad H_1:\mu\neq\mu_0,$$

在 H_0 成立的条件下选用检验统计量：

$$U=\frac{\overline{X}-\mu_0}{\sigma/\sqrt{n}}\sim N(0,1).$$

对于给定的显著性水平 α，查标准正态分布表得临界值 $u_{\alpha/2}$，得到拒绝域 $W=\{|u|\geqslant u_{\alpha/2}\}$，这里 $|u|=\left|\dfrac{\bar{x}-\mu_0}{\sigma_0/\sqrt{n}}\right|$，拒绝域如图 8-1 所示.

再由样本的观测值 $x_1,x_2,\cdots,x_n$ 计算统计量 U 的观测值 $u=\dfrac{\bar{x}-\mu_0}{\sigma/\sqrt{n}}$，并与 $u_{\alpha/2}$ 比较. 若 $|u|\geqslant u_{\alpha/2}$，则拒绝 H_0，接受 H_1；若 $|u|<u_{\alpha/2}$，则接受 H_0. 这种检验通常称为 U 检验法. 为了熟悉该类假设检验的具体做法，下面再举一例.

例 1　设某车床生产的纽扣的直径 X 服从正态分布，根据以往的经验，当车床工作正常时生产的纽扣的平均直径 $\mu_0=26\text{mm}$，方差 $\sigma^2=2.6^2$. 某天开机一段时间后为检验车床工作是否正常，随机地从刚生产的纽扣中抽检了 100 粒，测得 $\bar{x}=26.56$. 假定方差没有变化，试在 $\alpha=0.05$ 下检验该车床工作是否正常.

解　需检验假设：$H_0:\mu=\mu_0=26$，$H_1:\mu\neq\mu_0$，构造检验统计量

$$U=\frac{\overline{X}-\mu_0}{\sigma/\sqrt{n}}\sim N(0,1).$$

给定 $\alpha=0.05$，查标准正态分布表得临界值

$$u_{\alpha/2}=u_{0.025}=1.96,$$

原假设 H_0 的拒绝域 W 为

$$|u|\geqslant u_{\alpha/2},$$

计算检验统计量的观测值

$$u=\frac{\bar{x}-\mu_0}{\sigma/\sqrt{n}}=\frac{26.56-26}{\dfrac{2.6}{\sqrt{100}}}=2.15>1.96,$$

故拒绝 H_0，接受 H_1，即认为该天车床工作不正常.

(2) 总体方差 σ^2 未知，关于均值 μ 的检验（T 检验）.

我们要在方差 σ^2 未知的条件下检验

$$H_0:\mu=\mu_0,\quad H_1:\mu\neq\mu_0.$$

由于 σ^2 未知，$\dfrac{\overline{X}-\mu_0}{\sigma/\sqrt{n}}$ 不再是统计量，因此再取 $U=\dfrac{\overline{X}-\mu_0}{\sigma/\sqrt{n}}$ 作检验统计量就行不通了. 由于样本标准差 S 是总体标准差 σ 的无偏估计，这时我们自然想到用样本标准差 S 代替总体标准差 σ，故可以取 $T=\dfrac{\overline{X}-\mu_0}{S/\sqrt{n}}$ 作为检验统计量. 在 H_0 成立时，

$$T=\frac{\overline{X}-\mu_0}{S/\sqrt{n}}\sim t(n-1),$$

对于给定的显著性水平 α，查 t 分布表得到 $t_{\alpha/2}(n-1)$，因此 H_0 的拒绝域为 $W=\{|t|\geqslant t_{\alpha/2}(n-1)\}$，此处 $t=\dfrac{\bar{x}-\mu_0}{s/\sqrt{n}}$，拒绝域如图 8-2 所示.

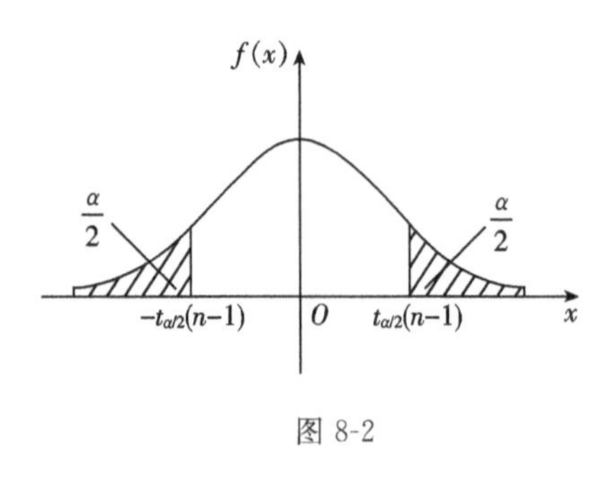

图 8-2

再由样本的观测值 $x_1, x_2, \cdots, x_n$ 计算统计量 T 的观测值 t，并与 $t_{\frac{\alpha}{2}}(n-1)$ 比较. 若 $|t| \geqslant t_{\alpha/2}(n-1)$，则拒绝 H_0，接受 H_1；若 $|t| < t_{\alpha/2}(n-1)$，则接受 H_0. 这种检验通常称为 T 检验法.

例 2　假定某厂生产一种钢索，它的断裂强度 X (单位：kg/cm^2)服从正态分布 $N(\mu, \sigma^2)$，μ 和 σ^2 皆是未知的，从该厂生产的钢索中选取一个容量为 9 的样本，得到 $\bar{x}=780$kg/cm^2，$s=40$kg/cm^2，能否认为这批钢索的断裂强度为 800 kg/cm^2(取 $\alpha=0.05$)?

解　检验的问题为

$$H_0: \mu=800, \quad H_1: \mu \neq 800,$$

由于 σ^2 未知，故应该用 T 检验，$n=9$，故检验统计量

$$T=\frac{\overline{X}-800}{S/\sqrt{9}} \sim t(8),$$

对于 $\alpha=0.05$，查 t 分布表得

$$t_{\alpha/2}(n-1)=t_{0.025}(8)=2.3060,$$

原假设 H_0 的拒绝域为

$$|t| \geqslant 2.3060.$$

由题意，得

$$\bar{x}=780, \quad s=40,$$

$$|t|=\left|\frac{\bar{x}-800}{s/\sqrt{9}}\right|=\left|\frac{780-800}{40/3}\right|=1.5<2.3060=t_{0.025}(8),$$

所以不能拒绝 H_0，即接受 H_0，可以认为这批钢索的断裂强度为 800kg/cm^2.

2. 方差 σ^2 的假设检验

(1) 总体均值 μ 已知，关于 σ^2 的假设检验(χ^2 检验).

对于假设

$$H_0: \sigma^2=\sigma_0^2, \quad H_1: \sigma^2 \neq \sigma_0^2,$$

由于在 H_0 成立时，

$$\chi^2=\frac{1}{\sigma^2} \sum_{i=1}^{n}\left(X_i-\mu\right)^2 \sim \chi^2(n),$$

对给定的显著性水平 α，查表可得 $\chi_{1-\alpha/2}^2(n)$ 与 $\chi_{\alpha/2}^2(n)$，使得

$$P\left\{\left(\chi^2 \leqslant \chi_{1-\alpha/2}^2(n)\right) \cup\left(\chi^2 \geqslant \chi_{\alpha/2}^2(n)\right)\right\}=\alpha,$$

从而得到 H_0 的拒绝域为

$$W=\left\{\chi^2 \leqslant \chi_{1-\alpha/2}^2(n) \text{ 或 } \chi^2 \geqslant \chi_{\alpha/2}^2(n)\right\},$$

其中 $\chi^2=\frac{1}{\sigma^2}\sum_{i=1}^{n}(x_i-\mu)^2$. 拒绝域如图 8-3 所示.

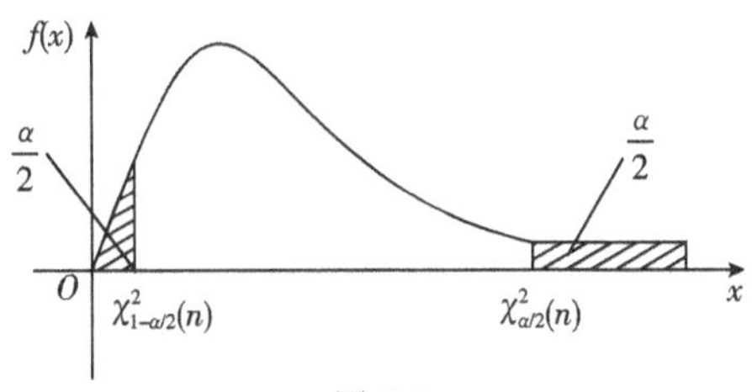

图 8-3

(2) 总体均值 μ 未知,关于 σ^2 的假设检验(χ^2 检验).

由于样本方差 S^2 是总体方差 σ^2 无偏估计,一个直观的想法是考虑 S^2 与 σ^2 之比,当 H_0 成立时,比值一般来说应在 1 附近摆动,而不应过分的大于或小于 1,否则就应该拒绝 H_0. 所以,当 H_0 成立时,

$$\chi^2=\frac{(n-1)S^2}{\sigma_0{}^2}=\frac{1}{\sigma_0{}^2}\sum_{i=1}^{n}(X_i-\overline{X})^2\sim\chi^2(n-1),$$

对于给定的显著性水平 α,有

$$P\{\chi^2_{1-\alpha/2}(n-1)\leqslant\chi^2\leqslant\chi^2_{\alpha/2}(n-1)\}=1-\alpha,$$

查表可得 $\chi^2_{1-\alpha/2}(n-1)$ 与 $\chi^2_{\alpha/2}(n-1)$,因此 H_0 的拒绝域为

$$\{\chi^2\leqslant\chi^2_{1-\alpha/2}(n-1)\text{或 }\chi^2\geqslant\chi^2_{\alpha/2}(n-1)\},$$

这里 $\chi^2=\frac{(n-1)s^2}{\sigma_0{}^2}=\frac{1}{\sigma_0{}^2}\sum_{i=1}^{n}(x_i-\overline{x})^2$.

例 3　某厂生产螺钉,其直径长期以来服从方差为 $\sigma^2=0.0002$ cm 的正态分布,现有一批这种螺钉,从生产情况来看,直径长度可能有所波动. 为此,今从产品中随机抽取 10 只进行测量,得到数据(单位:cm)如下:

$$1.19, 1.21, 1.21, 1.18, 1.17, 1.20, 1.20, 1.17, 1.19, 1.18.$$

试问根据这组数据能否推断这批螺钉直径的波动性较以往有显著变化($\alpha=0.05$)?

解　依题意,要在显著性水平 $\alpha=0.05$ 下检验假设

$$H_0:\sigma^2=\sigma_0^2=0.0002,\quad H_1:\sigma^2\neq0.0002,$$

构造检验统计量

$$\chi^2=\frac{(n-1)S^2}{\sigma_0{}^2}\sim\chi^2(n-1).$$

对于 $\alpha=0.05$,查 χ^2 分布表得 $\chi^2_{\alpha/2}(n-1)=\chi^2_{0.025}(9)=19.023$, $\chi^2_{1-\alpha/2}(n-1)=\chi^2_{0.975}(9)=2.7$,因此拒绝域

$$W=\{\chi^2\geqslant19.023\}\cup\{\chi^2\leqslant2.7\},$$

由样本值得 $\overline{x}=1.19$, $s^2=0.00022$,于是计算 χ^2 值得到

$$\chi^2=\frac{(n-1)s^2}{\sigma_0^2}=9.9,$$

而 $2.7<\chi^2=9.9<19.023$,所以接受 H_0,即认为这批螺钉直径的波动性较以往没有显著变化.

对 σ^2 作检验时,无论 μ 已知还是未知,所构造的统计量都服从 χ^2 分布,只是自由度不同,常称这种检验为 χ^2 **检验**.

8.2.2 两个正态总体参数的假设检验

在实际应用中常常遇到两个正态总体参数的比较问题,如两个车间生产的灯泡寿命是否相同、两批电子元件的电阻是否有差别、两台机床加工零件的精度是否有差异等,一般都可归纳为两个正态总体参数的假设检验.

设总体 $X\sim N(\mu_1,\sigma_1^2)$,总体 $Y\sim N(\mu_2,\sigma_2^2)$,$(X_1,X_2,\cdots,X_{n_1})$为来自总体 X 的样本,$(Y_1,Y_2,\cdots,Y_{n_2})$为来自总体 Y 的样本,且两组样本相互独立,记

$$\overline{X}=\frac{1}{n_1}\sum_{i=1}^{n_1}X_i,\quad S_1^2=\frac{1}{n_1-1}\sum_{i=1}^{n_1}(X_i-\overline{X})^2,$$

$$\overline{Y}=\frac{1}{n_2}\sum_{i=1}^{n_2}Y_i,\quad S_2^2=\frac{1}{n_2-1}\sum_{i=1}^{n_2}(Y_i-\overline{Y})^2,$$

在两个正态总体下,考虑的是两个正态总体的均值和它们的方差的假设检验.下面分别讨论这两种情况.

1. 两正态总体均值的检验

(1)两正态总体方差 σ_1^2,σ_2^2 已知时均值的检验(U 检验).

设需要检验的假设是

$$H_0:\mu_1=\mu_2,\quad H_1:\mu_1\neq\mu_2,$$

因为

$$\overline{X}\sim N\left(\mu_1,\frac{\sigma_1^2}{n_1}\right),\quad \overline{Y}\sim N\left(\mu_2,\frac{\sigma_2^2}{n_2}\right),$$

且两个样本相互独立,有

$$\overline{X}-\overline{Y}\sim N\left(\mu_1-\mu_2,\frac{\sigma_1^2}{n_1}+\frac{\sigma_2^2}{n_2}\right),$$

从而

$$\frac{\overline{X}-\overline{Y}-(\mu_1-\mu_2)}{\sqrt{\frac{\sigma_1^2}{n_1}+\frac{\sigma_2^2}{n_2}}}\sim N(0,1),$$

当 H_0 成立时检验统计量为

$$U=\frac{\overline{X}-\overline{Y}}{\sqrt{\frac{\sigma_1^2}{n_1}+\frac{\sigma_2^2}{n_2}}}\sim N(0,1),$$

故假设 H_0 的否定域为

$$W=\left\{\frac{|\bar{x}-\bar{y}|}{\sqrt{\frac{\sigma_1^2}{n_1}+\frac{\sigma_2^2}{n_2}}}\geqslant u_{\alpha/2}\right\}\text{或}\{|u|\geqslant u_{\alpha/2}\},$$

上述检验也称为 **U 检验**.

例 4　甲、乙两台车床加工同一种轴，现在要测量轴的椭圆度. 设甲车床加工的轴的椭圆度 $X\sim N(\mu_1,\sigma_1^2)$，乙车床加工的轴的椭圆度 $Y\sim N(\mu_2,\sigma_2^2)$，且 $\sigma_1{}^2=0.0006\text{mm}^2$，$\sigma_2^2=0.0038\text{mm}^2$，现从甲、乙两台车床加工的轴中分别测量了 $n_1=200$，$n_2=150$ 根轴的椭圆度，并计算得到样本均值分别为 $\bar{x}=0.081\text{mm}$，$\bar{y}=0.060\text{mm}$. 试问这两台车床加工的轴的椭圆度是否有显著性差异(取 $\alpha=0.05$)?

解　依题意，提出假设

$$H_0:\mu_1=\mu_2,\quad H_1:\mu_1\neq\mu_2,$$

σ_1^2,σ_2^2 已知，用 u 检验，构造检验统计量

$$U=\frac{\bar{X}-\bar{Y}}{\sqrt{\frac{\sigma_1^2}{n_1}+\frac{\sigma_2^2}{n_2}}}\sim N(0,1),$$

对于 $\alpha=0.05$，查表得 $u_{0.025}=1.96$，由样本计算得

$$|u|=\frac{|\bar{x}-\bar{y}|}{\sqrt{\frac{\sigma_1^2}{n_1}+\frac{\sigma_2^2}{n_2}}}=\frac{|0.081-0.060|}{\sqrt{\frac{0.0006}{100}+\frac{0.0038}{150}}}=3.95,$$

因 $3.95>1.96$，故拒绝 H_0，即认为两台车床加工的轴的椭圆度有显著差异.

(2) 两总体方差 σ_1^2,σ_2^2 未知，但 $\sigma_1^2=\sigma_2^2$ 时均值的检验(T 检验).

对于假设

$$H_0:\mu_1=\mu_2,\quad H_1:\mu_1\neq\mu_2,$$

选取统计量 $T=\dfrac{\bar{X}-\bar{Y}-(\mu_1-\mu_2)}{S_W\sqrt{\frac{1}{n_1}+\frac{1}{n_2}}}$，当 $\sigma_1^2=\sigma_2^2=\sigma^2$ 时，有

$$T=\frac{\bar{X}-\bar{Y}-(\mu_1-\mu_2)}{S_W\sqrt{\frac{1}{n_1}+\frac{1}{n_2}}}\sim t(n_1+n_2-2),$$

其中 $S_W^2=\dfrac{1}{n_1+n_2-2}[(n_1-1)S_1^2+(n_2-1)S_2^2]$，$S_W=\sqrt{S_W^2}$.

当 H_0 成立时，

$$T=\frac{\bar{X}-\bar{Y}}{S_W\sqrt{\frac{1}{n_1}+\frac{1}{n_2}}}\sim t(n_1+n_2-2),$$

因此拒绝域为

$$|t| \geqslant t_{\alpha/2}(n_1+n_2-2),$$

其中 $t=\dfrac{\bar{x}-\bar{y}}{S_W\sqrt{\dfrac{1}{n_1}+\dfrac{1}{n_2}}}$,在给定显著性水平 α 后,由统计量的观测值计算出 t 的值,再查 t 分布表得到 $t_{\alpha/2}(n_1+n_2-2)$ 的值,当 $|t| \geqslant t_{\alpha/2}(n_1+n_2-2)$ 时,拒绝 H_0,认为两个总体的均值差异显著;否则接受 H_0,认为两个总体的均值差异不显著.

例 5 为了研究一种新化肥对小麦产量的影响,选用 13 块条件相同、面积相等的土地进行试验,各块产量(单位:kg)见表 8-1.

表 8-1

施肥的	34	35	30	33	34	32	
未施肥的	29	27	32	28	32	31	31

若设 X 与 Y 分别表示在一块土地上施肥与不施肥的两种情况下小麦的产量,并设 $X \sim N(\mu_1,\sigma_1^2)$,$Y \sim N(\mu_2,\sigma_2^2)$,则这种化肥对产量是否有显著影响(假设 $\sigma_1^2=\sigma_2^2$,$\alpha=0.05$)?

解 依题意,提出假设

$$H_0:\mu_1=\mu_2, \quad H_1:\mu_1 \neq \mu_2,$$

$\sigma_1^2=\sigma_2^2$ 但未知,用 T 检验,检验统计量

$$T=\frac{\bar{X}-\bar{Y}}{S_w\sqrt{\dfrac{1}{n_1}+\dfrac{1}{n_2}}} \sim t(n_1+n_2-2),$$

对于 $\alpha=0.05$,查表得 $t_{\alpha/2}(n_1+n_2-2)=t_{0.025}(11)=2.201$,拒绝域 W 为

$$\{|t| \geqslant t_{\alpha/2}(n_1+n_2-2)\},$$

由样本计算得

$$\bar{x}=33,\bar{y}=30, \quad s_1^2=\frac{16}{5},s_2^2=4,$$

$$S_W^2=\frac{1}{n_1+n_2-2}[(n_1-1)s_1^2+(n_2-1)s_2^2]=\frac{40}{11},$$

检验统计量

$$|t|=\frac{|\bar{x}-\bar{y}|}{S_W\sqrt{\dfrac{1}{n_1}+\dfrac{1}{n_2}}}=\frac{|33-30|}{\sqrt{\dfrac{40}{11}}\sqrt{\dfrac{1}{6}+\dfrac{1}{7}}}=2.828,$$

因 $2.828>2.201$,故拒绝原假设 H_0,即认为这种化肥对小麦的产量有显著影响.

(3) 总体方差 $\sigma_1^2 \neq \sigma_2^2$ 且未知,但 $n_1=n_2=n$ 时**均值的检验**(配对试验).

对于假设

$$H_0:\mu_1=\mu_2, \quad H_1:\mu_1 \neq \mu_2,$$

令

$$Z_i = X_i - Y_i (i=1,2,\cdots,n),$$

即将两个正态总体样本之差看作来自一个正态总体 Z 的样本,记

$$E(Z_i)=E(X_i-Y_i)=\mu_1-\mu_2=d, \quad D(Z_i)=D(X_i-Y_i)=\sigma_1^2+\sigma_2^2=\sigma^2(\text{未知}).$$

此时假设 $H_0:\mu_1=\mu_2$ 就等价于下述假设检验:

$$H_0:d=0, \quad H_1:d\neq 0,$$

选取统计量

$$T=\frac{\bar{Z}-d}{S/\sqrt{n}},$$

其中 $\bar{Z}=\frac{1}{n}\sum_{i=1}^{n}Z_i, S^2=\frac{1}{n-1}\sum_{i=1}^{n}(Z_i-\bar{Z})^2$.

当 H_0 成立时,有

$$T=\frac{\bar{Z}}{S/\sqrt{n}}\sim t(n-1),$$

因此拒绝域为

$$\{|t|\geqslant t_{\alpha/2}(n-1)\},$$

其中 $t=\frac{\bar{Z}}{s/\sqrt{n}}$,在给定显著性水平 α 后,由统计量的观测值计算出 t 的值,再查 t 分布表得到 $t_{\alpha/2}(n-1)$的值,当 $|t|\geqslant t_{\alpha/2}(n-1)$时,拒绝 H_0,认为两个总体的均值差异显著;否则接受 H_0,认为两个总体的均值差异不显著.

例 6 有两台仪器 A,B,用来测量某矿石的含铁量,测量结果 X,Y 分别服从正态分布 $N(\mu_1,\sigma_1^2),N(\mu_2,\sigma_2^2)$. 现挑选了 8 件试块,分别用这两台仪器对每一试块测量一次,得到观测值见表 8-2.

表 8-2

A	49.0	52.2	55.0	60.2	63.4	76.6	86.5	48.7
B	49.3	49.0	51.4	57.0	61.1	68.8	79.3	50.1

问能否认为这两台仪器的测量结果有显著差异($\alpha=0.05$)?

解 依题意,提出假设

$$H_0:\mu_1=\mu_2, \quad H_1:\mu_1\neq\mu_2,$$

令

$$Z_i=X_i-Y_i(i=1,2,\cdots,8),$$

此时假设 $H_0:\mu_1=\mu_2$ 就等价于下述假设检验:

$$H_0:d=0, \quad H_1:d\neq 0.$$

选取统计量

$$T=\frac{\overline{Z}-d}{S/\sqrt{n}},$$

其中 $\overline{Z}=\frac{1}{8}\sum_{i=1}^{8}Z_i, S^2=\frac{1}{8-1}\sum_{i=1}^{8}(Z_i-\overline{Z})^2$.

由样本值得

$$\overline{z}=3.2,\quad s^2=10.22,$$

$$t=\frac{\overline{z}}{s/\sqrt{n}}=\frac{3.2}{\sqrt{10.22}}\sqrt{8}=2.83,$$

对于 $\alpha=0.05$，查表得 $t_{0.025}(7)=2.365$. 因 $2.83>2.365$，故拒绝 H_0，即认为这两台仪器的测量结果有显著差异.

2. 两个正态总体方差的假设检验(F 检验法)

设两个正态总体 $X\sim N(\mu_1,\sigma_1^2)$，$Y\sim N(\mu_2,\sigma_2^2)$，$X$ 与 Y 相互独立，$(X_1,X_2,\cdots,X_{n_1})$ 为来自总体 $N(\mu_1,\sigma_1^2)$ 的样本，$(Y_1,Y_2,\cdots,Y_{n_2})$ 为来自总体 $N(\mu_2,\sigma_2^2)$ 的样本，且 μ_1 与 μ_2 未知，现在要检验假设

$$H_0:\sigma_1^2=\sigma_2^2,\quad H_1:\sigma_1^2\neq\sigma_2^2,$$

选取统计量

$$F=\frac{S_1^2/\sigma_1^2}{S_2^2/\sigma_2^2},$$

当 H_0 成立时，统计量 $F=\frac{S_1^2}{S_2^2}\sim F(n_1-1,n_2-1)$，对于给定的显著性水平 α，可由 F 分布表查得 $F_{\alpha/2}(n_1-1,n_2-1)$ 和 $F_{1-\alpha/2}(n_1-1,n_2-1)$，使得

$$P\{F\geqslant F_{\alpha/2}(n_1-1,n_2-1)\}=P\{F\leqslant F_{1-\alpha/2}(n_1-1,n_2-1)\}=\frac{\alpha}{2},$$

因此得到 H_0 的拒绝域为

$$W=\{F\geqslant F_{\alpha/2}(n_1-1,n_2-1)\}\cup\{F\leqslant F_{1-\alpha/2}(n_1-1,n_2-1)\},$$

由于这里我们采用了 F 统计量，因此称此检验法为 F 检验法.

例 7 例 5 中，我们假定 $\sigma_1^2=\sigma_2^2$，这一假定是否成立呢？为此，应当检验假设 H_0：$\sigma_1^2=\sigma_2^2$，$H_1:\sigma_1^2\neq\sigma_2^2$(取 $\alpha=0.05$).

解 因为 μ_1 与 μ_2 未知，所以应选取检验统计量

$$F=\frac{S_1^2}{S_2^2}\sim F(n_1-1,n_2-1),$$

对于显著性水平 $\alpha=0.05$，查 F 分布表得 $F_{0.025}(6,5)=6.98$，$F_{0.975}(6,5)=\frac{1}{F_{0.025}(5,6)}=\frac{1}{5.99}=0.167$，拒绝域为

$$W=\{0<F\leqslant 0.167\}\cup\{F\geqslant 6.98\},$$

本题中 $n_1=6,n_2=7,s_1^2=\frac{16}{5},s_2^2=4$.

检验统计量 $F=\frac{s_1^2}{s_2^2}=0.8$，所以接受 H_0，即可以认为 σ_1^2 与 σ_2^2 无显著性差异.

8.2.3 单侧检验

对于假设检验 $H_0:\mu=\mu_0$，备择假设 $H_1:\mu\neq\mu_0$ 的意思是 μ 可能大于 μ_0，也可能小于 μ_0，称形如 $H_0:\mu=\mu_0$，$H_1:\mu\neq\mu_0$ 的假设检验为双侧假设检验. 有时我们只关心总体均值是否增大. 例如，试验新工艺以提高材料的强度，这时总体的均值应该越大越好，如果能判断在新工艺下总体均值较以往正常生产的大，则考虑采用新工艺. 此时需要检验假设

$$H_0:\mu=\mu_0(\text{或 }\mu\leqslant\mu_0),\quad H_1:\mu>\mu_0,$$

形如上式的假设检验称为右侧检验. 类似地，有时需要检验假设

$$H_0:\mu=\mu_0(\text{或 }\mu\geqslant\mu_0),\quad H_1:\mu<\mu_0,$$

形如上式的假设检验称为左侧检验，右侧检验与左侧检验统称为单侧检验.

单侧检验所采用的统计量与双侧检验的完全一样，二者的主要区别是拒绝域不一样. 下面仅就单个正态总体，方差 σ^2 已知时，检验 $H_0:\mu=\mu_0$，$H_1:\mu<\mu_0$ 为例，讨论单侧检验的拒绝域，其他的情况类似分析.

H_0 成立时，检验统计量

$$U=\frac{\overline{X}-\mu_0}{\sigma/\sqrt{n}}\sim N(0,1),$$

这时，H_0 的拒绝域形式与双侧检验拒绝域形式不同. 这是因为由于否定 H_0 意味着接受 $H_1:\mu<\mu_0$，因此，只有当 $\overline{X}$ 观测值比 μ_0 小很多时，才有理由否定 H_0，接受 H_1，否则没有理由否定 H_0. 也即只有当$\frac{\overline{X}-\mu_0}{\sigma/\sqrt{n}}$的样本观测值小于 0，而且其绝对值较大时，才有理由否定 H_0. 可见 H_0 的拒绝域的形式为$(-\infty,\lambda)$，给定的显著性水平 α，由

$$P\left\{\frac{\overline{X}-\mu_0}{\sigma/\sqrt{n}}<\lambda\right\}=\alpha,$$

知 $\lambda=-u_\alpha$，因此拒绝域为 $W=(-\infty,-u_\alpha)$，它位于分布的左尾，故称为左侧检验. 拒绝域如图 8-4 所示.

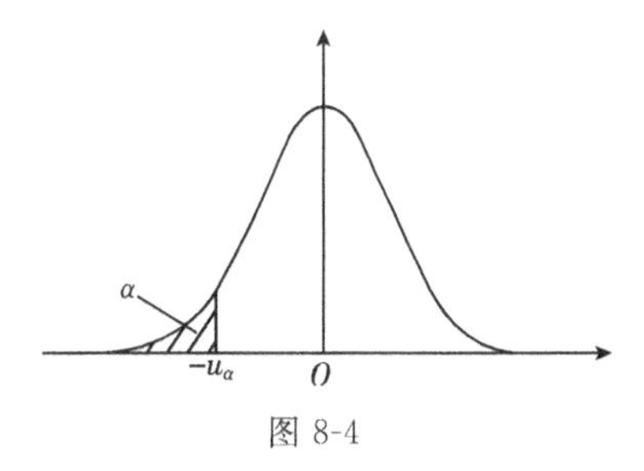

图 8-4

类似地，右侧检验问题

$$H_0:\mu=\mu_0(\text{或 }\mu\leqslant\mu_0),\quad H_1:\mu>\mu_0,$$

拒绝域为

$$W=(u_\alpha,+\infty).$$

最后关于单侧检验，我们举几个例子.

例 8　设在木材中抽出 36 根测其小头直径，得样本平均值 $\bar{x}=14.2\text{cm}$. 已知均方差$\sigma=3.2\text{cm}$，试问在 $\alpha=0.05$ 下，可否认为该批木材的平均小头直径为 14cm 以上？

解　需检验假设

$$H_0:\mu\leqslant 14,\quad H_1:\mu>14,$$

总体方差已知，故构造检验统计量

$$U=\frac{\bar{X}-\mu_0}{\sigma/\sqrt{n}}\sim N(0,1),$$

拒绝域为

$$u>u_\alpha,$$

查标准正态分布表得

$$u_\alpha=u_{0.05}=1.645,$$

计算统计量值

$$u=\frac{\bar{x}-\mu_0}{\sigma/\sqrt{n}}=\frac{14.2-14}{3.2/\sqrt{36}}=0.375<1.645,$$

故接受 H_0，即不能认为该批木材的平均小头直径在 14cm 以上.

例 9　一手机生产厂家在其宣传广告中声称他们生产的某种手机的平均待机时间至少为 71.5h，某日质检部门检查该厂生产的这种品牌的手机 6 部，得到的待机时间分别为

$$69,\ 68,\ 72,\ 70,\ 66,\ 75,$$

若该手机的待机时间 X 服从正态分布，由这些数据能否说明其广告有欺骗消费者的嫌疑(取 $\alpha=0.05$)？

解　由问题的实际意义，我们所要检验的假设如下：

$$H_0:\mu\geqslant 71.5,\quad H_1:\mu<71.5,$$

由于方差 σ^2 未知，用 T 检验，检验统计量

$$T=\frac{\bar{X}-\mu_0}{S/\sqrt{n}}\sim t(n-1),$$

拒绝域为

$$t=\frac{\bar{x}-\mu_0}{s/\sqrt{n}}\leqslant -t_\alpha(n-1),$$

查 t 分布表得

$$t_\alpha(n-1)=t_{0.05}(5)=2.015,$$

计算统计量

$$\bar{x}=70,\quad s^2=10,\quad t=-1.162,$$

因此有

$$t=-1.162>-2.105=-t_{0.05}(5),$$

所以接受 H_0，即不能认为该厂的广告有欺骗消费者的嫌疑.

例 10　今进行某项工艺革新，从革新后的产品中抽取 25 个零件，测量其直径，计算得样本方差 $s^2=0.00066$，已知革新前零件直径的方差 $\sigma^2=0.0012$，设零件直径服从正态分布，问革新后生产的零件直径的方差是否显著减小(取 $\alpha=0.05$)?

解　由问题的实际意义，我们所要检验的假设如下：

$$H_0:\sigma^2\geqslant\sigma_0^2=0.0012,\quad H_1:\sigma^2<\sigma_0^2=0.0012,$$

检验统计量

$$\chi^2=\frac{(n-1)S^2}{\sigma^2}\sim\chi^2(n-1),$$

拒绝域为

$$\{\chi^2<\chi^2_{1-\alpha}(n-1)\},$$

查 χ^2 分布表得

$$\chi^2_{1-\alpha}(n-1)=\chi^2_{0.95}(24)=13.848,$$

计算统计量

$$\chi^2=\frac{(n-1)S^2}{\sigma^2}=\frac{24\times0.00066}{0.0012}=13.2,$$

所以拒绝 H_0，即认为革新后生产的零件直径的方差小于革新前生产的零件的直径的方差.

8.3　非正态总体参数的假设检验

在本节，将举例说明如何应用统计量的极限分布来进行非正态总体参数的假设检验. 由中心极限定理知道，不论二总体 X 服从什么样的分布，只要存在有限的数学期望 μ 以及非零的有限方差 σ^2，则 $\overline{X}$ 有渐近正态分布 $N\left(\mu,\frac{\sigma^2}{n}\right)$，这个结论对被加项随机变量的分布没有太多的要求，所以常被用来讨论一般分布的假设检验. 为减少误差，当然要求样本容量 n 要充分大，所使用的统计量也常用近似的正态分布，因此，U 检验法可以应用于非正态总体的大子样的如下检验问题.

1. 检验假设 $H_0:\mu=\mu_0$

设总体 X 服从某一分布，其数学期望为 μ，方差为 σ^2，$X_1,X_2,\cdots,X_n$ 为来自二总体 X 的子样，则由中心极限定理知

$$U=\frac{\overline{X}-\mu}{\sigma/\sqrt{n}}$$

的极限分布为 $N(0,1)$.

(1)已知 $\sigma=\sigma_0$.

如果已知 $\sigma=\sigma_0$,则当 H_0 成立时,统计量

$$U=\frac{\overline{X}-\mu_0}{\sigma_0/\sqrt{n}}$$

的极限分布为 $N(0,1)$,且不含有未知参数,故以它作为检验假设 H_0 的统计量,对于给定的临界值 α,由正态分布表查到临界值,由上面式子计算得 U 的观测值 u,与临界值比较从而做出判断.

(2)未知 σ.

当 σ 未知时,可用 S^2 作为 σ^2 的估计值,当 H_0 成立时统计量

$$U=\frac{\overline{X}-\mu_0}{S/\sqrt{n}}$$

的极限分布仍为 $N(0,1)$,故以它作为检验 H_0 的统计量,不过犯错误的概率有可能增大.对于给定的水平 α,由正态分布表查到临界值,由上面式子计算 U 的观测值 u,与临界值比较从而做出判断.

例 1 某城市每天因交通事故死亡的人数服从泊松分布,根据长期统计的资料,死亡人数的均值为 3,近一年来该市有关部门加强了交通管理,据 300 天的统计,平均每天死亡的人数为 2.7,问能否认为平均死亡人数显著减少(取 $\alpha=0.05$)?

解 每天死亡人数为 X,则 X 服从参数为 λ 的泊松分布,其 $E(X)=D(X)=\lambda$.本题问题化为如下的假设检验:

$$H_0:\lambda\geqslant 3,\quad H_1:\lambda<3,$$

检验统计量为 $U=\dfrac{\overline{X}-\mu_0}{\sigma_0/\sqrt{n}}\sim N(0,1)$,对于给定显著性水平 $\alpha=0.05$,拒绝域为 $\{U<-u_\alpha\}$,查标准正态表可查知 $u_{0.05}=1.645$.

检验统计量的观测值 $u=\dfrac{\overline{X}-\lambda_0}{\lambda_0/\sqrt{n}}=\dfrac{2.7-3}{3/\sqrt{300}}=-\sqrt{3}$.因为 $-\sqrt{3}<-u_\alpha=-1.645$,故在水平 $\alpha=0.05$ 下拒绝 H_0,即认为每天平均死亡人数已显著减少.

例 2 某牧场 300 头乳牛某日生产黄油量为 5400kg,平均每头产 18kg,今计算其中一个品系的 36 头乳牛的黄油产量,得到平均值为 $\bar{x}=21.1$,标准差 $s=16.4$,问此结果可否认为这个品系的每头乳牛的平均产油量不同于一般的平均产油量(取 $\alpha=0.05$)?

解 由问题知所要检验的假设如下:

$$H_0:\mu=18,\quad H_1:\mu\neq 18.$$

本例为大子样,总体标准差不知,可用 s 近似代替 σ,因而采用的检验统计量

$$U=\frac{\overline{X}-\mu_0}{S/\sqrt{n}},$$

拒绝域为

$$\{|U|>u_{\frac{\alpha}{2}}\},$$

对于显著性水平 $\alpha=0.05$，有 $u_{\frac{\alpha}{2}}=1.96$，计算统计量的值

$$u=\frac{21.1-18}{\frac{16.4}{\sqrt{36}}}=1.134\approx1.13,$$

由于 $1.13<1.96$，所以接受 H_0，即认为这个品系每头牛的平均产油量与该牧场每头牛的平均产油量没有显著的不同.

2. 检验假设 $H_0:\mu_1=\mu_2$.

设 X,Y 为两个总体，其分布不一定为正态分布. 它们的数学期望分别为 μ_1,μ_2；标准差为 σ_1,σ_2. 检验假设 $H_0:\mu_1=\mu_2$.

今从这两个总体中分别抽取子样 $X_1,X_2,\cdots,X_{n_1}$ 与 $Y_1,Y_2,\cdots,Y_{n_2}$，则当子样容量 n_1,n_2 均足够大时，子样平均值 $\overline{X}$ 有渐近正态分布 $N\left(\mu_1,\frac{\sigma_1^2}{n_1}\right)$，$\overline{Y}$ 有渐近正态分布 $N\left(\mu_2,\frac{\sigma_2^2}{n_2}\right)$，于是 $\overline{X}-\overline{Y}$ 的极限分布为 $N\left(\mu_1-\mu_2,\frac{\sigma_1^2}{n_1}+\frac{\sigma_2^2}{n_2}\right)$. 因此，当假设 H_0 成立时，

$$U=\frac{\overline{X}-\overline{Y}}{\sqrt{\frac{\sigma_1^2}{n_1}+\frac{\sigma_2^2}{n_2}}}$$

的极限分布为 $N(0,1)$.

(1) σ_1^2,σ_2^2 已知时，上式中不含未知参数，故可用它作为检验 H_0 的统计量. 对于给定的水平 α，由正态分布表查到临界值，由上面式子计算 U 的观测值 u，与临界值比较从而做出判断.

(2) σ_1^2,σ_2^2 未知时，上式中含有未知参数不能用，当子样容量足够大时（n_1,n_2 均需大于 100），可用子样标准差 s_1,s_2 代替上式中的 σ_1,σ_2，即用

$$U=\frac{\overline{X}-\overline{Y}}{\sqrt{\frac{S_1^2}{n_1}+\frac{S_2^2}{n_2}}}\sim N(0,1)$$

作为检验统计量，对于给定的水平 α，由正态分布表查到临界值，由上面式子计算 U 的观测值 u，与临界值比较从而做出判断.

注意，上面的方法只有在大子样的条件下才有效，因为我们涉及两个方面的近似：

(1) 子样平均值为渐近正态分布；

(2) 某些总体特征值（如 σ）用子样算出的相应特征值（如 s）来代替.

至于子样容量多大才算大子样，并无严格标准，通常在应用中，在检验平均值时，以 30 为分界限，即 $n>30$ 为大子样；在检验方差时，以 100 为分界限，即 $n>100$ 为大

子样.

例 3 某苗圃采用两种育苗方案做杨树探测苗试验. 在两组育苗试验中,已知苗高的标准差分别为 $\sigma_1=20$,$\sigma_2=18$,各抽取 60 株作为子样,求出子样平均数为 $\bar{x}=59.34\text{cm}$,$\bar{y}=49.16\text{cm}$,试以显著性水平 $\alpha=0.05$,检验两种试验方案对苗高的影响有无显著性的差异?

解 检验假设

$$H_0:\mu_1=\mu_2,\quad H_1:\mu_1\neq\mu_2,$$

检验统计量为

$$U=\frac{\bar{X}-\bar{Y}}{\sqrt{\frac{\sigma_1^2}{n_1}+\frac{\sigma_2^2}{n_2}}},$$

对于显著性水平 $\alpha=0.05$,$u_{\frac{\alpha}{2}}=1.96$,拒绝域为$\{|U|>u_{\frac{\alpha}{2}}\}$. 由已知计算检验统计量的观测值 $u=\frac{59.34-49.16}{\sqrt{20^2+18^2}}\sqrt{60}=\frac{10.18\times\sqrt{60}}{\sqrt{724}}=2.93$. 由于 $u=2.93>u_{\frac{\alpha}{2}}=1.96$,故认为试验方案对平均苗高的影响有显著性的差异.

8.4 非参数检验

前面讨论了对总体参数的假设检验. 实际中有些时候事先并不知道或不求确切知道总体服从什么样的分布,这就需要在对样本数据进行粗略分析的基础上对总体的分布作出某种假设. 由于这里检验的对象不是总体的参数,故称为非参数检验,也称分布检验.

设要考虑如下的假设检验问题:

$$H_0:F(x)=F_0(x),$$

此处 $F_0(x)$为已知的分布函数. 这种判断总体是否为某种分布的检验问题,通常称为分布的拟合检验,简称**分布拟合检验**. 它是常见的一种非参数假设检验.

分布检验的方法很多,按不同的具体问题,建立不同的检验统计量. 这里仅简单介绍由英国统计学家皮尔逊于 1900 年引入皮尔逊统计量进行检验的方法,这种方法称为**皮尔逊 χ^2 拟合优度检验法**,简称 **χ^2 检验**.

先讲一般的检验法,然后再举实例.

设 $X_1,X_2,\cdots,X_n$ 是来自总体 X 的样本,需要检验假设

$$H_0:F(x)=F_0(x),$$

为此,将 $R_1=(-\infty,+\infty)$分为互不相交的 m 个子区间:

$$(t_{i-1},t_i],\quad i=1,2,\cdots,m,$$

其中$-\infty=t_0<t_1<\cdots<t_m=+\infty$(当然$(t_{m-1},+\infty]$应理解为$(t_{m-1},+\infty)$). 用 v_i 表

示样本观测值落入第 i 个小区间$(t_{i-1},t_i]$中的频数(即个数),称为经验频数. $\frac{v_i}{n}$为频率,用 p_i 表示 X 取值落入第 i 个小区间的概率. 如果 H_0 成立,由给定的分布函数 $F_0(x)$,可经过计算得到

$$p_i=F_0(t_i)-F_0(t_{i-1}),$$

其中 $0<p_i<1(i=1,2,\cdots,m)$, $\sum_{i=1}^{m}p_i=1$. 称 np_i 为理论频数,p_i 也称为理论频率.

考虑统计量

$$\chi^2=\sum_{i=1}^{m}\frac{(v_i-np_i)^2}{np_i}, \tag{1}$$

这个统计量是皮尔逊提出的,故称为**皮尔逊统计量**. 由(1)式可以看出,当 $v_i=np_i$ 时,$i=1,2,\cdots,m$. 即经验频数与理论频数完全相符,则 $\chi^2=0$,v_i 与 np_i 相差越大,χ^2 也越大,故 χ^2 可作为经验分布与总体分布间差异的一种量度. 同时,皮尔逊还证明了如下定理.

皮尔逊定理 不论 $F_0(x)$是什么分布,当 H_0 正确时,则统计量(1)式以自由度 $m-1$ 的 χ^2 分布为极限分布,这里 $F_0(x)$不含有未知参数(这个定理证明较长,这里从略).

因此,统计量(1)可作为判断 H_0 的检验统计量. 对于给定的显著性水平 α,查 χ^2 分布表,求出自由度 $m-1$ 所对应的临界值 χ^2_α,并由(1)式计算出统计量 χ^2 的观测值,如果 $\chi^2>\chi^2_\alpha$,则在水平 α 下拒绝 H_0.

如果 H_0 中的 $F_0(x)$含有 l 个未知参数 $Q_1,\cdots,Q_l$,那么就算不出统计量 χ^2 中的诸 p_i 值. 这时需要用这 l 个未知参数的极大似然估计量 $\hat{Q}_1,\cdots,\hat{Q}_l$ 来代替 $Q_1,\cdots,Q_l$,使 $F_0(x)$中不含未知参数,然后应用(1)式定义的统计量,再按上面介绍的方法进行显著性检验. 但应注意,这时统计量 χ^2 以自由度 $m-l-1$ 的 χ^2 分布为其极限分布(事实上,由于这 l 个未知参数 $Q_1,\cdots,Q_l$ 以其估计量代替,这就等于多加了 l 个约束条件,故其自由度要减少 l).

例如,$F_0(x)$为正态分布,其中 μ,σ^2 未知,可求出 μ 及 σ^2 的极大似然估计量 $\overline{X}$ 及 S^2,用 $\overline{X}$ 及 S^2 代替 μ 及 σ^2 后可算出 χ^2 中的诸 p_i 值. 此时,统计量 χ^2 有渐近分布 $\chi^2(m-3)$.

值得指出的是,用 χ^2 检验时,样本容量必须较大(一般要求 $n>50$),而且要保证分组时,每组的 v_i 不小于 5,否则可将组合并.

例 1 为了检验某个硬币是否对称,将其投掷 100 次,结果有 53 次正面向上,47 次正面朝下,对给定显著性水平 $\alpha=0.05$,试问由这个试验可以否定该硬币的对称性吗?

解 用 X_1 表示该硬币投掷 100 次正面向上的次数，p_1 为掷一次硬币正面向上的概率，要检验的原假设为

$$H_0: p_1 = \frac{1}{2},$$

现分为两组，即 $m=2$，按(1)式，可算得

$$\chi^2 = \frac{(v_1 - np_1)^2}{np_1} + \frac{(v_2 - np_2)^2}{np_2} = \frac{(53-50)^2}{50} + \frac{(47-50)^2}{50} = 0.36.$$

对于显著性水平 $\alpha=0.05$，自由度 $2-1=1$，在 χ^2 分布表中，可查得临界值 $\chi^2_{0.05}(1)=3.841$，由于 $\chi^2=0.36<\chi^2_\alpha(1)=3.841$，因此没有理由拒绝 H_0，即不能否定该硬币是对称的.

例 2 以毛颖抗叶锈小麦与光颖感叶锈小麦杂交，在 F_2 代观察 960 株，得“毛颖抗锈”532 株、“毛颖感锈”196 株、“光颖抗锈”178 株、“光颖感锈”54 株. 问此结果与遗传学上分离比率为 9∶3∶3∶1 的理论期望是否相符($\alpha=0.05$)？

解 现检验假设 H_0 相符(即 532∶196∶178∶54 为 9∶3∶3∶1 总体的一个随机样本).

在 H_0 为正确的假设下，算得各类型的期望株数为

“毛颖抗锈”：$np_1 = 960\times 9/16 = 540$(株)；

“毛颖感锈”：$np_2 = 960\times 3/16 = 180$(株)；

“光颖抗锈”：$np_3 = 960\times 3/16 = 180$(株)；

“光颖感锈”：$np_4 = 960\times 1/16 = 60$(株).

根据(1)式可算得

$$\chi^2 = \frac{(532-540)^2}{540} + \frac{(196-180)^2}{180} + \frac{(178-180)^2}{180} + \frac{(54-60)^2}{60} = 2.16.$$

对于显著性水平 $\alpha=0.05$，自由度 $4-1=3$，在 χ^2 分布表中，可查得临界值 $\chi^2_{0.05}(3)=7.815$.

由于 $\chi^2=2.16<\chi^2_{0.05}(3)=7.815$，故接受假设 H_0，即实际结果与 9∶3∶3∶1 相符.

例 3 对某型号电缆进行耐压试验，记录 43 根电缆的最低击穿电压的数据见表 8-3.

表 8-3

测试电压	3.8	3.9	4.0	4.1	4.2	4.3	4.4	4.5	4.6	4.7	4.8
击穿频数	1	1	3	7	8	8	4	6	3	1	1

检验电缆耐压分布是否服从正态分布($\alpha=0.05$)？

解 设一根电缆最低击穿电压为 X，问题归结为检验原假设

$$H_0: X \sim N(\mu, \sigma^2),$$

首先用 μ, σ^2 的极大似然估计量 $\overline{X}, S^2$ 来估计 μ, σ^2，算得

$$\hat{\mu} = \overline{X} = 4.3744, \quad \hat{\sigma}^2 = S^2 = 0.04842,$$

由于前两个区间的频数都小于5，故将前三个区间合并，合并后频数为 $1+1+3=5$. 对于其余的区间类似处理，将实轴分组见表8-4.

表 8-4

组号	1	2	3	4	5	6
区间界限	$(-\infty, 4.0]$	$(4.0, 4.1]$	$(4.1, 4.2]$	$(4.2, 4.4]$	$(4.4, 4.5]$	$(4.5, +\infty]$
频数	5	7	8	12	6	5

计算相应的 $p_i, i=1,2,3,4,5,6$,

$$p_1 = P(X \leqslant 4.0) = \Phi\left(\frac{4.0 - 4.3744}{0.22}\right) = \Phi(-1.7) = 0.0446,$$

$$p_2 = P(4.0 < X \leqslant 4.1) = \Phi\left(\frac{4.1 - 4.3744}{0.22}\right) - \Phi\left(\frac{4.0 - 4.3744}{0.22}\right) = 0.061,$$

$$p_3 = P(4.1 < X \leqslant 4.2) = \Phi(-0.79) - \Phi(-1.25) = 0.1087,$$

$$p_4 = P(4.2 < X \leqslant 4.4) = \Phi(0.116) - \Phi(-0.79) = 0.3330,$$

$$p_5 = P(4.4 < X \leqslant 4.5) = \Phi(0.57) - \Phi(0.116) = 0.1679,$$

$$p_6 = P(4.5 < X < +\infty) = 1 - \Phi(0.57) = 0.2843,$$

按公式(1)，可算得

$$\chi^2 = \sum_{i=1}^{6} \frac{(v_i - np_i)^2}{np_i} = 19.064,$$

对于显著性水平 $\alpha = 0.05$，自由度 $6-2-1=3$，在 χ^2 分布表中，可查得临界值 $\chi^2_{0.05}(3) = 7.815$.

由于 $\chi^2 = 19.064 > \chi^2_{0.05}(3) = 7.815$，故拒绝原假设 H_0，即不能认为 X 服从正态分布.

习　题　8

1. 设某产品重量 X(单位:g)服从正态分布 $N(2, 0.01)$. 现采用新工艺后抽取100个产品，算得其重量的平均值为 $\bar{x} = 1.978$. 若方差 $\sigma^2 = 0.01$ 未变，问能否认为产品重量的均值还和以前相同？($\alpha = 0.05$)

2. 某车间生产钢丝，用 X 表示钢丝的折断力，由经验判断 $X \sim N(570, 8^2)$. 今换了一批材料，从性能上看，估计折断力的方差不会有什么变化，但不知折断力的均值和原先有无差别. 现抽得样本，测得折断力为

578　572　570　568　572　570　570　572　596　584

问折断力均值是否有显著变化？($\alpha=0.05$)

3. 有一种新安眠剂，据说在一定剂量下能比某种旧安眠剂平均增加睡眠时间3h，为了检验新安眠剂的这种说法是否正确，收集到一组使用新安眠剂的睡眠时间(单位：h)：

26.7　22.0　24.1　21.0　27.2　25.0　23.4

根据资料，用某种旧安眠剂时平均睡眠时间为23.8h，假设用安眠剂后睡眠时间服从正态分布，试问这组数据能否说明新安眠剂的疗效？($\alpha=0.05$)

4. 已知某厂生产的维尼纶纤度(纤度是表示纤维粗细程度的一个量)在正常情况下服从正态分布 $N(1.405,0.048^2)$. 某天抽取5根纤维测得纤度为

1.36　1.40　1.44　1.32　1.55

问这天纤度的期望是否正常？($\alpha=0.10$)

5. 某单位上年度排出的污水中，某种有害物质的平均含量为0.009%. 污水经处理后，本年度抽测了16次，得这种物质的含量(%)为

0.008　0.011　0.009　0.007　0.005　0.010　0.009　0.003

0.007　0.004　0.007　0.009　0.008　0.006　0.007　0.008

设有害物质含量服从正态分布，问是否可认为污水经处理后，这种有害物质的含量有显著降低？($\alpha=0.10$)

6. 设某厂生产铜线的折断力 X 服从 $N(\mu,8^2)$，现从一批产品中抽查10根测其折断力，经计算得样本均值 $\bar{x}=575.2$，样本方差 $s^2=68.16$. 试问能否认为这批铜线折断力的方差仍为 $8^2(\mathrm{kg}^2)$？($\alpha=0.05$)

7. 某厂生产螺钉，其直径长期以来服从方差为 $\sigma^2=0.0002(\mathrm{cm})$ 的正态分布，现有一批这种螺钉，从生产的情况来看，直径长度可能有所波动．为此，今从产品中随机抽取10只进行测量，得到数据(单位：cm)如下：

1.19　1.21　1.21　1.18　1.17　1.20　1.20　1.17　1.19　1.18

试问根据这组数据能否推断这批螺钉直径的波动性较以往有显著变化？($\alpha=0.05$)

8. 设 $X\sim N(\mu_1,9)$，$Y\sim N(\mu_2,16)$，从中各抽样25件，测得 $\overline{X}=90$，$\overline{Y}=89$. 设 X,Y 相互独立，请问是否可以认为 μ_1,μ_2 基本相同？($\alpha=0.05$)

9. 一卷烟厂向化验室送去 A,B 两种烟草，化验尼古丁的含量是否相同，从 A,B 中各随机抽取质量相同的五例进行化验，测得尼古丁的含量为

A：24　27　26　21　24

B：27　28　23　31　26

假设尼古丁的含量服从正态分布，且 A 的方差为5，B 的方差为8，取显著性水平 $\alpha=0.05$，问两种烟草的尼古丁含量是否有差异？

10. 在漂白工艺中考察温度对针织品断裂强度的影响，现在70℃与80℃下分别做 $m=8$ 次和 $n=6$ 次试验，测得各自的断裂强度 X 和 Y 的观测值．经计算得

$$\bar{x}=20.4,\quad \bar{y}=19.3167,\quad (m-1)S_x^2=6.2,\quad (n-1)S_y^2=5.0283,$$

根据以往经验，认为 X 和 Y 均服从正态分布，且方差相等，在给定 $\alpha=0.10$ 时，问

70℃与 80℃对断裂强度有无显著差异?

11. 对某种物品在处理前与处理后取样分析其含脂率如下

处理前	0.19	0.18	0.21	0.30	0.66	0.42	0.08	0.12	0.30	0.27	
处理后	0.15	0.13	0.00	0.07	0.24	0.24	0.19	0.04	0.08	0.20	0.12

假定处理前后含脂率都服从正态分布,且它们的方差相等,问处理后平均含脂率有无显著降低?($\alpha=0.05$)

12. 测得两批电子元件样品的电阻如下(单位:Ω)

Ⅰ批	0.140	0.138	0.143	0.142	0.144	0.137
Ⅱ批	0.135	0.140	0.142	0.136	0.138	0.140

设这两批元件的电阻值总体分别服从 $N(\mu_1,\sigma_1^2)$,$N(\mu_2,\sigma_2^2)$,且两批样本独立,试问这两批电子元件电阻值的方差是否一样?($\alpha=0.05$)

13. 从用旧工艺生产的机械零件中抽取 25 个,测量得直径的样本方差为 6.27. 现改用新工艺生产,从中抽取 25 个零件,测量得直径的样本方差为 4.40. 设两种工艺条件下生产的零件直径都服从正态分布,问新工艺生产的零件直径的方差是否比旧工艺生产的零件直径的方差显著小?($\alpha=0.05$)

14. 某批发商销售一电子制造厂生产的 1.44 寸磁盘,电子制造厂提供的此类磁盘的合格率必须在 95%以上. 批发商某天计划从该厂家进一批磁盘,从将出厂的磁盘中随机抽查了 400 张,发现有 32 张是次品,问在显著性水平 $\alpha=0.02$ 下,按协议这批磁盘能否接受?

15. 据报载,某大城市为了确定城市养猫灭鼠的效果,进行调查得

养猫户:$n_1=119$,有鼠活动的有 15 户,

无猫户:$n_2=418$,有鼠活动的有 58 户,

问养猫与不养猫对大城市家庭灭鼠有无显著差异?($\alpha=0.05$)

16. 一颗骰子掷了 120 次,得下表所示结果:

点数	1	2	3	4	5	6
出现次数	23	26	21	20	15	15

问骰子是否均匀?($\alpha=0.05$)

17. 某电话台在 1h 内每分钟接到电话用户的呼唤次数如下:

呼唤次数	0	1	2	3	4	5	6	7
实际频数	8	16	17	10	6	2	1	0

问统计资料可否说明每分钟电话呼唤次数服从泊松分布?($\alpha=0.05$)

第9章　方差分析与回归分析

一个复杂事物往往受到多种因素的影响.例如,农作物的产量受种子、肥料、土壤、水分等因素的影响;工业产品的质量受机器、原料、工人的技术水平等因素的影响.在生产中常需要通过试验或观察来获得数据,并从所得数据来分析、判断在诸多因素中哪些对试验结果有显著影响,哪些无显著影响,这是方差分析解决的问题.方差分析对于分清因素的影响重要与否提供了有效方法.而回归分析研究变量间的相关关系,通过建立回归模型来描述变量间的关系,对模型进行加工得到回归方程,经检验有效后可用来预报或控制,它是数理统计的一大应用方法.

本章介绍两类常用的线性统计模型:方差分析模型和回归分析模型.首先介绍单因素方差分析.

9.1　单因素的方差分析

方差分析在20世纪20年代首先由英国统计学家费希尔把它应用到农业试验上去,经过几十年的发展,它被广泛应用于工业、生物学、心理学和医学等许多领域.其主要用来检验两个以上样本的平均值差异的显著程度,由此判断样本究竟是否抽自具有同一均值的总体.从本质上讲,方差分析研究的是变量间的关系.本章主要介绍单因素方差分析和多因素方差分析.

如果一项试验中只有一个因素在改变,而其他因素保持不变的话,就称它为**单因素试验**.两个或两个以上因素的试验称为**多因素试验**.因素所处的不同状态称为**水平**(或称为"**等级**").

在第8章中讨论过两个总体的数学期望是否相等的显著性检验,可以称之为单因素二水平的试验,在那里可用 t 检验法来检验其数学期望是否有显著性差异.下面将要讨论的单因素多水平的试验,实质上是多个(大于2)总体的数学期望是否相等的显著性检验.

我们先来看一个例子.

例1　有三条生产线生产同一种型号的产品,对每一条生产线观测其5天的生产量,得到数据见表9-1,问不同的生产线日产量是否有显著性差异?

表 9-1　3 条生产线的日产量

设备＼日期	1	2	3	4	5	平均值
生产线 1	57	41	41	49	48	47.2
生产线 2	64	65	54	72	57	62.4
生产线 3	48	45	56	48	51	49.6

这是一个单因素实验，生产设备是因素，生产线 1,2,3 是因素水平，记为 A_1, A_2, A_3. 从表中数据可以看出，生产线 1,2,3 日产量的平均值存在差别，而产生这个差别可能有两个原因.

(1)在同一水平 A_1, A_2, A_3 下，生产条件虽然一致，但日产量仍不相同，这说明在试验因素的每一确定水平下，试验结果是一个随机变量. 差别是由于随机因素的干扰及测量误差所致，称这类差异为随机误差或实验误差.

(2)由于不同的生产线所致，这类误差称为系统误差.

如果这种差别主要由前者所致，则不能认为三条生产线的日产量有明显的差异；若主要由后者所致，则可以认为三条生产线的日产量有明显的差异.

方差分析的主要工作就是将测量数据的总变异按变异原因的不同分解为系统误差和随机误差，并对其做出定量分析，比较两种误差在总差异中所占的重要程度，从而在数量上做出统计推断.

表 9-1 中三组来自不同生产线的数据可以看成是分别来自三个不同总体的样本，样本容量是 5. 以 X 表示生产线的日产量，它是一个随机变量，现用 X_1, X_2, X_3 分别表示这条生产线的日产量的总体，并假定：

(1)X_1, X_2, X_3 是相互独立的正态总体，分别服从正态分布 $N(\mu_i, \sigma^2), i=1,2,3$.

(2)每个实验结果记为 $X_{ij}, i=1,2,3, j=1,2,3,4,5$.

要判断 3 个不同生产线的产量之间的差异，可以归结为判断三个正态总体的均值是否相等的问题，即检验假设

$$H_0: \mu_1 = \mu_2 = \mu_3$$

成立与否. 如果三个正态总体的均值相等，则认为产量之间的差异是由随机误差(或实验误差)引起的；否则，认为产量之间的差异是由不同生产线(因素 A)引起的. 检验这一类假设的方法就是所谓的单因素方差分析方法.

将例 1 一般化. 设因素 A 有 r 个水平 $A_1, A_2, \cdots, A_r$，第 i 个水平重复做 $n_i (i=1, 2, \cdots, r)$ 次试验，所得数据见表 9-2.

表 9-2 重复试验的实验值

水平	A_1	A_2	…	A_r
观测值	x_{11}	x_{21}	…	x_{r1}
	x_{12}	x_{22}	…	x_{r2}
	⋮	⋮		⋮
	x_{1n_1}	x_{2n_2}	…	x_{rn_r}

我们把研究 $A_1,A_2,\cdots,A_r$ 对试验指标(随机变量)X 的影响的问题归结为：

设有 r 个相互独立总体 $X_1,X_2,\cdots,X_r$，它们具有正态分布且有相同的方差 σ^2，即$X_i\sim N(\mu_i,\sigma^2),i=1,2,\cdots,r$. 从总体 X_i 中随机抽取容量为 n_i 的子样：$X_{i1},X_{i2},\cdots,X_{in_i},i=1,2,\cdots,r$. 所以，要判断因素水平间是否有显著差异，也就是检验各正态总体的均值是否相等. 即根据这 r 组观察值，检验假设

$$H_0:\mu_1=\mu_2=\cdots=\mu_r \tag{1}$$

成立与否.

为了使以后的讨论方便，我们把总体 X_i 的均值 $u_i(i=1,2,\cdots,r)$改写为另一种形式. 设试验的总次数为 n，则 $n=\sum_{i=1}^{r}n_i$. 引入记号 $\mu=\frac{1}{n}\sum_{i=1}^{r}n_iu_i$ ，则 μ 为各个总体均值下的加权平均值，称为总均值. 并称

$$\alpha_i=\mu_i-\mu(i=1,2,\cdots,r)$$

为第 i 个水平 A_i 对试验指标的**效应**，简称**水平 A_i 的效应**. 它反映因素的第 i 个水平 A_i 对试验指标的“纯”作用的大小. 又 α_i 之间的差异与 μ_i 之间的差异是等价的，则检验原假设(1)等价于检验假设

$$H_0:\alpha_1=\alpha_2=\cdots=\alpha_r=0. \tag{2}$$

为检验上述原假设，引入记号 $X_{i\cdot}=\sum_{j=1}^{n_i}X_{ij}$，

$$\overline{X}_{i\cdot}=\frac{1}{n_i}\sum_{j=1}^{n_i}X_{ij}\,(i=1,2,\cdots,r)\text{ 与 }\overline{X}=\frac{1}{n}\sum_{i=1}^{r}\sum_{j=1}^{n_i}X_{ij}=\frac{1}{n}\sum_{i=1}^{r}n_i\overline{X}_{i\cdot},$$

其中，$\overline{X}_{i\cdot}$ 是从第 i 个总体抽得的子样的平均值，通常称为组平均值. 而 $\overline{X}$ 是全体子样的平均值，称为**总平均值**.

考虑统计量

$$Q=\sum_{i=1}^{r}\sum_{j=1}^{n_i}(X_{ij}-\overline{X})^2,$$

它表示所有观察数据 X_{ij} 与总平均值 $\overline{X}$ 的离差平方和，称为**总离差平方和**，它是描述全部数据离散程度的一个指标. 现将 Q 进行分解：

$$Q=\sum_{i=1}^{r}\sum_{j=1}^{n_i}(X_{ij}-\overline{X})^2$$

$$
\begin{aligned}
&= \sum_{i=1}^{r}\sum_{j=1}^{n_i}(X_{ij}-\overline{X}_{i\cdot}+\overline{X}_{i\cdot}-\overline{X})^2 \\
&= \sum_{i=1}^{r}\sum_{j=1}^{n_i}(X_{ij}-\overline{X}_{i\cdot})^2+2\sum_{i=1}^{r}\sum_{j=1}^{n_i}(X_{ij}-\overline{X}_{i\cdot})(\overline{X}_{i\cdot}-\overline{X})+\sum_{i=1}^{r}\sum_{j=1}^{n_i}(\overline{X}_{i\cdot}-\overline{X})^2.
\end{aligned}
$$

由于 $\sum_{j=1}^{n_i}(X_{ij}-\overline{X}_{i\cdot})(\overline{X}_{i\cdot}-\overline{X})=0$，所以

$$
\begin{aligned}
Q &= \sum_{i=1}^{r}\sum_{j=1}^{n_i}(X_{ij}-\overline{X}_{i\cdot})^2+\sum_{i=1}^{r}\sum_{j=1}^{n_i}(\overline{X}_{i\cdot}-\overline{X})^2 \\
&= Q_E+Q_A,
\end{aligned}
$$

式中

$$
Q_E=\sum_{i=1}^{r}\sum_{j=1}^{n_i}(X_{ij}-\overline{X}_{i\cdot})^2
$$

表示每个 X_{ij} 对本组平均值的偏差平方和的总和，称为组内平方和或误差平方和，反映了各种随机因素所引起的随机误差.

$$
Q_A=\sum_{i=1}^{r}\sum_{j=1}^{n_i}(\overline{X}_{i\cdot}-\overline{X})^2
$$

表示每个组的样本均值与总平均的偏差平方和，称为**组间平方和**，反映了各组样本之间的差异程度，即由于因素 A 的不同水平所引起的系统误差. 这从 Q_A 的表达式可以看出来，一般地，当 $\mu_1,\mu_2,\cdots,\mu_r$ 不全相同时，它将取比较大的值. 因此，如果 Q_A 显著地大于 Q_E，就有理由认为假设 H_0 不成立. 这启示我们从比较 Q_E 和 Q_A 入手来建立检验 H_0 的方法.

假设原假设 H_0 是正确的，则所有样本$\{x_{ij},j=1,2,\cdots,n_i,i=1,2,\cdots,r\}$可看作是来自同一总体 $N(\mu,\sigma^2)$的容量为 n 的子样，并且相互独立，则

$$
Q=\sum_{i=1}^{r}\sum_{j=1}^{n_i}(X_{ij}-\overline{X})^2=(n-1)S^2,
$$

其中 n 与 S^2 分别是全体样本的样本容量和样本方差，且

$$
\frac{Q}{\sigma^2}=\frac{(n-1)S^2}{\sigma^2}\sim\chi^2(n-1)
$$

对各组样本同样有

$$
\sum_{j=1}^{n_i}(X_{ij}-\overline{X}_{i\cdot})^2=(n_i-1)S_i^2,
$$

其中 n_i 与 S_i^2 分别是各组样本的样本容量和样本方差，且有

$$
\frac{(n_i-1)S_i^2}{\sigma^2}\sim\chi^2(n_i-1),\quad i=1,2,\cdots,r.
$$

而且各组的样本方差 $S_1^2,S_2^2,\cdots,S_r^2$ 相互独立,由 χ^2 分布的可加性,又 $\sum_{i=1}^{r}(n_i-1)=n-r$,则有

$$\frac{Q_E}{\sigma^2}=\sum_{i=1}^{r}\frac{(n_i-1)S_i^2}{\sigma^2}\sim\chi^2(n-r).$$

又知 Q_A 与 Q_E 相互独立,并且

$$\frac{Q_A}{\sigma^2}\sim\chi^2(r-1).$$

当 H_0 成立时,统计量

$$F=\frac{Q_A/(r-1)}{Q_E/(n-r)}\sim F(r-1,n-r).$$

如果因素 A 的各个水平对总体的影响不显著,则组间平方和较小,所以统计量 F 的值也较小,反之 F 的值较大.故这个统计量可作为判断 H_0 是否成立的检验统计量,在实际工作中,称这个统计量的观察值为因素 A 的 F 值.

对于给定显著性水平 α,可在 F 分布表得临界值 $F_\alpha(r-1,n-r)$,根据子样观察值算出统计量的观察值 $F>F_\alpha(r-1,n-r)$,就说明 S_A^2 显著地大于 S_E^2,则在水平 α 下拒绝 H_0,否则认为试验结果与假设 H_0 无显著差异.

这样,解单因素方差分析问题时,通常将计算结果列成表 9-3 的形式,称为方差分析表.

表 9-3 单因素方差分析表

方差来源	平方和	自由度	平均平方和	F 值	显著性
组间	Q_A	$r-1$	$S_A^2=\frac{1}{r-1}Q_A$	S_A^2/S_E^2	
组内	Q_E	$n-r$	$S_E^2=\frac{1}{n-r}Q_E$		
总和	Q	$n-1$			

注 在各种显著性检验的实际应用中 $\alpha=0.10,0.05,0.01$ 等这些显著性水平是常用的,至于到底取哪一种,依赖于问题的要求,通常按下面方法区别显著性等级.

(1)$F>F_{0.01}$,称因素影响极显著,记为"* *";

(2)$F_{0.05}<F\leqslant F_{0.01}$,称因素影响显著,记为"*";

(3)$F_{0.10}<F\leqslant F_{0.05}$,称因素影响较显著,记为"(*)";

(4)$F\leqslant F_{0.10}$,称因素影响不显著.

利用上面的讨论来解例 1.

例 2 根据表 9-1 提供的数据,研究 3 条生产线的产量之间是否有显著性差异(取$\alpha=0.05$).

解　因为

$$Q_A = \sum_{i=1}^{r}\sum_{j=1}^{n_i}(\overline{X}_{i\cdot} - \overline{X})^2 = 667.73,$$

$$Q_E = \sum_{i=1}^{r}\sum_{j=1}^{n_i}(X_{ij} - \overline{X}_{i\cdot})^2 = 447.2,$$

$$Q = Q_A + Q_E = 667.73 + 447.2 = 1114.93,$$

所以

$$F = \frac{\frac{667.73}{2}}{\frac{447.2}{12}} = \frac{667.73\times 12}{447.2\times 2} = 8.96.$$

将计算结果列成表 9-4.

表 9-4　方差分析表

方差来源	平方和	自由度	平均平方和	F 值	显著性
组间	667.73	2	333.867	8.96	* *
组内	447.2	12	37.267		
总和	1114.93	14			

对于给定的显著性水平 $\alpha=0.05$，查 F 分布上侧分位数表得 $F_{0.05}(2,12)=3.89$. 因为 $F=8.96>F_{0.05}(2,12)$，所以拒绝假设 H_0，可以认为 3 条生产线的产量有显著差异.

9.2　双因素方差分析

在实际问题中，经常会遇到两种因素共同影响实验结果的情况，例如，在农业试验中研究如施肥量和施肥时间对农作物收获量的影响. 这里就有品种和管理措施这样两个因素，我们希望通过试验选取能使收获量达到最高的种子品种和管理措施，这时就要判断这两个因素的影响是否显著，以及两个因素之间是否存在交互作用的问题. 这里通常要用到双因素方差分析.

9.2.1　有交互作用的方差分析

设在某一试验中要考虑两个因素对试验指标 X 的影响，其中因素 A 有 a 个不同的水平：$A_1, A_2, \cdots, A_a$，因素 B 有 b 个不同的水平：$B_1, B_2, \cdots, B_b$. 这样 A 与 B 的各水平就有 $a\times b$ 种不同的搭配：$A_iB_j\,(i=1,2,\cdots,a; j=1,2,\cdots,b)$. 为了考察试验因素 A，B 对试验指标 X 的影响，这些影响包括每个试验因素单独对 X 的影响，以及两个因

素联合起来对 X 的影响(两个因素不同水平的搭配对试验结果 X 的影响),后面这种影响统计学上称为交互作用的影响. 在因素 A 和因素 B 的每一种组合(A_i,B_j)下进行 m 次试验,设 X_{ijk} 为在水平组合(A_i,B_j)下第 k 次试验的指标值,我们把这些指标值$(X_{ij1},X_{ij2},\cdots,X_{ijm})$看成来自一个正态总体的样本,这个正态总体的均值只与 i,j 有关,记为 μ_{ij},于是 $X_{ij1},X_{ij2},\cdots,X_{ijm}$ 相互独立,且 $X_{ijk}\sim N(\mu_{ij},\sigma^2)$,$k=1,2,\cdots,m$. 将试验结果列成表 9-5.

表 9-5　重复试验的实验值

因素 B / 因素 A	B_1	B_2	$\cdots$	B_b
A_1	$X_{111},X_{112},\cdots,X_{11m}$	$X_{121},X_{122},\cdots,X_{12m}$	$\cdots$	$X_{1b1},X_{1b2},\cdots,X_{1bm}$
A_2	$X_{211},X_{212},\cdots,X_{21m}$	$X_{221},X_{222},\cdots,X_{22m}$	$\cdots$	$X_{2b1},X_{2b2},\cdots,X_{2bm}$
$\vdots$	$\vdots$	$\vdots$		$\vdots$
A_a	$X_{a11},X_{a12},\cdots,X_{a1m}$	$X_{a21},X_{a22},\cdots,X_{a2m}$	$\cdots$	$X_{ab1},X_{ab2},\cdots,X_{abm}$

引入记号

$$\overline{X}_{ij\cdot}=\frac{1}{m}\sum_{k=1}^{m}X_{ijk},\quad \overline{X}_{i\cdot\cdot}=\frac{1}{bm}\sum_{j=1}^{b}\sum_{k=1}^{m}X_{ijk},$$

$$\overline{X}_{\cdot j\cdot}=\frac{1}{am}\sum_{i=1}^{a}\sum_{k=1}^{m}X_{ijk},\quad \overline{X}=\frac{1}{abm}\sum_{i=1}^{a}\sum_{j=1}^{b}\sum_{k=1}^{m}X_{ijk}.$$

记

$$\bar{\mu}=\frac{1}{ab}\sum_{i=1}^{a}\sum_{j=1}^{b}\mu_{ij},\quad \bar{\mu}_{i\cdot}=\frac{1}{b}\sum_{j=1}^{b}\mu_{ij},\quad \bar{\mu}_{\cdot j}=\frac{1}{a}\sum_{i=1}^{a}\mu_{ij},$$

$$\alpha_i=\bar{\mu}_{i\cdot}-\bar{\mu},\quad \beta_i=\bar{\mu}_{\cdot j}-\bar{\mu},$$

$$\gamma_{ij}=\bar{\mu}_{ij}-\bar{\mu}-\alpha_i-\beta_j,$$

$$i=1,2,\cdots,a,j=1,2,\cdots,b,$$

参数 $\bar{\mu}$ 是 $a\times b$ 个母体数学期望的平均,这里 α_i 反映因素 A 取第 i 个水平 A_i 对试验指标的影响,称为**水平 A_i 的效应**;β_j 反映因素 B 取第 j 个水平 B_j 对试验指标的影响,称为**水平 B_j 的效应**. 另外,$\bar{\mu}_{ij}-\bar{\mu}$ 是反映水平组合 A_iB_j 对试验指标的总效应,而 γ_{ij} 是总效应减去 A_i 的效应 α_i 及 B_j 的效应 β_j,故 γ_{ij} 称为 A_i 与 B_j 对试验指标的**交互效应**,简称为 A_i 与 β_j 搭配的**交互效应**. 在多因素试验中,通常把因素 A 与因素 B 对试验指标的交互效应设想为某一因素的效应,这个因素记作 $A\times B$,称为 A 与 B 对试验指标的**交互作用**. 并且有

$$\sum_{i=1}^{a}\alpha_i=0,\quad \sum_{j=1}^{b}\beta_j=0,\sum_{i=1}^{a}\gamma_{ij}=\sum_{j=1}^{b}\gamma_{ij}=0(i=1,2,\cdots,a;j=1,2,\cdots,b).$$

于是 μ_{ij} 可以分解为

$$\mu_{ij} = \bar{\mu} + \alpha_i + \beta_j + \gamma_{ij}$$

因此,要判断因素 A,B 的影响及交互作用的影响是否显著就等价于检验假设

$$H_{01}: \alpha_1 = \alpha_2 = \cdots = \alpha_a = 0,$$

$$H_{02}: \beta_1 = \beta_2 = \cdots = \beta_b = 0,$$

$$H_{03}: \gamma_{ij} = 0 (i = 1, 2, \cdots, a; j = 1, \alpha, \cdots, b).$$

为了检验这些假设,将总离差平方和 Q 分解如下:

$$\begin{aligned} Q &= \sum_{i=1}^{a}\sum_{j=1}^{b}\sum_{k=1}^{m}(X_{ijk} - \bar{X})^2 \\ &= \sum_{i=1}^{a}\sum_{j=1}^{b}\sum_{k=1}^{m}[(\bar{X}_{i\cdot\cdot} - \bar{X}) + (\bar{X}_{\cdot j\cdot} - \bar{X}) + (\bar{X}_{ij\cdot} - \bar{X}_{i\cdot\cdot} - \bar{X}_{\cdot j\cdot} + \bar{X}) + (X_{ijk} - \bar{X}_{ij\cdot})]^2 \\ &= Q_A + Q_B + Q_{A\times B} + Q_E. \end{aligned}$$

其中

$$Q_A = bm\sum_{i=1}^{a}(\bar{X}_{i\cdot\cdot} - \bar{X})^2, \quad Q_B = am\sum_{j=1}^{b}(\bar{X}_{\cdot j\cdot} - \bar{X})^2,$$

$$Q_{A\times B} = m\sum_{i=1}^{a}\sum_{j=1}^{b}(\bar{X}_{ij\cdot} - \bar{X}_{i\cdot\cdot} - \bar{X}_{\cdot j\cdot} + \bar{X})^2, \quad Q_E = \sum_{i=1}^{a}\sum_{j=1}^{b}\sum_{k=1}^{m}(X_{ijk} - \bar{X}_{ij})^2.$$

Q_A 称为因素 A 偏差平方和,反映了因素 A 的不同水平引起的系统误差;Q_B 称为因素 B 的偏差平方和,反映了因素 B 的不同水平引起的系统误差;$Q_{A\times B}$称为因素 A 与 B 的交互作用的偏差平方和,反映了因素 A 与 B 的不同水平引起的系统误差;Q_E 称为误差平方和,反映了各种随机因素产生的随机误差. 可以推出

$$\frac{Q}{\sigma^2} \sim \chi^2(abm-1), \quad \frac{Q_A}{\sigma^2} \sim \chi^2(a-1), \quad \frac{Q_B}{\sigma^2} \sim \chi^2(b-1),$$

$$\frac{Q_{A\times B}}{\sigma^2} \sim \chi^2((a-1)(b-1)), \quad \frac{Q_E}{\sigma^2} \sim \chi^2(ab(m-1)),$$

令

$$S_A^2 = \frac{1}{a-1}Q_A, \quad S_B^2 = \frac{1}{b-1}Q_B,$$

$$S_{A\times B}^2 = \frac{1}{(a-1)(b-1)}Q_{A\times B}, \quad S_E^2 = \frac{1}{ab(m-1)}Q_E.$$

由比值

$$F_A = \frac{S_A^2}{S_E^2} = \frac{Q_A}{Q_E} \cdot \frac{(abm-1)}{a-1},$$

$$F_B = \frac{S_B^2}{S_E^2} = \frac{Q_B}{Q_E} \cdot \frac{(abm-1)}{b-1},$$

$$F_{A\times B} = \frac{S_{A\times B}^2}{S_E^2} = \frac{Q_{A\times B}}{Q_E} \cdot \frac{(abm-1)}{(a-1)(b-1)},$$

可以看出，当 H_{01} 不成立时，统计量 F_A 有偏大的趋势；当 H_{02} 不成立时，统计量 F_B 有偏大的趋势；当 H_{03} 不成立时，统计量 $F_{A\times B}$ 有偏大的趋势. 且有以下结论.

当 H_{01} 成立时，

$$F_A=\frac{S_A^2}{S_E^2}=\frac{Q_A}{Q_E}\cdot\frac{(abm-1)}{a-1}\sim F(a-1,ab(m-1));$$

当 H_{02} 成立时，

$$F_B=\frac{S_B^2}{S_E^2}=\frac{Q_B}{Q_E}\cdot\frac{(abm-1)}{a-1}\sim F(b-1,ab(m-1));$$

当 H_{03} 成立时，

$$F_{A\times B}=\frac{S_{A\times B}^2}{S_E^2}=\frac{Q_{A\times B}}{Q_E}\cdot\frac{(abm-1)}{(a-1)(b-1)}\sim F((a-1)(b-1),ab(m-1)).$$

从而可将 F_A，F_B 及 $F_{A\times B}$ 作为检验统计量，来分别检验因素 A，B 及交互作用 $A\times B$ 的影响是否显著.

对于给定显著性水平 α，查 F 分布临界值表，得临界值 $F_\alpha((a-1),ab(m-1))$，$F_\alpha((b-1),ab(m-1))$，$F_\alpha((a-1)(b-1),ab(m-1))$. 根据子样观测值算得统计量 F_A，F_B 及 $F_{A\times B}$ 的大小.

如果 $F_A>F_\alpha((a-1),ab(m-1))$，则在水平 α 下拒绝 H_{01}；

如果 $F_B>F_\alpha((b-1),ab(m-1))$，则在水平 α 下拒绝 H_{02}；

如果 $F_{A\times B}>F_\alpha((a-1)(b-1),ab(m-1))$，则在水平 α 下拒绝 H_{03}，即认为 A 或 B 或交互作用 $A\times B$ 的影响显著. 所有讨论可以列成表 9-6.

表 9-6　有交互效应的双因素方差分析表

方差来源	平方和	自由度	平均平方和	F 值	显著性
因素 A	Q_A	$a-1$	$S_A^2=\frac{1}{a-1}Q_A$	$F_A=S_A^2/S_E^2$	
因素 B	Q_B	$b-1$	$S_B^2=\frac{1}{a-1}Q_B$	$F_B=S_B^2/S_E^2$	
交互作用	$Q_{A\times B}$	$(a-1)(b-1)$	$S_{A\times B}^2=\frac{Q_{A\times B}}{(a-1)(b-1)}$		
误差	Q_E	$ab(m-1)$	$S_E^2=\frac{Q_E}{(a-1)(b-1)}$		
总和	Q	$abm-1$			

例 1　用三种深翻方案与四种施肥方案配合成 12 种育苗方案，做杨树苗试验，获得苗高数据见表 9-7. 试判断深翻方案的不同、施肥方案的不同是否对苗高都起了显著的影响作用？除了这两个因素的单独作用之外，是否由于两个因素的配合对苗高另起了影响作用？

表 9-7　树苗的高度

施肥(B) 深翻(A)	B_1	B_2	B_3	B_4
A_1	52　43　39	48　37　29	34　42　38	45　58　42
A_2	41　47　53	50　41　30	36　39　44	44　46　60
A_3	99　38　42	36　48　47	37　40　32	43　56　41

解　这是一个考虑交互作用的双因素实验,因素 A(深翻)有 3 个不同的水平,因素 B(施肥)有 4 个不同的水平,对应的效应分别为 $\alpha_i, i=1,2,3$ 和 $\beta_j, j=1,2,3,4$. 两个因素的交互效应为 $\gamma_{ij}, i=1,2,3, j=1,2,3,4$. 检验假设:

$$H_{01}: \alpha_1=\alpha_2=\alpha_3=0,$$

$$H_{02}: \beta_1=\beta_2=\beta_3=\beta_4=0,$$

$$H_{03}: \gamma_{ij}=0, \quad i=1,2,3, j=1,2,3,4.$$

计算结果列成表 9-8.

表 9-8　树苗高度的方差分析表

方差来源	平方和	自由度	平均平方和	F 值	显著性
因素 A	28.72	2	14.36	0.28	
因素 B	560.97	3	186.99	3.71	
交互作用	88.67	6	14.78	0.29	
误差	1210.67	24	50.44		
总和	1888.97				

查得临界值:

$$F_{0.05}(2,24)=3.40, \quad F_{0.05}(3,24)=3.01,$$

$$F_{0.05}(6,24)=2.51, \quad F_{0.01}(2,24)=5.61,$$

$$F_{0.05}(3,24)=4.72, \quad F_{0.01}(6,24)=3.67.$$

由于 $F_A=0.28<F_{0.05}(2,24)=3.40$,故因素 A(深翻)对苗高无显著影响;

$F_B=3.71>F_{0.01}(3,24)=3.01$,故因素 B(施肥)对苗高有显著影响;

$F_{A\times B}=0.29<F_{0.05}(6,24)=2.51$,故 A,B 搭配不起显著影响,即它们间的交互作用可忽略.

9.2.2　无交互作用的情形

在这种情形下,我们认为 A,B 两个因素之间不存在交互作用(或可忽略),亦即认为因素 A 的 a 个水平 $A_1,A_2,\cdots,A_a$ 与因素 B 的 b 个水平 $B_1,B_2,\cdots,B_b$ 的各种不

同搭配的交互效应 $\gamma_{ij}(i=1,2,\cdots,a;j=1,2,\cdots,b)$ 为零. 这时所要检验的假设只有 H_{01} 和 H_{02}，试验不必重复就能对假设做出拒绝与否的判断. 由于每种搭配 A_iB_j 只需进行一次试验，为了简单，其试验结果用 X_{ij} 表示，全部试验结果列成表 9-9.

表 9-9 无交互作用的实验结果

因素 A \ 试验结果 \ 因素 B	B_1	B_2	$\cdots$	B_b	平均值 $\overline{X}_{i\cdot}$
A_1	X_{11}	X_{12}	$\cdots$	X_{1b}	$\overline{X}_{1\cdot}$
A_2	X_{21}	X_{22}	$\cdots$	X_{2b}	$\overline{X}_{2\cdot}$
$\vdots$	$\vdots$	$\vdots$		$\vdots$	$\vdots$
A_a	X_{a1}	X_{a2}	$\cdots$	X_{ab}	$\overline{X}_{a\cdot}$
平均值 $\overline{X}_{\cdot j}$	$\overline{X}_{\cdot 1}$	$\overline{X}_{\cdot 2}$	$\cdots$	$\overline{X}_{\cdot b}$	$\overline{X}$

表 9-9 中

$$\overline{X}_{i\cdot}=\frac{1}{b}\sum_{j=1}^{b}X_{ij}\ (i=1,2,\cdots,a),$$

$$\overline{X}_{j\cdot}=\frac{1}{a}\sum_{i=1}^{a}X_{ij}\ (j=1,2,\cdots,b),$$

$$\overline{X}=\frac{1}{ab}\sum_{i=1}^{a}\sum_{j=1}^{b}X_{ij}.$$

与前面一样，这里假定 X_{ij} 是相互独立且服从正态分布 $N(\mu_{ij},\sigma^2)$ 的随机变量，也就是说，X_{ij} 是从正态分布 $N(\mu_{ij},\sigma^2)$ 的总体中抽取的子样，且是相互独立的.

由于假定 γ_{ij} 为零，μ_{ij} 可写为

$$\mu_{ij}=\bar{\mu}+\alpha_i+\beta_j,$$

其中参数 $\bar{\mu}$ 是 $a\times b$ 个总体数学期望的平均，参数 α_i 是水平 A_i 的效应；参数 β_j 是水平 B_j 的效应.

为了检验假设

$$H_{01}:\alpha_1=\alpha_2=\cdots=\alpha_a=0$$

和

$$H_{02}:\beta_1=\beta_2=\cdots=\beta_b=0,$$

将总离差平方和 Q 分解如下：

$$\begin{aligned}Q&=\sum_{i=1}^{a}\sum_{j=1}^{b}(X_{ij}-\overline{X})^2\\&=\sum_{i=1}^{a}\sum_{j=1}^{b}[(\overline{X}_{i\cdot}-\overline{X})+(\overline{X}_{\cdot j}-\overline{X})+(\overline{X}_{ij}-\overline{X}_{i\cdot}-\overline{X}_{\cdot j}+\overline{X})]^2\end{aligned}$$

$$= b\sum_{i=1}^{a}(\bar{X}_{i\cdot}-\bar{X})^2 + a\sum_{j=1}^{b}(\bar{X}_{\cdot j}-\bar{X})^2 + \sum_{i=1}^{a}\sum_{j=1}^{b}(\bar{X}_{ij}-\bar{X}_{i\cdot}-\bar{X}_{\cdot j}+\bar{X})^2$$
$$= Q_A + Q_B + Q_E.$$

其中

$$\begin{cases} Q_A = b\sum\limits_{i=1}^{a}(\bar{X}_{i\cdot}-\bar{X})^2, \\ Q_B = a\sum\limits_{j=1}^{b}(\bar{X}_{\cdot j}-\bar{X})^2, \\ Q_E = \sum\limits_{i=1}^{a}\sum\limits_{j=1}^{b}(\bar{X}_{ij}-\bar{X}_{i\cdot}-\bar{X}_{\cdot j}+\bar{X})^2. \end{cases}$$

因此,Q_A 反映了因素 A 对试验结果的影响;Q_B 反映了因素 B 对试验结果的影响;Q_E 反映了除去因素 A,B 的效应后的试验误差. 令

$$S_A^2=\frac{1}{a-1}Q_A,\quad S_B^2=\frac{1}{a-1}Q_B,\quad S_E^2=\frac{Q_E}{(a-1)(b-1)}.$$

因此,由比值

$$F_A=\frac{S_A{}^2}{S_E{}^2}=\frac{Q_A}{Q_E}\cdot\frac{(a-1)(b-1)}{a-1} \text{和} F_B=\frac{S_B{}^2}{S_E{}^2}=\frac{Q_B}{Q_E}\cdot\frac{(a-1)(b-1)}{a-1}$$

可以看出,当 H_{01} 不成立时,统计量 F_A 有偏大的趋势;当 H_{02} 不成立时,统计量 F_B 有偏大的趋势. 可以证明:

当 H_{01} 成立时,

$$F_A=\frac{S_A^2}{S_E^2}=\frac{(b-1)Q_A}{Q_E}\sim F((a-1),(a-1)(b-1));$$

当 H_{02} 成立时,

$$F_B=\frac{S_B^2}{S_E^2}=\frac{(a-1)Q_B}{Q_E}\sim F((b-1),(a-1)(b-1)).$$

从而可以 F_A,F_B 作为检验统计量,来分别检验因素 A,B 的影响是否显著.

对于给定显著性水平 α,可以从 F 分布临界值表中,查得第一自由度 $a-1$,第二自由度 $(a-1)(b-1)$ 对应的临界值 $F_\alpha((a-1),(a-1)(b-1))$;查得第一自由度 $b-1$,第二自由度 $(a-1)(b-1)$ 对应的临界值 $F_\alpha((b-1),(a-1)(b-1))$. 然后,根据子样观察值算得统计量 F_A,F_B 的观察值,

如果 $F_A>F_\alpha((a-1),(a-1)(b-1))$,则在水平 α 下拒绝 H_{01};

如果 $F_B>F_\alpha((b-1),(a-1)(b-1))$,则在水平 α 下拒绝 H_{02};即认为 A 或 B 的影响显著.

与单因素方差分析一样,写出方差分析表,见表 9-10.

表 9-10　无交互效应的双因素方差分析表

方差来源	平方和	自由度	平均平方和	F 值	显著性
A 的影响	Q_A	$a-1$	$S_A^2=\frac{1}{a-1}Q_A$	$F_A=S_A^2/S_E^2$	
B 的影响	Q_B	$b-1$	$S_B^2=\frac{1}{a-1}Q_B$	$F_B=S_B^2/S_E^2$	
误差	Q_E	$(a-1)(b-1)$	$S_E^2=\frac{Q_E}{(a-1)(b-1)}$		
总和	Q	$ab-1$			

例 2　设四个工人操作三种机器,其日产量见表 9-11,问各工人之间或机器之间是否存在显著差异?

表 9-11　三台机器的日产量

机器＼工人	B_1	B_2	B_3	B_4
A_1	50	47	47	53
A_2	63	54	57	58
A_3	52	42	41	48

解　这是一个双因素检验,且不考虑交互作用,记机器为因素 A,它有 3 个水平,水平效应为 α_i,$i=1,2,3$."工人"为因素 B,它有 4 个水平,水平效应为 β_j,$j=1,2,3,4$.在显著性水平 α 下,检验假设

$$H_{01}:\alpha_1=\alpha_2=\alpha_3=0;$$
$$H_{02}:\beta_1=\beta_2=\beta_3=\beta_4=0.$$

由表 9-10 中数据计算得

$$Q_A=318.5,\quad Q_B=114.67,\quad Q_E=32.83,\quad Q=466.$$

将计算结果列成表 9-12.

表 9-12　无交互作用的双因素方差分析表

方差来源	平方和	自由度	平均平方和	F 值	临界值	显著性
A 的影响	318.5	2	159.25	29.11	$F_{0.01}(2,6)=10.92$	* *
B 的影响	114.67	3	38.22	6.99	$F_{0.01}(3,6)=9.78$	*
误差	32.83	6	5.47		$F_{0.05}(3,6)=4.76$	
总和	466	11				

由方差分析表看出,各种机器之间差异极显著,各工人操作之间有显著差异.

9.3　一元线性回归

在现实世界中，经常存在着变量之间的相互联系、相互依存的关系. 变量之间的关系一般分为两类：确定性关系和相关关系. 确定性关系也就是我们熟知的函数关系. 比如，在匀速直线运动中，距离 s、速度 v 和时间 t 之间的函数关系 $s=vt$. 相关关系是指变量之间不能用函数关系来表达. 比如，农作物的产量与施肥量、单位面积的播种量有关，但产量却不能完全由施肥量和单位面积的播种量唯一确定. 又如，人的身高与体重有一定的关系，但身高不能完全确定体重. 变量之间这种不确定的关系称为相关关系.

回归分析是研究变量间相关关系的有力的数学工具. 它研究分析两个或多个变量之间的统计规律性，从变量的观测数据出发，找出变量之间的近似关系式.

回归分析有很广泛的应用，在工农业生产和科学研究工作中有许多问题，如求经验公式、找出产量或质量指标与生产条件的关系，病虫害的预报，天气和地震预报等，都要用到回归分析这一工具.

一元回归分析通常用来研究两个变量之间的相关关系，而多元回归分析用于研究多个变量之间的相关关系.

9.3.1　一元线性回归模型

为了直观，从下面的例子谈起.

例 1　在某种产品表面进行腐蚀刻线实验，得到腐蚀时间 x 与腐蚀深度 y 相对应的一组数据见表 9-13，试求它们之间的关系.

表 9-13

腐蚀时间 X/s	5	10	15	20	30	40	50	60	70	90	120
腐蚀深度 Y/μm	6	10	10	13	16	17	19	23	25	29	46

首先，将这批数据在直角坐标系上描点，如图 9-1 所示.

一般地，按此方法描点所得的图称为**散点图**. 从图 9-1 上可以看出，这些点虽然是散乱的，但大体上散布在某条直线的附近，也就是说，腐蚀深度和腐蚀时间大致呈线性关系：

$$\hat{y}=a+bx,$$

这里，在 y 上加“ˆ”号是为了区别于其实际值 y. 因此，两个量之间基本是线性关系，只需确定系数 a,b 即可.

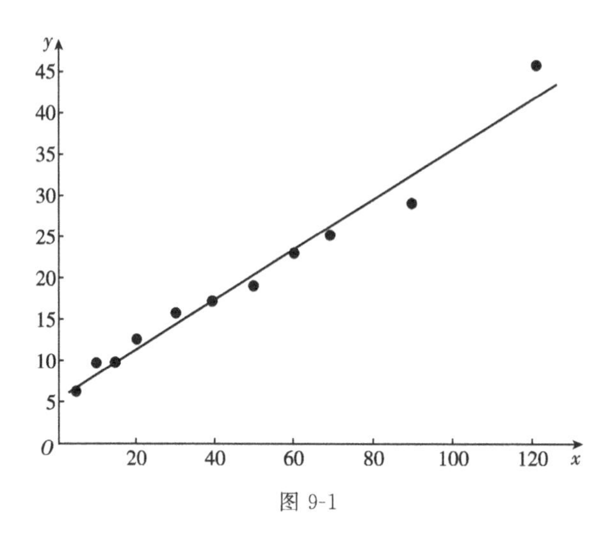

图 9-1

一般地，当随机变量 Y 与变量 X 之间有线性关系时，采用如下的线性模型

$$Y=a+bX+\varepsilon,\quad \varepsilon\sim N(0,\sigma^2) \tag{1}$$

来表示，这里 X 是试验或观察中可以控制或精确测量的变量. Y 是可观测的随机变量. ε 是由随机因素所产生的误差，称为随机误差. 我们称(1)式为 Y 关于 X 的线性回归方程，其中参数 a,b 和 σ^2 未知，斜率 b 为回归系数.

为了研究 Y 与 X 之间的内在关系，就要确定参数 a,b. 首先通过试验或观测可以得到关于变量 X 和 Y 的一组数据

$$(x_1,y_1),(x_2,y_2),\cdots,(x_n,y_n),$$

先把这 n 个点在数轴上标注出来(即散点图)进行分析，判断 Y 与 X 之间是否具有线性相关关系. 只有当散点图大致成一条直线时，才可以使用线性回归模型. 根据样本观测值 $(x_1,y_1),(x_2,y_2),\cdots,(x_n,y_n)$，求参数 a,b 的估计值 $\hat{a},\hat{b}$，从而确定回归方程 $\hat{y}=\hat{a}+\hat{b}x$；并检验回归方程是否合理；利用合理的回归方程对随机变量 Y 进行预测和控制.

9.3.2　参数的最小二乘估计

要求出回归直线，只需求出参数 a,b. 由回归方程 $\hat{y}=a+bx$，$\hat{y}_i$ 为近似值，y_i 为真实值，$y_i-(a+bx_i)$ 表示真实值与近似值之间的误差，记为 ε_i. 最小二乘法原理就是确定 a,b 的估计量 $\hat{a},\hat{b}$，使误差 $\varepsilon_i(i=1,2,\cdots,n)$ 的平方和：

$$Q(a,b)=\sum_{i=1}^{n}\varepsilon_i^2=\sum_{i=1}^{n}[y_i-(a+bx_i)]^2$$

为最小. 这种方法得到的 $\hat{a},\hat{b}$ 称为 a,b 的最小二乘估计. 按二元函数求极值的方法，可得联立方程组：

$$\begin{cases} \dfrac{\partial Q}{\partial a} = -2\sum_{i=1}^{n}(y_i - a - bx_i) = 0, \\ \dfrac{\partial Q}{\partial b} = -2\sum_{i=1}^{n}(y_i - a - bx_i)x_i = 0. \end{cases}$$

这个方程组称为正规方程组.解此方程组得

$$na = \sum_{i=1}^{n} y_i - b\sum_{i=1}^{n} x_i = 0,$$

因此

$$\begin{cases} \hat{b} = \dfrac{\sum_{i=1}^{n} x_i y_i - n\bar{x}\bar{y}}{\sum_{i=1}^{n} x_i^{\ 2} - n\bar{x}^2} = \dfrac{\sum_{i=1}^{n}(x_i - \bar{x})(y_i - \bar{y})}{\sum_{i=1}^{n}(x_i - \bar{x})^2}, \\ \hat{a} = \bar{y} - b\bar{x}, \end{cases} \tag{2}$$

其中

$$\bar{x} = \frac{1}{n}\sum_{i=1}^{n} x_i, \quad \bar{y} = \frac{1}{n}\sum_{i=1}^{n} y_i.$$

由此得到线性回归方程

$$\hat{y} = \hat{a} + \hat{b}x. \tag{3}$$

可以证明，这里 $\hat{a}$,$\hat{b}$ 满足

$$Q(\hat{a},\hat{b}) = \min Q(a,b),$$

且回归曲线通过样本中心点($\bar{x}$,$\bar{y}$),因此由(3)式可得回归方程的另一形式：

$$\hat{y} - \bar{y} = \hat{b}(x - \bar{x}),$$

即回归曲线通过由观测值的平均值组成的点,并且回归方程由回归系数 $\hat{b}$ 完全确定.记

$$L_{xy} = \sum_{i=1}^{n}(x_i - \bar{x})(y_i - \bar{y}) = \sum_{i=1}^{n} x_i y_i - \frac{1}{n}\Big(\sum_{i=1}^{n} x_i\Big)\Big(\sum_{i=1}^{n} y_i\Big);$$

$$L_{xx} = \sum_{i=1}^{n}(x_i - \bar{x})^2 = \sum_{i=1}^{n} x_i^{\ 2} - \frac{1}{n}\Big(\sum_{i=1}^{n} x_i\Big)^2;$$

$$L = L_{yy} = \sum_{i=1}^{n}(y_i - \bar{y})^2 = \sum_{i=1}^{n} y_i^{\ 2} - \frac{1}{n}\Big(\sum_{i=1}^{n} y_i\Big)^2.$$

分别称 L_{xx} 和 L_{yy} 为 x,y 的离差平方和,称 L_{xy} 为 x,y 的离差回归和.于是公式(2)可以转化为

$$\hat{b} = L_{xy}/L_{xx}, \quad \hat{a} = \bar{y} - \hat{b}\bar{x}.$$

例 2(例 1 续)　利用例 1 提供的数据求回归方程.

解　求回归方程的计算在表 9-14.

表 9-14

序号	x_i	y_i	x_i^2	y_i^2	x_iy_i
1	5	6	25	36	30
2	10	10	100	100	100
3	15	10	100	100	150
4	20	13	400	169	260
5	30	16	900	256	480
6	40	17	1600	289	680
7	50	19	2500	361	950
8	60	23	3600	529	1380
9	70	25	4900	625	1750
10	90	29	8100	841	2610
11	120	46	14400	2116	5520
总和	510	214	36750	5422	13910

$L_{xx}=36750-510^2/11=13104.5455$,

$L_{xy}=13910-510\times 214/11=3988.1818$,

$\hat{b}=\dfrac{L_{xy}}{L_{xx}}=0.3043$, $\quad \hat{a}=\bar{y}-\hat{b}\bar{x}=214/11-(510\times 0.3043)/11=5.3461.$

故所求回归方程为 $\hat{y}=5.3461+0.3043x$.

9.3.3 最小二乘估计的性质

1. 离差平方和的分解

观察值 $y_i(i=1,2,\cdots,n)$ 与其平均值 $\bar{y}$ 的离差平方和，称为总的离差平方和，记作

$$L=L_{yy}=\sum_{i=1}^{n}(y_i-\bar{y})^2. \tag{4}$$

因为

$$\begin{aligned}L&=\sum_{i=1}^{n}(y_i-\bar{y})^2=\sum_{i=1}^{n}[(y_i-\hat{y}_i)+(\hat{y}_i-\bar{y})]^2\\&=\sum_{i=1}^{n}(y_i-\hat{y}_i)^2+\sum_{i=1}^{n}(\hat{y}_i-\bar{y})^2-2\sum_{i=1}^{n}(y_i-\hat{y}_i)(\hat{y}_i-\bar{y}),\end{aligned}$$

由于交叉项

$$\begin{aligned}\sum_{i=1}^{n}(y_i-\hat{y}_i)(\hat{y}_i-\bar{y})&=\sum_{i=1}^{n}(y_i-\hat{a}-\hat{b}x_i)(\hat{a}+\hat{b}x_i-\bar{y})\\&=(\hat{a}-\bar{y})\sum_{i=1}^{n}(y_i-\hat{a}-\hat{b}x_i)+\hat{b}\sum_{i=1}^{n}(y_i-\hat{a}-\hat{b}x_i)x_i=0.\end{aligned}$$

于是得到了总离差平方和的分解公式：

$$L = L_{yy} = \sum_{i=1}^{n}(y_i - \hat{y}_i)^2 + \sum_{i=1}^{n}(\hat{y}_i - \bar{y})^2 = Q + U, \tag{5}$$

其中

$$\begin{cases} Q = \sum_{i=1}^{n}(y_i - \hat{y}_i)^2, \\ U = \sum_{i=1}^{n}(\hat{y}_i - \bar{y})^2, \end{cases} \tag{6}$$

其中 $\hat{y}_i$ 是回归直线 $\hat{y} = \hat{a} + \hat{b}x$ 上横坐标为 x_i 的点的纵坐标，并且 $\hat{y}_1, \hat{y}_2, \cdots, \hat{y}_n$ 的平均值为 $\bar{y}$，这是由于

$$\frac{1}{n}\sum_{i=1}^{n}\hat{y}_i = \frac{1}{n}\sum_{i=1}^{n}(\hat{a} + \hat{b}x_i) = (\hat{a} + \hat{b}\bar{x}) = \bar{y},$$

由此可推得

$$\begin{aligned} U &= \sum_{i=1}^{n}(\hat{y}_i - \bar{y})^2 = \sum_{i=1}^{n}[(\hat{a} + \hat{b}x_i) - (\hat{a} + \hat{b}\bar{x})]^2 \\ &= \hat{b}^2\sum_{i=1}^{n}(x_i - \bar{x})^2 = \hat{b}^2 L_{xx} (= \hat{b}L_{xy}). \end{aligned} \tag{7}$$

这不仅说明 $U = \sum_{i=1}^{n}(\hat{y}_i - \bar{y})^2$ 是描述 $\hat{y}_1, \hat{y}_2, \cdots, \hat{y}_n$ 的分散程度的离差平方和，还说明它是来源于 $x_1, x_2, \cdots, x_n$ 的分散性，并且是通过 X 对 y 的线性影响而反映出来的，所以，U 称为**回归平方和**，其**自由度**为 1.

而

$$Q = \sum_{i=1}^{n}(y_i - \hat{y}_i)^2 = \sum_{i=1}^{n}[y_i - (\hat{a} + \hat{b}x_i)]^2$$

正好是前面讨论的 $Q(a,b)$ 的最小值. 在(1)式的假定下，它是由其他未控制的因素以及试验误差 ε 引起的. 它的大小反映了其他因素以及试验误差对试验结果的影响. 我们称 Q 为**剩余平方和**或**残差平方和**，其自由度为 L_{yy} 的自由度减 1，即 $n-2$.

2. $\hat{a}, \hat{b}$ 的估计与分布

定理 1　对于一元线性回归模型(1)，有

(1) $\hat{a}, \hat{b}$ 分别是 a, b 的无偏估计，即 $E(\hat{a}) = a, E(\hat{b}) = b$；

(2) $\hat{a} \sim N\left(a, \left(\frac{1}{n} + \frac{\bar{x}^2}{L_{xx}}\right)\sigma^2\right)$，$\hat{b} \sim N\left(b, \frac{1}{L_{xx}}\sigma^2\right)$，这里 $L_{xx} = \sum_{i=1}^{n}(x_i - \bar{x})^2$.

证明　(1) 在 $\varepsilon_1, \varepsilon_2, \cdots, \varepsilon_n$ 相互独立且服从同一分布 $N(0, \sigma^2)$ 的假定下，且 $y_1, y_2, \cdots, y_n$ 是 n 个相互独立的随机变量，则 $y_i \sim N(a + bx_i, \sigma^2)(i = 1, 2, \cdots, n)$. 所以它们的平均值 $\bar{y}$ 的数学期望为

$$E(\bar{y}) = E\left(\frac{1}{n}\sum_{i=1}^{n}y_i\right) = \frac{1}{n}\sum_{i=1}^{n}E(y_i) = \frac{1}{n}\sum_{i=1}^{n}(a + bx_i) = a + b\bar{x}.$$

又 $\hat{b}$ 是 $y_i (i = 1, 2, \cdots, n)$ 的线性函数，且

$$E(\hat{b}) = E\left[\frac{\sum_{i=1}^{n}(x_i-\bar{x})(y_i-\bar{y})}{\sum_{i=1}^{n}(x_i-\bar{x})^2}\right] = \frac{\sum_{i=1}^{n}(x_i-\bar{x})E(y_i-\bar{y})}{\sum_{i=1}^{n}(x_i-\bar{x})^2}$$

$$= \frac{\sum_{i=1}^{n}(x_i-\bar{x})[(a+bx_i)-(a+b\bar{x})]}{\sum_{i=1}^{n}(x_i-\bar{x})^2} = b,$$

$$E(\hat{a}) = E(\bar{y}-\hat{b}\bar{x}) = E(\bar{y}) - \bar{x}E(\hat{b}) = a + b\bar{x} - b\bar{x} = a,$$

所以 $\hat{a},\hat{b}$ 分别是 a,b 的无偏估计.

(2)$\hat{a},\hat{b}$ 的方差分别为

$$D(\hat{b}) = D\left[\frac{\sum_{i=1}^{n}(x_i-\bar{x})(y_i-\bar{y})}{\sum_{i=1}^{n}(x_i-\bar{x})^2}\right] = D\left[\frac{\sum_{i=1}^{n}(x_i-\bar{x})y_i - \bar{y}\sum_{i=1}^{n}(x_i-\bar{x})}{\sum_{i=1}^{n}(x_i-\bar{x})^2}\right]$$

$$= D\left[\frac{\sum_{i=1}^{n}(x_i-\bar{x})y_i}{\sum_{i=1}^{n}(x_i-\bar{x})^2}\right] = \frac{\sum_{i=1}^{n}(x_i-\bar{x})^2D(y_i)}{\left[\sum_{i=1}^{n}(x_i-\bar{x})^2\right]^2} = \frac{\sigma^2}{\sum_{i=1}^{n}(x_i-\bar{x})^2} = \frac{\sigma^2}{L_{xx}}.$$

于是 $\hat{b}\sim N\left(b,\dfrac{\sigma^2}{L_{xx}}\right)$,

$$D(\hat{a}) = D(\bar{y}-\hat{b}\bar{x}) = D(\bar{y}) - \bar{x}^2D(\hat{b}) = \frac{\sigma^2}{n} + \frac{\sigma^2}{L_{xx}}\bar{x}^2 = \left(\frac{1}{n}+\frac{\bar{x}^2}{L_{xx}}\right)\sigma^2.$$

所以

$$\hat{a}\sim N\left(a,\left(\frac{1}{n}+\frac{\bar{x}^2}{L_{xx}}\right)\sigma^2\right),\quad \hat{b}\sim N\left(b,\frac{1}{L_{xx}}\sigma^2\right).$$

3. 方差 σ^2 的估计及其分布

定理 2 对于线性回归模型(1),

(1)$\hat{\sigma}^2=\dfrac{Q}{n-2}$是 σ^2 的无偏估计量;

(2)$\dfrac{(n-2)\hat{\sigma}^2}{\sigma^2}=\dfrac{Q}{\sigma^2}\sim\chi^2(n-2)$,且 $\hat{a},\hat{b}$ 相互独立.

证 $E(L) = E\left[\sum_{i=1}^{n}(y_i-\bar{y})^2\right] = E\sum_{i=1}^{n}[(a+bx_i+\varepsilon_i)-(a+b\bar{x}+\bar{\varepsilon})]^2$

$$= E\left[b^2\sum_{i=1}^{n}(x_i-\bar{x})^2 + \sum_{i=1}^{n}(\varepsilon_i-\bar{\varepsilon})^2 + 2b\sum_{i=1}^{n}(x_i-\bar{x})(\varepsilon_i-\bar{\varepsilon})\right]$$

$$= b^2\sum_{i=1}^{n}(x_i-\bar{x})^2 + (n-1)\sigma^2;$$

$$E(U)=E\Big[\sum_{i=1}^{n}(\hat{y}_i-\bar{y})^2\Big]=E\Big[\hat{b}^2\sum_{i=1}^{n}(x_i-\bar{x})^2\Big]=E(\hat{b}^2)\sum_{i=1}^{n}(x_i-\bar{x})^2$$

$$=\{D(\hat{b})+[E(\hat{b})]^2\}\sum_{i=1}^{n}(x_i-\bar{x})^2$$

$$=\left[\frac{\sigma^2}{\sum_{i=1}^{n}(x_i-\bar{x})^2}+b^2\right]\sum_{i=1}^{n}(x_i-\bar{x})^2=\sigma^2+b^2\sum_{i=1}^{n}(x_i-\bar{x})^2.$$

所以

$$E(Q)=E(L)-E(U)=(n-2)\sigma^2,$$

即 $\hat{\sigma}^2=\dfrac{Q}{n-2}=\dfrac{1}{n-2}\sum_{i=1}^{n}(y_i-\bar{y})^2$ 是 σ^2 的无偏估计量.

由于 $\hat{a},\hat{b}$ 是 a,b 的最小二乘估计,

$$\sum_{i=1}^{n}(y_i-\hat{y}_i)=0,\quad \sum_{i=1}^{n}(y_i-\hat{y}_i)x_i=0.$$

这表明 $\hat{\sigma}^2$ 中的 n 个变量 $y_1-\hat{y}_1,y_2-\hat{y}_2,\cdots,y_n-\hat{y}_n$ 之间有两个独立的线性约束条件,故 $\hat{\sigma}^2$ 的自由度为 $n-2$. 因此

$$\frac{(n-2)\hat{\sigma}^2}{\sigma^2}=\frac{Q}{\sigma^2}\sim\chi^2(n-2).$$

(2)该证明超出了本书范围,故略去.

9.3.4　回归模型的显著性检验

当我们得到一个实际问题的回归方程 $\hat{y}=\hat{a}+\hat{b}x$ 后,还不能用它去进行分析和预测. 因为 $\hat{y}=\hat{a}+\hat{b}x$ 是否真正描述了变量之间的统计规律性,还需要运用统计方法对回归方程进行检验.

由上面的讨论知,对于任何两个变量 X 和 Y 的一组观测数据 $(x_i,y_i),i=1,2,\cdots,n$,都可以确定一个回归方程:$\hat{y}=\hat{a}+\hat{b}x$. 若变量 Y 和 X 之间不存在显著的线性相关关系,那么确定的回归方程毫无实际意义. 因此,我们首先要判明 Y 和 X 是否线性相关,也就是检验线性假设:

$$Y=a+bX+\varepsilon,\quad \varepsilon\sim N(0,\sigma^2)$$

是否可信. 如果 $b=0$,则 Y 和 X 之间无线性关系;否则 $b\neq 0$. 所以要检验两个变量之间是否存在线性相关关系,归根结底就是要检验假设

$$H_0:b=0.$$

下面介绍三种常用的检验方法,它们本质上是相同的.

1. *t* 检验法

由定理1和定理2,$\hat{b}\sim N\left(b,\dfrac{1}{L_{xx}}\sigma^2\right)$,$\dfrac{(n-2)\hat{\sigma}^2}{\sigma^2}=\dfrac{Q}{\sigma^2}\sim\chi^2(n-2)$,且二者相互独

立，当 H_0 成立时，统计量

$$T=\frac{\hat{b}\sqrt{L_{xx}}}{\hat{\sigma}}\sim t(n-2).$$

对给定的显著性水平 α，查 t 分布临界值表.若统计量 T 的观测值满足 $|T|\geq t_{\frac{\alpha}{2}}(n-2)$，则拒绝原假设 H_0，即认为 Y 与 X 之间线性关系显著.否则就认为方程不显著.

2.F 检验法

当"$H_0:b=0.$"成立时，$\frac{Q}{\sigma^2}\sim\chi^2(n-2)$；$\frac{U}{\sigma^2}\sim\chi^2(1)$，且二者相互独立，由此可得

$$F=\frac{U/1}{Q/n-2}=\frac{(n-2)U}{Q}\sim F(1,n-2). \tag{8}$$

因此可用这个统计量 F 作为检验假设 H_0 的检验统计量.

对于给定的显著性水平 α，查 F 分布的临界值表得临界值 $F_\alpha(1,n-2)$，如果由实际观察值计算所得的 $F>F_\alpha(1,n-2)$，则否定假设 $H_0:b=0.$，即认为 X,Y 间的线性相关关系显著.否则认为线性相关关系不显著.一般地，将计算 F 统计量的结果列成表 9-15，称为方差分析表.

表 9-15　多元线性回归的方差分析表

方差来源	平方和	自由度	均方	F 比	显著性
回归	U	1	U	$F=\frac{U}{Q/(n-2)}$	
残差	Q	$n-2$	$Q/(n-2)$		
总和	L	$n-1$			

例 3(例 2 续)　对例 2 进行线性关系显著性检验.

解　根据表 9-12，可算得

$$U=\hat{b}L_{xy}=0.3043\times3988.1818=1213.6,$$
$$Q=L_{yy}-U=5422-214^2/11-1213.6=45.13.$$

具体检验可在方差分析表 9-16 上进行.

表 9-16　方差分析表

方差来源	平方和	自由度	平均平方和	F 值	显著性
回归	1213.6	1	1213.6	242.24	**
剩余	45.13	9	5.01		
总和	1258.73	10			

查 F 分布表，对 $\alpha=0.01$，$F_\alpha(1,9)=10.56$，$F=242.24>F_\alpha(1,9)=10.56$，说明线性关系极显著，即回归方程是有意义的.

3. 相关系数法

变量 Y 与 x 的线性相关程度也可以用一个量来刻画，用 R 记 Y 与 X 的样本相关系数，则

$$R=\frac{\sum_{i=1}^{n}(x_i-\overline{x})(y_i-\overline{y})}{\sqrt{\sum_{i=1}^{n}(x_i-\overline{x})^2\sum_{i=1}^{n}(y_i-\overline{y})^2}}.$$

Y 与 X 的样本相关系数越大，则 Y 与 X 的线性相关程度越大，也可以用 R^2 来表示，易证

$$R^2=\frac{L_{xy}^2}{L_{xx}L_{yy}}=\frac{\hat{b}^2L_{xx}^2}{L_{xx}L_{yy}}=\frac{\hat{b}^2L_{xx}}{L_{yy}}.$$

R^2 表示了回归方程所能解释的变量 Y 的离差部分在 Y 的总离差中的比例. 所以 R^2 越大，表示 Y 与 X 的相关程度越大. 称 R^2 为判断系数或确定系数.

关于上述方法作两点补充说明：

（Ⅰ）由于当 $F\sim F(1,n-2)$ 时 $\sqrt{F}$ 是自由度为 $n-2$ 的 t 变量，即

$$\sqrt{F}=\frac{\sqrt{(n-2)U}}{\sqrt{Q}}\sim t(n-2).$$

故也可用 t 检验法检验假设 H_0，这二者是等效的.

（Ⅱ）$F=\dfrac{(n-2)U}{Q}$ 与 R 有如下的换算关系：

$$F=\frac{(n-2)U}{Q}=(n-2)\frac{R^2}{1-R^2},$$

或

$$R=\pm\sqrt{\frac{F}{(n-2)+F}}.$$

对于给定的显著性水平 α，可查得 $F_\alpha=F_\alpha(1,n-2)$，可得

$$R_\alpha=\sqrt{\frac{F_\alpha}{(n-2)+F_\alpha}}.$$

这说明用相关系数检验线性相关关系和 F 分布检验实质上是一致的.

仍以例 1 为例，利用表 9-14 可算得

$$R^2=\frac{L_{xy}^2}{L_{xx}L_{yy}}=0.982.$$

这个值是相当高的，故认为线性关系是极显著的，所求的回归直线是有意义的.

9.3.5 利用回归方程进行预测和控制

经过回归方程的假设检验，若回归方程 $\hat{y}_0=\hat{a}+\hat{b}x_0$ 能够刻画如果 Y 与 X 之间

的相关关系，此时给定 $x=x_0$ 就可以对变量 Y 进行预测和控制.

1. 点预测

设回归方程 $\hat{y}_0=\hat{a}+\hat{b}x_0$，对于给定的 $x=x_0$，用 $\hat{y}_0=\hat{a}+\hat{b}x_0$ 来预测变量 Y，称为点预测.

2. 区间预测

所谓区间预测，就是对 Y 的值进行区间估计. 对给定的 $x=x_0$，Y 的取值有一个置信度为 $1-\alpha$ 的置信区间，称为预测区间，即寻找 y_1,y_2 使得

$$P\{y_1<y_0<y_2\}=1-\alpha.$$

为解决这个问题，先求 $u=y_0-\hat{y}_0$ 的分布. 已知 $\varepsilon_0,\varepsilon_1,\varepsilon_2,\cdots,\varepsilon_n$ 相互独立，y_0 与各 y_i 也相互独立，因 $\hat{y}_0$ 是各 y_i 的线性组合，所以 y_0 与 $\hat{y}_0$ 相互独立，并且由于 y_0 与 $\hat{y}_0$ 都是正态随机变量，所以 $u=y_0-\hat{y}_0$ 是两个相互独立的正态随机变量之差，因此

$$E(u)=E(y_0-\hat{y}_0)=E(y_0)-E(\hat{y}_0)=0,$$

$$\sigma_u^2=D(u)=D(y_0-\hat{y}_0)=\left[1+\frac{1}{n}+\frac{(x_0-\bar{x})^2}{\sum\limits_{i=1}^{n}(x_i-\bar{x})^2}\right]\sigma^2.$$

于是

$$\frac{u}{\sigma_u}=\frac{(y_0-\hat{y}_0)}{\sigma\sqrt{1+\frac{1}{n}+\frac{(x_0-\bar{x})^2}{\sum\limits_{i=1}^{n}(x_i-\bar{x})^2}}}\sim N(0,1).$$

可以证明

$$\frac{(n-2)\hat{\sigma}^2}{\sigma^2}=\frac{Q}{\sigma^2}\sim\chi^2(n-2).$$

又 $\frac{u}{\sigma_u}$ 与 $\frac{(n-2)\hat{\sigma}^2}{\sigma^2}$ 相互独立，所以

$$F=\frac{(y_0-\hat{y}_0)^2}{\hat{\sigma}^2\left[1+\frac{1}{n}+\frac{(x_0-\bar{x})^2}{\sum\limits_{i=1}^{n}(x_i-\bar{x})^2}\right]}\sim F(1,n-2),$$

对于给定的显著性水平 α，按

$$P\{F<F_\alpha(1,n-2)\}=1-\alpha$$

确定临界值 $F_\alpha(1,n-2)$，由此可求得置信系数为 $1-\alpha$ 的置信区间：

$$(\hat{y}_0-\sigma,\hat{y}_0+\sigma),$$

其中

$$\delta=\hat{\sigma}\sqrt{F_\alpha(1,n-2)\left[1+\frac{1}{n}+\frac{(x_0-\bar{x})^2}{\sum\limits_{i=1}^{n}(x_i-\bar{x})^2}\right]}\left(\hat{\sigma}=\sqrt{\frac{Q}{n-2}}\right). \tag{9}$$

这个置信区间以 $\hat{y}_0$ 为中心，长度为 2δ，中点 $\hat{y}_0$ 随 x_0 线性地变化；并且由上式看出，其长度不仅与显著性水平 α 有关（α 越小，$F_\alpha(1,n-2)$ 就越大，δ 也就越大），且与 n 有关（n 越大，δ 越小），而且与观察点 x_0 有关，当 x_0 靠近 $\bar{x}$ 时，δ 就越小；当 x_0 远离 $\bar{x}$ 时，δ 就越大，即 $\delta=\delta(x_0)$. 因此置信区间的下限与上限的曲线 $y=\hat{y}-\delta$ 和 $y=\hat{y}+\delta$ 对称地落在回归直线的两侧，呈喇叭型(图 9-2).

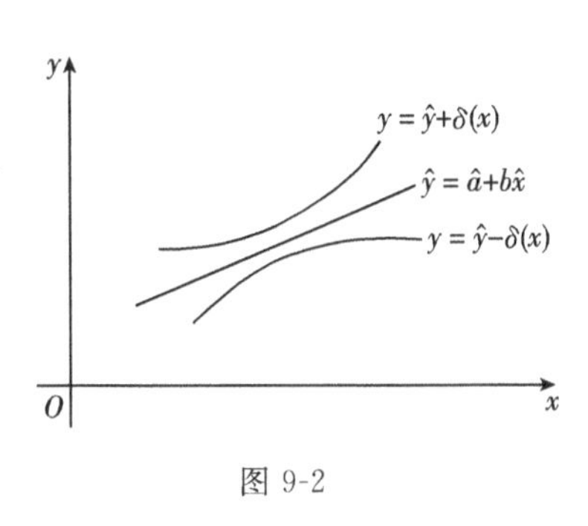

图 9-2

例 4　某生产队在五块土地上进行了对比试验，要总结出关于根据水稻的基本苗数推算成熟期有效穗数的方法，获得表 9-17 数据(同样的肥料和管理水平下).

表 9-17

试　验　号	1	2	3	4	5
基本苗数 X_i(万株/亩)(12 月 9 日)	15	25.8	30	36.6	44.4
有效穗数 Y_i(万株/亩)(5 月 5 日)	39.4	41.9	41	43.1	49.2

试用回归分析方法来研究有效穗数 Y 与基本苗数 X 的关系：

(1)求回归方程；

(2)进行回归方程的显著性检验；

(3)第一年通过取样方法测得一块稻田的基本苗数 $x_0=26$ 万株/亩，试对第二年成熟时的有效穗数作预测(预报)(1 亩$=666.667\text{m}^2$).

解　(1)作散点图，如图 9-3 所示.

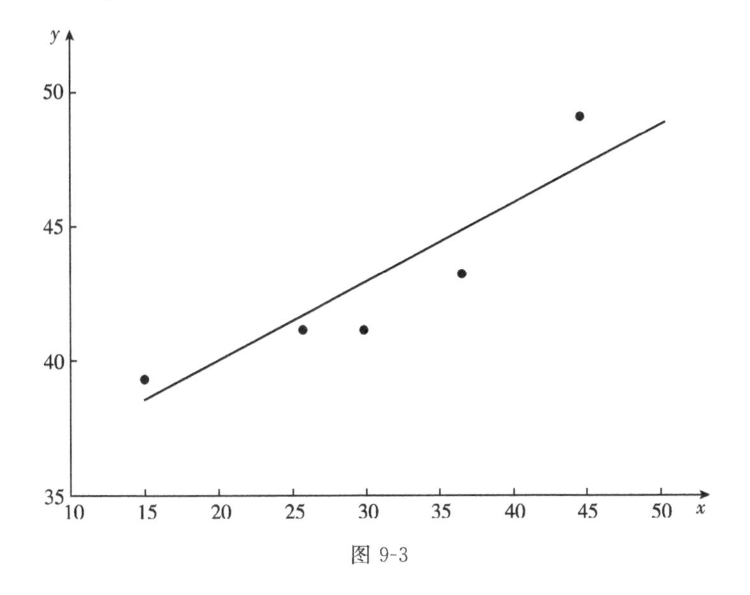

图 9-3

今用线性回归试一试.列成表 9-18,进行回归直线方程的计算.

表 9-18 回归直线方程计算表

序号	x_i	y_i	x_i^2	y_i^2	x_iy_i
1	15.0	39.4	225.00	1552.36	591.00
2	25.8	42.9	665.64	1840.41	1106.82
3	30.0	40.1	900.00	1681.00	1230.00
4	36.6	43.1	1339.56	1857.61	1577.46
5	44.4	49.2	1971.36	2420.64	2184.48
总和	151.8	215.6	5101.56	9352.02	6689.76

$$\sum_{i=1}^{n} x_i = 151.8,\quad \sum_{i=1}^{n} y_i = 215.8(n=5),$$

$$\bar{x}=30.36,\quad \bar{y}=43.12,$$

$$L_{xx}=492.92,\quad L_{yy}=55.35,\quad L_{xy}=144.15,$$

$$\hat{b}=\frac{L_{xy}}{L_{xx}}=\frac{144.15}{492.92}=0.29,\quad \hat{a}=\bar{y}-\hat{b}\bar{x}=43.12-0.29\times 30.36=34.32.$$

故所求回归方程为 $\hat{y}=34.32+0.29x$.

(2)为了检验水稻的有效穗数对基本苗数的回归方程的显著性,根据表 9-18,可算得

$$U=\hat{b}L_{xy}=0.29\times 144.15=41.80,$$

$$Q=L_{yy}-U=55.35-41.80=13.35.$$

具体检验在方差分析表 9-19 中进行.

表 9-19 方差分析表

方差来源	平方和	自由度	平均平方和	F 值	显著性
回归	41.80	1	41.80	9.25	*
剩余	13.55	3	4.52		
总和	55.35	4			

查 F 表,对于 $\alpha=0.10$,$F_{0.10}(1,3)=5.54$,$F_{0.05}(1,3)=10.13$.

今 $F=9.25>F_{0.10}(1,3)=5.54$,说明线性关系较显著,即回归方程在一般情形是有效的.

(3)由第一年基本苗数 $x_0=26$ 万株/亩,来预测第二年成熟时的有效穗数:

先由回归方程算得

$$\hat{y}_0=34.32+0.29\times 26=41.86(\text{万株/亩}).$$

在显著性水平 $\alpha=0.10$ 下,根据(9)算得 $\delta=5.52$,于是可以在 90%的置信概率

预测(预报)第二年成熟时的有效穗数 y_0 大概在 41.86 ± 5.52(万株/亩)内.

3. 控制

所谓控制问题,实际上是预测(预报)的反问题,即若要求观察值 y 在一定范围 $y_1 < y < y_2$ 内取值,那么应考虑把自变量 x 控制在何处. 也就是说,要寻找这样两个数 x_1, x_2,使得

$$\hat{y} - \delta(x_1) > y_1, \quad \hat{y} + \delta(x_2) < y_2,$$

假如 x_1, x_2 存在的话,那么这个问题就解决了. 限于篇幅,对这个问题就不再细述了.

(9)式中 δ 的计算十分复杂,所以实际应用时还要把它进一步简化,上面已说过,δ 除了与显著性水平 α 有关外,还与 n 和 x_0 有关. 当 x_0 在 $\bar{x}$ 附近取值,n 又比较大时,有

$$1 + \frac{1}{n} + \frac{(x_0 - \bar{x})^2}{\sum_{i=1}^{n} (x_i - \bar{x})^2} \approx 1,$$

又

$$\sigma^2 \approx \hat{\sigma}^2 = \frac{Q}{n-2}.$$

所以在这种情况下,可以近似地认为

$$y_0 - \hat{y}_0 \sim N(0, \hat{\sigma}^2).$$

利用正态分布性质,有

$$P\{\hat{y}_0 - 2\hat{\sigma} < y_0 < \hat{y}_0 + 2\hat{\sigma}\} = 95\%;$$

$$P\{\hat{y}_0 - 3\hat{\sigma} < y_0 < \hat{y}_0 + 3\hat{\sigma}\} = 99\%. \tag{10}$$

于是在实际应用时可用(10)式来近似地进行预测和控制.

如图 9-4 所示,在平面上作两个平行于回归线的直线

$$y = \hat{a} - 2\hat{\sigma} + \hat{b}x \text{ 与 } y = \hat{a} + 2\hat{\sigma} + \hat{b}x.$$

则可预测在 $\bar{x}$ 附近的一系列的观察值中,95%将落在这两条直线所夹成的带形区域中.

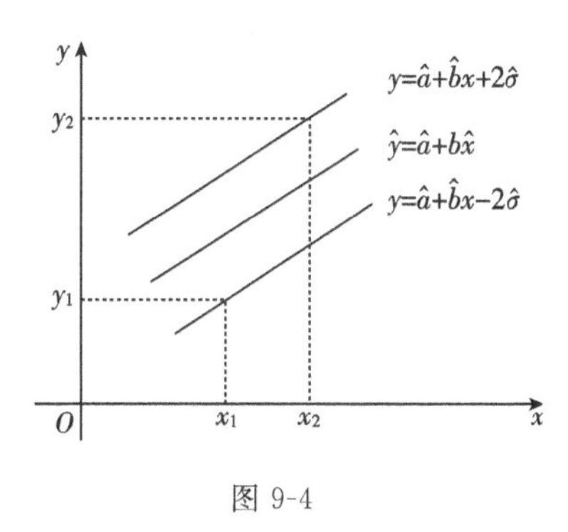

图 9-4

9.4　化非线性回归为线性回归

在实际问题中,两个变量之间的相关关系,不一定是线性的,这时选配恰当类型的曲线比选配直线更符合实际情况. 在许多情形下,非线性回归可以通过某些简单的变量变换,转化为线性回归模型来解. 下面我们列举一些常用的曲线方程,给出它们化为线性方程的换元公式.

(1)双曲线：$\frac{1}{y}=a+\frac{b}{x}(a>0)$(图 9-5).

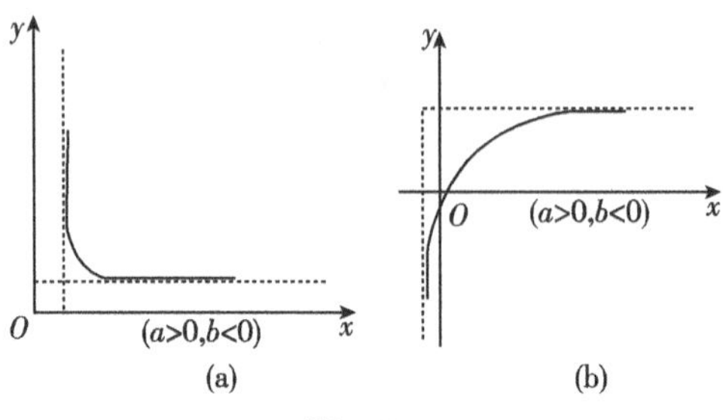

图 9-5

令 $y'=\frac{1}{y},x'=\frac{1}{x}$,则有 $y'=a+bx'$.

曲线有两条渐近线：$x=-\frac{b}{a}$和 $y=\frac{1}{a}$.

(2)幂函数：$y=dx^b$(图 9-6).

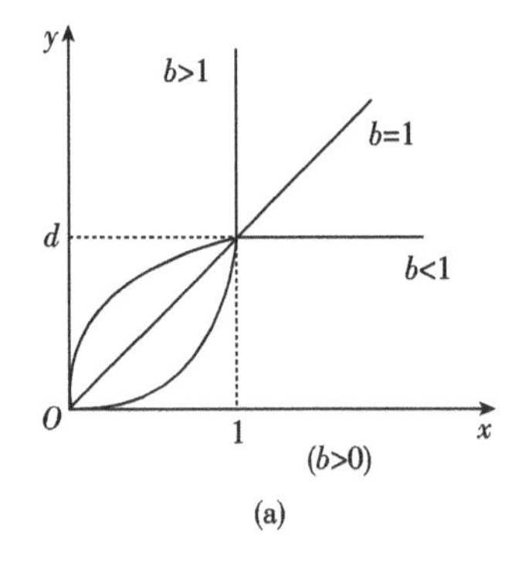

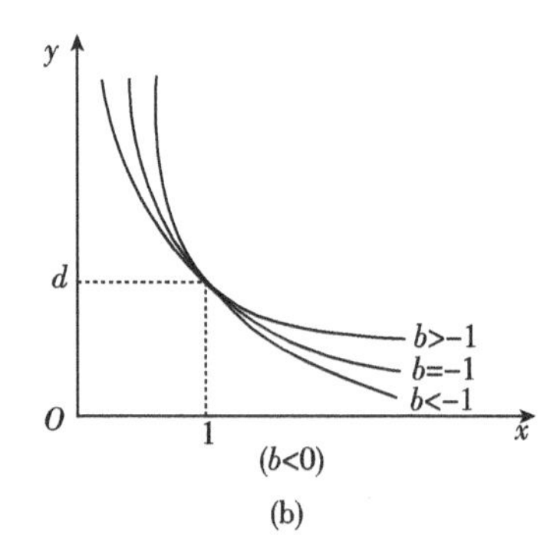

图 9-6

令 $y'=\ln y,x'=\ln x,a=\ln d$,则有 $y'=a+bx'$.

所有曲线过点$(1,d)$,如果 $b>0$,曲线过$(0,0)$,如果 $b<0$,坐标轴是两条渐近线.

(3)指数函数：$y=de^{bx}(-\infty<x<+\infty)$(图 9-7).

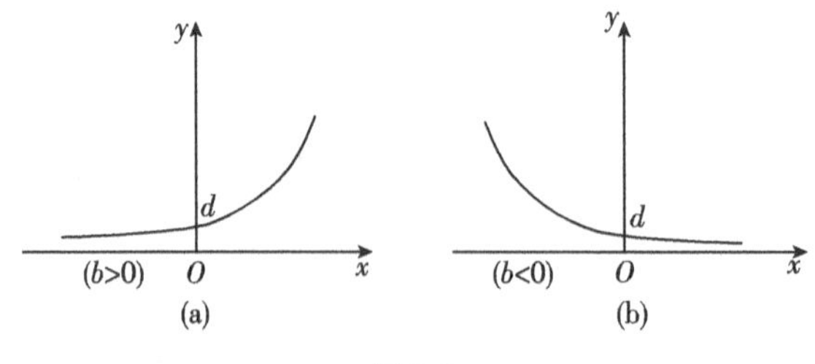

图 9-7

令 $y'=\ln y,a=\ln d$,则有 $y'=a+bx$.

曲线经过点$(0,d)$,x 轴是它们的渐近线.

(4)指数函数：$y=de^{\frac{b}{x}}(0<x<+\infty)$(图 9-8).

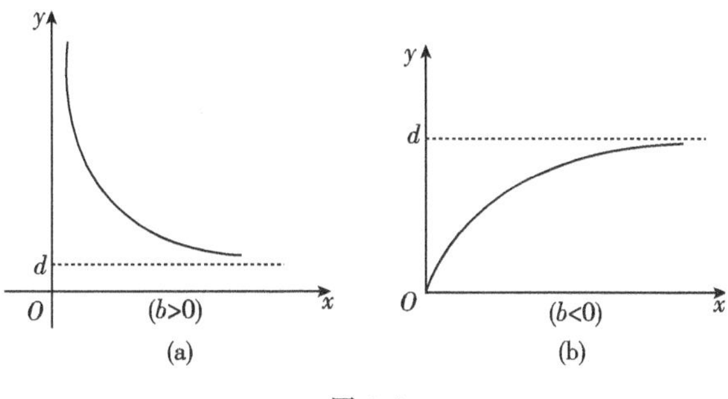

图 9-8

令 $y'=\ln y, x'=\dfrac{1}{x}, a=\ln d$，则有 $y'=a+bx'$.

如果 $b>0$，曲线有两条渐近线：$x=0, y=d$，如果 $b<0$，曲线有一条渐近线：$y=d$.

(5)对数函数：$y=a+b\ln x(0<x<+\infty)$(图 9-9).

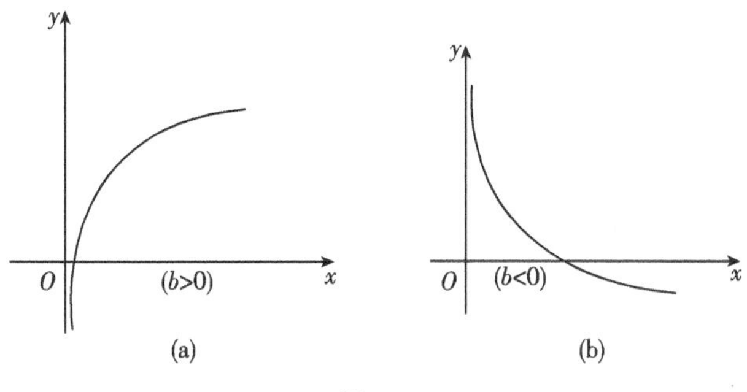

图 9-9

令 $x'=\ln x$，则有 $y=a+bx'$.

曲线过点$(1,a)$，y 轴是它们的渐近线.

(6)S 型曲线：$y=\dfrac{1}{a+be^{-x}}(-\infty<x<+\infty)$(图 9-10).

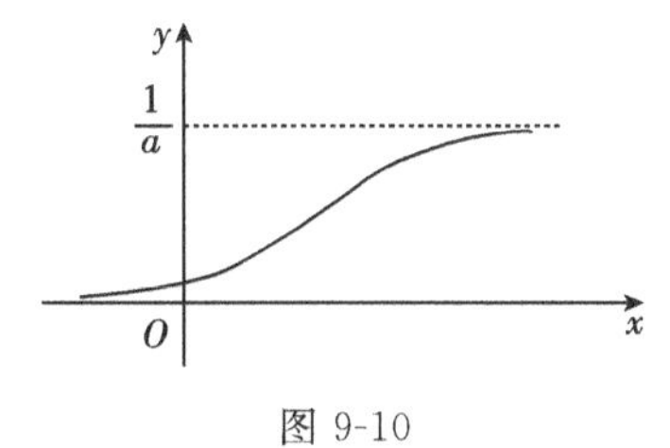

图 9-10

令 $y'=\dfrac{1}{y}, x'=e^{-x}$，则有 $y'=a+bx'$.

曲线有两条水平渐近线：$y=0, y=\dfrac{1}{a}$.

9.5　多元线性回归

上面求一元线性回归的方程可推广到多元线性回归的情形. 设随机变量 Y 与 k 个变量:$X_1,X_2,\cdots,X_k$ 之间有定量关系,这种情形称为多元回归问题. 多元线性回归的分析原理与一元线性回归完全相同,不过常采用矩阵这一数学工具进行分析,而且在计算上要比一元线性回归复杂得多,一般要用到计算机.

设 Y 是一随机变量,它与变量 $X_1,X_2,\cdots,X_k$ 之间有关系:

$$Y=a+b_1X_1+b_2X_2+\cdots+b_kX_k+\varepsilon,$$

$$\varepsilon\sim N(0,\sigma^2),\tag{1}$$

这里 $a,b_1,b_2,\cdots,b_k$ 和 σ^2 为未知参数,即为多元线性回归模型.

下面讨论该模型的参数估计和假设检验问题. 假设对 Y 和 $X_1,X_2,\cdots,X_k$ 做 n 次观测. 得到 n 组观察值

$$(x_{i1},x_{i2},\cdots,x_{ik},y_i)\ i=1,2,\cdots,n$$

满足

$$\begin{cases}y_1=a+b_1x_{11}+b_2x_{12}+\cdots+b_kx_{1k}+\varepsilon_1,\\ y_2=a+b_1x_{21}+b_2x_{22}+\cdots+b_kx_{2k}+\varepsilon_2,\\ \cdots\cdots\cdots\\ y_n=a+b_1x_{n1}+b_2x_{n2}+\cdots+b_kx_{nk}+\varepsilon_k,\end{cases}$$

其中 $\varepsilon_1,\varepsilon_2,\cdots,\varepsilon_n$ 相互独立且都服从相同的分布 $N(0,\sigma^2)$. 为简单,将上式写成矩阵形式,令

$$Y=\begin{pmatrix}y_1\\y_2\\\vdots\\y_n\end{pmatrix},\quad X=\begin{pmatrix}1&x_{11}&\cdots&x_{1k}\\1&x_{21}&\cdots&x_{2k}\\\vdots&\vdots&&\vdots\\1&x_{n1}&\cdots&x_{nk}\end{pmatrix},$$

$$B=\begin{pmatrix}a\\b_1\\\vdots\\b_k\end{pmatrix},\quad \varepsilon=\begin{pmatrix}\varepsilon_1\\\varepsilon_2\\\vdots\\\varepsilon_n\end{pmatrix},$$

则模型(1)可写成

$$Y=XB+\varepsilon,\quad \varepsilon\sim N(0,\sigma^2I),$$

其中 $N(0,\sigma^2I)$表示 n 维正态分布,$0=(0,0,\cdots,0)$是均值向量,σ^2I 是协方差矩阵. 因为协方差矩阵是对角矩阵,且对角线上的元素相等,所以 ε 的每个分量的方差都相等,且 n 个分量之间相互独立.

9.5.1　最小二乘估计

为了估计参数 $a, b_1, b_2, \cdots, b_k$，仍采用最小二乘法，也就是确定这样的数 $\hat{a}, \hat{b}_1, \hat{b}_2, \cdots, \hat{b}_k$，求使误差 ε_i 的平方和

$$Q(B) = \sum_{i=1}^{n} \varepsilon_i^2 = \sum_{i=1}^{n} [y_i - (a + b_1 x_{i1} + b_2 x_{i2} + \cdots + b_k x_{ik})]^2$$

达到最小. 这是多元函数求极值问题，根据微积分中极值原理知，得到下列方程组

$$\begin{cases} \dfrac{\partial Q}{\partial a} = 0, \\ \dfrac{\partial Q}{\partial b_i} = 0, \quad i = 1, 2, \cdots, k. \end{cases}$$

化简可得方程组

$$\begin{cases} na + \left(\sum_{i=1}^{n} x_{i1}\right) b_1 + \cdots + \left(\sum_{i=1}^{n} x_{ik}\right) b_k = \sum_{i=1}^{n} y_i, \\ \left(\sum_{i=1}^{n} x_{i1}\right) a + \left(\sum_{i=1}^{n} x_{i1}^2\right) b_1 + \cdots + \left(\sum_{i=1}^{n} x_{i1} x_{ik}\right) b_k = \sum_{i=1}^{n} x_{i1} y_i, \\ \qquad \cdots\cdots\cdots \\ \left(\sum_{i=1}^{n} x_{ik}\right) a + \left(\sum_{i=1}^{n} x_{ik} x_{i1}\right) b_1 + \cdots + \left(\sum_{i=1}^{n} x_{ik}^2\right) b_k = \sum_{i=1}^{n} x_{ik} y_i, \end{cases}$$

写成矩阵的形式为

$$(X^{\mathrm{T}} X) B = X^{\mathrm{T}} Y,$$

称之为正规方程组. 这个线性方程组有唯一解的充要条件为矩阵 X 的秩为 k，即 $X^{\mathrm{T}} X$ 可逆. 在本书中总假定这个条件成立. 于是得到正规方程的唯一解

$$\hat{B} = (X^{\mathrm{T}} X)^{-1} X^{\mathrm{T}} Y$$

可以证明，$\hat{B}$ 确实使 B 达到最小，称 $\hat{B}$ 为 B 的最小二乘估计. 记 $\hat{B} = (\hat{a}, \hat{b}_1, \cdots, \hat{b}_k)$，则方程

$$\hat{Y} = \hat{a} + \hat{b}_1 X_1 + \cdots + \hat{b}_k X_k$$

为线性回归方程.

类似于一元线性回归，在多元线性回归中，将离差平方和 $L_{yy} = \sum_{i=1}^{n} (y_i - \bar{y})^2$ 进行分解可得

$$L_{yy} = Q + U,$$

其中

$$\begin{cases} Q = \sum_{i=1}^{n}(y_i - \hat{y}_i)^2, \\ U = \sum_{i=1}^{n}(\hat{y}_i - \bar{y})^2, \end{cases}$$

Q 称为**剩余(残差)平方和**,U 称为**回归平方和**. 记

$$\hat{\sigma}^2 = \frac{Q}{n-k}.$$

可以证明,$\hat{\sigma}^2$ 是 σ^2 的一个无偏估计. 下面我们不加证明的给出最小二乘估计 $\hat{B}$ 和 $\hat{\sigma}^2$ 的性质.

定理 1 对于多元线性回归模型,

(1)$\hat{B}$,$\hat{\sigma}^2$ 分别是 B,σ^2 的无偏估计;

(2)$\hat{B} \sim N(B, \sigma^2 (X^{\mathrm{T}}X)^{-1})$,$\dfrac{(n-k)\hat{\sigma}^2}{\sigma^2} \sim \chi^2(n-k)$,且二者相互独立.

9.5.2 线性相关关系的显著性检验

在多元线性回归分析中,线性关系的相关性检验包括两部分内容:样本线性回归方程的整体显著性检验与单个变量的显著性检验.

1. 样本线性回归方程的整体显著性检验

与一元线性回归情况类似,首先建立原假设:

$$H_0: b_1 = b_2 = \cdots = b_k = 0.$$

若 H_0 成立,那么所有的 $b_j(j=1,2,\cdots,k)$ 均为 0,则各变量和 Y 没有线性关系. 若检验拒绝了 H_0,则称回归方程通过了检验,即认为回归方程是有意义的. 但这个结论只说明至少有一个 $b_j \neq 0(j=1,2,\cdots,k)$. 也就是说在所选预测变量中,至少有一部分预测变量对 Y 来说是必要的,但并不代表所有预测变量都是重要的.

可以证明,若 H_0 为真,则检验所使用的统计量

$$F = \frac{U/k}{Q/(n-k-1)} \sim F(k, n-k-1).$$

对于给定的显著性水平 α,查 F 分布表得临界值 $F_{(k,n-k-1)}(\alpha)$,若 $F > F_{(k,n-k-1)}(\alpha)$,则拒绝原假设 H_0. 具体计算可列成表 9-20.

与一元线性回归类似,各变量与 Y 的密切程度也可以用决定系数 R^2 度量,其中

$$R^2 = \frac{U}{L},$$

表 9-20　多元线性回归的方差分析表

方差来源	平方和	自由度	均方	F 值	显著性
回归	U	k	U/k	$F=\dfrac{U/k}{Q/(n-k-1)}$	
残差	Q	$n-k-1$	$Q/(n-k-1)$		
总和	L	$n-1$			

R^2 越大,其线性相关程度越高.且

$$F=\frac{n-k-1}{k}\cdot\frac{R^2}{1-R^2}.$$

所以 F 检验和 R^2 检验是等价的.

2. 回归系数的显著性检验

当回归方程通过显著性检验时,并不表示所有预测变量都是重要的.检验变量 X_j 对 Y 影响是否显著,就是对回归系数 b_j 进行显著性检验,即检验假设

$$H_{0j}:b_j=0,\quad j=1,2,\cdots,k,$$

可以证明若 H_{0j} 为真,则 $\hat{B}\sim N(B,\sigma^2(X^{\mathrm{T}}X)^{-1})$。记 $C=(c_{ij})=(X^{\mathrm{T}}X)^{-1}$,则

$$\hat{b}_j\sim N(b_j,\sigma^2 c_{jj}),\quad j=1,2,\cdots,k,$$

其中 c_{jj} 表示 C 的第 j 个对角线的元素.若 H_{0j} 为真,统计量

$$T_j=\frac{\hat{b}_j}{\hat{\sigma}\sqrt{c_{jj}}}\sim t(n-k-1).$$

对于给定的显著性水平 α,查 t 分布表得临界值 $t_\alpha(n-k-1)$,当

$$|T_j|>t_{\alpha/2}(n-k-1)$$

时,拒绝原假设,即认为变量 X_j 对 Y 有影响,否则认为 X_j 对 Y 无影响.这时,应从样本回归方程中剔除变量 X_j,重新建立只包含具有显著影响变量的样本线性回归方程.

9.5.3　预测

多元线性回归方程对变量 Y 的预测和控制是一元线性回归方程结论的推广.

1. 点预测

设回归方程

$$y_0=a+b_1x_1^{(0)}+\cdots+b_kx_k^{(0)}+\varepsilon_0^{(0)},$$

则点 $x_0^{\mathrm{T}}=(x_1^{(0)},x_2^{(0)},\cdots,x_k^{(0)})$ 对应的变量 Y 的预测值为

$$\hat{y}_0=\hat{a}+\hat{b}_1x_1^{(0)}+\cdots+\hat{b}_kx_k^{(0)}.$$

2. 区间预测

因为 $\hat{y}_0\sim N(E(\hat{y}_0),\sigma_{\hat{y}_0}^2)$,$y_0\sim N(E(y_0),\sigma^2)$ 且二者相互独立,可以证明

$$\sigma_{\hat{y}_0}^2 = D(\hat{y}_0) = \sigma^2 (1, x_0^{\mathrm{T}})(X^{\mathrm{T}}X)^{-1} \begin{pmatrix} 1 \\ x_0 \end{pmatrix} = \sigma^2 d,$$

其中 $d = (1, x_0^{\mathrm{T}})(X^{\mathrm{T}}X)^{-1} \begin{pmatrix} 1 \\ x_0 \end{pmatrix}$. 所以

$$\hat{y}_0 - y_0 \sim N(0, (1+d)\sigma^2) \text{与} \frac{\hat{y}_0 - y_0}{\hat{\sigma}\sqrt{1+d}} \sim t(n-k-1).$$

对于给定的置信度 $1-\alpha$，由

$$P\left\{ \left| \frac{\hat{y}_0 - y_0}{\hat{\sigma}\sqrt{1+d}} \right| < t_{\alpha/2}(n-k-1) \right\} = 1-\alpha$$

得 y_0 的置信度为 $1-\alpha$ 的预测区间为$(\hat{y}_0 - \delta, \hat{y}_0 + \delta)$，其中

$$\delta = t_{\alpha/2}(n-k-1)\hat{\sigma}\sqrt{1+d}.$$

例 1 随着越来越多的人使用互联网，许多公司不得不考虑如何利用互联网来销售他们的产品.某公司想知道社会上的哪些人会使用互联网，于是让一位统计学家对此做些研究.统计学家经过分析认为上网时间与上网者的受教育程度、年龄、收入等有关.于是他随机收集了 50 个上网者的数据，分别记录了他们过去上网的时间、受教育程度、年龄、收入数据，见表 9-21.

表 9-21 50 个上网者上网时间、年龄、收入和受教育程度的数据

上网时间/h	年龄/岁	收入/千元	教育/年	上网时间/h	年龄/岁	收入/千元	教育/年
0	39	64	7	12	38	58	11
8	37	53	14	13	31	53	9
12	24	68	12	5	47	23	7
5	48	66	10	0	47	12	5
0	52	35	11	9	41	34	11
8	40	46	15	8	34	23	10
12	36	57	14	7	45	25	12
7	37	35	11	11	31	45	8
10	28	54	14	0	49	34	7
0	44	32	10	11	35	82	14
14	28	53	12	10	38	60	12
4	53	45	11	14	32	68	13
10	39	61	13	7	50	42	10
8	35	21	12	8	35	12	10
10	44	66	12	7	43	34	13
0	41	34	9	0	42	37	6
10	32	48	12	7	44	34	8
6	44	62	10	4	47	43	5

续表

上网时间/h	年龄/岁	收入/千元	教育/年	上网时间/h	年龄/岁	收入/千元	教育/年
5	49	23	10	9	46	54	10
0	48	72	9	0	33	23	12
9	40	51	6	15	40	83	12
13	28	55	11	12	31	53	16
6	43	34	12	0	33	27	4
10	43	65	12	10	40	58	11
9	33	57	9	10	30	54	13

(1)试建立上网时间与受教育程度、年龄、收入数据的线性回归方程.

(2)根据建立的回归方程,对回归方程的线性关系的显著性进行检验($\alpha=0.05$).

解 (1)上网时间与受教育程度、年龄、收入的多元线性回归方程为

$$\hat{y}=7.708657514-0.248729162x_1+0.078670072x_2+0.542074872x_3.$$

(2)方差分析表 9-22.

表 9-22 上网时间与受教育程度、年龄、收入的方差分析表

方差来源	平方和	自由度	均方	F 值
回归	548.5926	3	182.8642	19.6579
剩余	427.9074	46	9.3023	
总和	976.5	49		

$$\alpha=0.05,\quad F_\alpha(k,n-k-1)=F_\alpha(3,46)=2.8<F.$$

模型有效,即上网时间与受教育程度、年龄、收入之间的线性关系是显著的.检验系数

$$H_{0j}:b_j=0,\quad j=1,2,3,$$

$t_{\alpha/2}(n-k-1)=t_{0.025}(46)=2$,计算结果见表 9-23.

表 9-23 检验回归系数的计算过程

	b_j	标准误差	统计量 t_i
x_1	-0.2487	0.06566	-3.7884
x_2	0.07867	0.027	2.9105
x_3	0.5421	0.1803	3.0066

由于 $t_1=-3.788<-2$,$t_2=2.91<2$,$t_3=3.007<2$,因此在显著性水平 $\alpha=0.05$下,b_1,b_2,b_3 都是显著的,即可以认为 $b_1\neq0,b_2\neq0,b_3\neq0$.

习　题　9

1. 一灯泡厂制作灯丝用四种材料，先要检验灯丝材料对灯泡使用寿命的影响，现在这四种材料制成的灯泡中随机抽取若干只灯泡进行试验，测得数据如下表(单位：h).

水平＼试验	1	2	3	4	5	6	7	8
A_1	1600	1610	1650	1680	1700	1720	1800	—
A_2	1580	1940	1640	1700	1750	—	—	—
A_3	1460	1550	1600	1620	1640	1660	1740	1820
A_4	1510	1520	1530	1570	1600	1680	—	—

如果灯泡的使用寿命服从正态分布，并且方差相同，请在检验水平 $\alpha=0.05$ 下，判断不同灯丝对灯泡的使用寿命有无显著差异？

2. 一批由同种布料做成的服装采用不同的工艺处理，然后进行缩水测试，如果采用 5 种不同的工艺，每种工艺处理 4 套服装，测得缩水率如下表所示.

缩水率/%		实验批号			
		1	2	3	4
因素	A_1	4.3	7.8	3.2	6.5
	A_2	6.1	7.3	4.2	4.1
	A_3	4.3	8.7	7.2	10.1
	A_4	6.5	8.3	8.6	8.2
	A_5	9.5	8.8	11.4	7.8

假设服装的缩水率服从正态分布，且不同的工艺对服装的缩水率方差相同，试判断不同的工艺对服装的缩水率有无显著影响？

3. 为了了解某种化工过程在温度和质量分数下得率的差异，现选择三种不同温度在三种不同质量分数下的试验，测得数据如下表所示.

得率		因素 B 质量分数		
		20	40	60
因素 A 温度	30	51	56	45
	50	53	57	49
	70	52	58	47

如果得率服从正态分布，且方差不变，试分析不同温度与不同质量分数对得率有无显著影响($\alpha=0.05$)？

4. 工厂为了了解不同工人在四种不同机器上生产同一种零件的生产效率，现让 3 名工人在四台机器上工作三天，生产情况如下表所示.

日产量		机器 B			
		B_1	B_2	B_3	B_4
工人 A	A_1	15,15,17 (47)	17,17,17 (51)	15,17,16 (48)	18,20,22 (60)
	A_2	19,19,16 (54)	15,15,15 (45)	18,17,16 (51)	15,16,17 (48)
	A_3	16,18,21 (55)	19,22,22 (63)	18,18,18 (54)	17,17,17 (51)

5. 为研究不同品种对某种果树产量的影响，进行试验，得试验结果(产量)如下表所示，试分析果树品种对产量是否有显著影响($F_{0.05}(2,9)=4.26$，$F_{0.01}(2,9)=8.02$).

品种	试验结果				行和 $T_i.=x_i.$	行均值 $\bar{x}_{i.}$
A_1	10	7	13	10	40	10
A_2	12	13	15	12	52	13
A_3	8	4	7	9	28	7

6. 某种型号的导弹使用三种燃料和四个推进器进行导弹试验，每种材料与每种推进器搭配进行一次实验，测得数据如下表所示.

试验结果		燃料 B				
		B_1	B_2	B_3	$x_{i.}$	$\bar{x}_{i.}$
推进器 A	A_1	14	13	12	39	13
	A_2	18	16	14	48	16
	A_3	13	12	11	36	12
	A_4	20	18	19	57	19
$x_{.j}$		65	59	56	180	
$\bar{x}_{.j}$		16.25	14.75	14		15

问在显著水平为 0.05 下，燃料与推进器对射程有无显著影响. 其中 $x_{..}=180$ $\sum_{i=1}^{4}\sum_{j=1}^{3}x_{ij}{}^{2}=2804$.

7. 为了研究某商品的需求量 Y 与价格 X 之间的关系，收集到下列 10 对数据.

价格 x_i	1	1.5	2	2.5	3	3.5	4	4	4.5	5
需求量 y_i	10	8	7.5	8	7	6	4.5	4	2	1

$$\sum x_i = 31,\quad \sum y_i = 58,\quad \sum x_i y_i = 147,\quad \sum x_i^2 = 112,\quad \sum y_i^2 = 410.5.$$

(1)求需求量 Y 与价格 X 之间的线性回归方程；

(2)计算样本相关系数；

(3)用 F 检验法作线性回归关系显著性检验.

8. 随机调查 10 个城市居民的家庭平均收入(X)与电器用电支出(Y)情况得数据(单位：千元)如下.

收入 x_i	18	20	22	24	26	28	30	32	34	38
支出 y_i	0.9	1.1	1.1	1.4	1.7	2.0	2.3	2.5	2.9	3.1

$$\sum x_i = 270,\sum y_i = 19,\sum x_i^2 = 7644,\sum y_i^2 = 41.64,\sum x_i y_i = 556.6.$$

(1)求电器用电支出 Y 与家庭平均收入 X 之间的线性回归方程；

(2)计算样本相关系数；

(3)作线性回归关系显著性检验；

(4)若线性回归关系显著，求 $x=25$ 时，y 的置信度为 0.95 的预测区间.

9. 某粮食加工工厂实验 5 种储藏方法，检验它们对粮食含水率是否有显著影响.储藏前粮食的含水率几乎没有差别，储藏后含水率如下.

储藏方法	含水率/%				
A_1	7.3	8.3	7.6	8.4	8.3
A_2	5.4	7.4	7.1		
A_3	8.1	6.4			
A_4	7.9	9.4	10.0		
A_5	7.1	7.7	7.4		

检验不同的储藏方法对含水率的影响是否有显著性差异($a=0.05$)？

10. 四种安眠药在兔子身上进行试验，特选 24 只健康的兔子，随机把它们平均分成 4 组，每组各服一种安眠药，安眠时间如下表所示.

安眠药	安眠时间/h					
A_1	6.2	6.2	6.0	6.3	6.1	5.9
A_2	6.3	6.5	6.7	6.7	7.1	6.4
A_3	6.8	7.1	6.6	6.8	6.9	6.6
A_4	29.3	26.0	29.8	28.0	28.8	28.0

检验四种安眠药对兔子的安眠时间是否有显著性差异($a=0.05$)？

11. 为了检验木易化学反应过程中，温度对产品得率的影响，做实验测得数据如下表所示.

温度 $X/℃$	100	110	120	130	140	150	160	170	180	190
得率 $Y/\%$	45	51	54	61	66	70	74	78	85	89

(1)试求产品得率 Y 关于温度 X 的线性回归方程；

(2)求 σ^2 的无偏估计；

(3)检验回归效果是否显著($\alpha=0.05$)；

(4)求回归系数的置信区间($\alpha=0.05$).

12. 一个医院用仪器检验尿汞时，测得尿汞含量与消光系数数据如下表所示.

尿汞含量 X	2	4	6	8	10
消光系数 Y	64	138	205	285	360

根据数据试求：

(1)Y 关于 X 的回归方程 $y=\beta_0+\beta_1 x$；

(2)求 σ^2 的估计；

(3)用 F 检验法检验回归方程的效果是否显著 $\alpha=0.05$；

(4)求回归系数 β_1 的置信区间($\alpha=0.05$)；

(5)求出当 $x_0=12$ 时，y_0 的置信水平为 0.95 的预测区间.

参 考 文 献

曹飞龙.2012.概率论与数理统计.北京：高等教育出版社
陈希孺.2002.概率论与数理统计.合肥：中国科学技术大学出版社
陈晓龙,施庆生,邓晓卫.2011.概率论与数理统计.南京：东南大学出版社
陈亚力,裘亚峥,刘诚.2008.概率论与数理统计.北京：科学出版社
程述汉,张好治.2012.概率论与数理统计.2版.北京：中国农业出版社
龚光鲁.2006.概率论与数理统计.北京：清华大学出版社
李昌兴.2012.概率论与数理统计及其应用.北京:人民邮电出版社
李书刚,2012.概率论与数理统计.北京：科学出版社
茆诗松,程依明,濮晓龙.2004.概率论与数理统计教程.北京：高等教育出版社
盛聚,谢式千,潘承毅.2008.概率论与数理统计.4版.北京:高等教育出版社
孙海珍,王亚红.2012.概率论与数理统计.北京：科学出版社
王松桂,张忠占,程维虎,等.2011.概率论与数理统计.北京:科学出版社
王增辉,张好治.2011.概率论与数理统计.高等教育出版社
魏宗舒.2008.概率论与数理统计教程.2版.北京：高等教育出版社
吴小霞.2013.概率论与数理统计.武汉：华中科技大学出版社
夏海峰.2012.概率论与数理统计.北京：科学出版社
徐梅.2007.概率论与数理统计.北京:中国农业出版社
周纪芗.1993.回归分析.上海：华东师范大学出版社
周品.2012.MATLAB概率与数理统计.北京：清华大学出版社

习题提示与答案

习 题 1

1.(1)$\Omega=\{(0,0,0),(0,0,1),(0,1,0),(1,0,0),(0,1,1),(1,0,1),(1,1,0),(1,1,1)\}$,共含有 $2^3=8$ 个样本点,其中 0 表示反面,1 表示正面.

(2)$\Omega=\{(x,y,z):x,y,z=1,2,3,4,5,6\}$,含有 $6^3=216$ 个样本点.

(3)$\Omega=\{(1),(0,1),(0,0,1),(0,0,0,1),\cdots\}$,含有可列个样本点,其中 0 表示反面,1 表示正面.

(4)$\Omega=\{0,1,2,\cdots\}$,含有可列个样本点.

(5)$\Omega=\{t|t\geqslant 0\}$,含有无穷个样本点.

2.(1)$\bigcap_{i=1}^{n}A_i$,　(2)$\overline{\bigcap_{i=1}^{n}A_i}=\bigcup_{i=1}^{n}\overline{A_i}$.

3.$P(\overline{AB})=0.7$.

4.略.

5.(1)$\frac{7\times 6}{10\times 9}=\frac{7}{15}$;(2)$\frac{3\times 2}{10\times 9}=\frac{1}{15}$;

(3)$\frac{C_2^1\times 7\times 3}{10\times 9}=\frac{7}{15}$;(4)$\frac{7\times 3+3\times 2}{10\times 9}=\frac{3}{10}$.

6.(1)$C_8^2C_{22}^8/C_{30}^{10}$;(2)$(C_{22}^{10}+C_8^1C_{22}^9+C_8^2C_{22}^8)/C_{30}^{10}$;(3)$1-(C_{22}^{10}+C_8^1C_{22}^9)/C_{30}^{10}$.

7.(1)$\frac{12}{25}$;(2)$\frac{1}{25}$;(3)$\frac{12}{25}$.

8.$\frac{1}{9240}$.

9.$\frac{1}{n}$.

10.$1-\frac{C_{365}^n\cdot n!}{365^n}$.

11.(1) $\frac{1}{3}$;(2) $\frac{1}{3}$.

12.$\frac{11}{36}$.

13.$\frac{1+2\ln 2}{4}\approx 0.597$.

14.0.8235.

15.$\frac{2}{3}$.

16.$\frac{4}{10}$;$\frac{2}{15}$;$\frac{4}{15}$;$\frac{1}{30}$.

17.$P(T)=2p^2-p^4$.

18.0.58.

19.0.42.

20.0.93.

21.$\frac{1}{3}$.

22.0.45.

23.$\frac{20}{21}$.

24.$\frac{19000}{19001}\approx 99.9947\%$.

25.0.027.

26.$\left(1-\frac{1}{m}\right)^{k-1}\frac{1}{m}$.

27.$\frac{1}{3}$.

28.若采用三局两胜制,则甲胜的概率为0.648,若采用五局三胜制,则甲获胜的概率为0.68256,所以,采用五局三胜制甲胜的可能性更大.

29.6门.

30.0.104.

习 题 2

1.(1) $a=e^{-\lambda}$;(2) $a=-2$.

2.

X	0	1	2
P	$\frac{7}{15}$	$\frac{7}{15}$	$\frac{1}{15}$

3.

X	4	5	6
P	$\frac{1}{15}$	$\frac{4}{15}$	$\frac{2}{3}$

4.(1)

X	0	1	2
P	0.3	0.6	0.1

(2)$F(x)=\begin{cases}0, & x<0,\\ 0.3, & 0\leqslant x<1,\\ 0.9, & 1\leqslant x<2,\\ 1, & x\geqslant 2,\end{cases}$

(3)0.3; (4)0.6;(5)0.

5.(1)0.0729;(2)0.99954.

6.(1)0.0055;(2)0.1142;(3)0.9998.

7.(1)0.1042;(2)0.7619.

8.0.0047.

9.(1)0.0014;(2)0.00004.

10.$\dfrac{112}{243}$.

11.$P\{X=k\}=0.92\times(0.08)^{k-1}$.

12.$P\{Y=k\}=\dfrac{(\lambda p)^k}{k!}e^{-\lambda p}(k=0,1,2,\cdots)$.

13.(1)

X	1	3	5
P	0.4	0.4	0.2

(2)$P\{X<4\mid X>2\}=\dfrac{2}{3}$.

14.(1)$F(x)=\begin{cases}0, & x<0,\\ \dfrac{1}{2}x^2, & 0\leqslant x<1,\\ -\dfrac{1}{2}x^2+2x-1, & 1\leqslant x<2,\\ 1, & x\geqslant 2;\end{cases}$

(2)$\dfrac{1}{8}$; (3)$\dfrac{3}{4}$.

15.$F(x)=\begin{cases}\dfrac{1}{2}e^x, & x<0,\\ 1-\dfrac{1}{2}e^{-x}, & x\geqslant 0.\end{cases}$

16.(1)$1-e^{-2}$;(2)e^{-3};

(3)$f(x)=\begin{cases}e^{-x}, & x\geqslant 0,\\ 0, & x<0.\end{cases}$

17.(1)$a=1,b=\dfrac{1}{2}$;

(2)$F(x)=\begin{cases}0, & x\leqslant 0,\\ \dfrac{1}{2}(x^2+x), & 0<x<1,\\ 1, & x\geqslant 1;\end{cases}$

(3)$\dfrac{7}{32}$.

18.(1)$k=\dfrac{1}{18}$;

(2)$F(x)=\begin{cases}0, & x\leqslant 2,\\ \dfrac{1}{18}(x^2+3x-10), & 2<x<4,\\ 1, & x\geqslant 4;\end{cases}$

(3)$\dfrac{4}{9}$.

19.$k=\dfrac{1}{4}$; $f(x)=\begin{cases}\dfrac{x}{2}, & 0<x<2,\\ 0, & \text{其他}.\end{cases}$

20.(1)$A=1,B=-1$; (2)$1-e^{-2}$;

(3)$f(x)=\begin{cases}2e^{-2x}, & x>0,\\ 0, & x\leqslant 0.\end{cases}$

21.$F(x)=\begin{cases}1-e^{-\lambda x}, & x>0,\\ 0, & x\leqslant 0,\end{cases}$电子管在$T$小时内损坏的概率为$1-e^{-\lambda T}$.

22.$\dfrac{3}{5}$.

23.$\dfrac{20}{27}$.

24.(1)$1-e^{-\frac{3}{2}}$;(2)$1-(1-e^{-\frac{1}{2}})^3$.

25.(1)0.9131;(2)0.4013;(3)0.8904.

26.(1)0.6915;(2)0.003;(3)0.2266;(4)0.5586.

27.$c=5$.

28.0.35.

29.0.6826.

30.(1)0.06415;(2)0.66.

31.(1)若有70min可用,应走第二条路线.(2)若只有65min可用,应走第一条路线.

32.此人能被录取.

33.(1)$a=0.2$;

(2) $F(x)=\begin{cases}0, & x<-1,\\ 0.4, & -1\leqslant x<0,\\ 0.8, & 0\leqslant x<3,\\ 1, & x\geqslant 3.\end{cases}$

(3) 0.8；(4)

Y	1	4
P	0.4	0.6

34. (1)

Y	5	3	1	−1
P	0.2	0.3	0.2	0.3

(2)

Y	5	2	1
P	0.2	0.6	0.2

35.

Y	−1	0	1
P	$\frac{2}{15}$	$\frac{1}{3}$	$\frac{8}{15}$

36. 分布函数为 $F_Y(y)=\begin{cases}1-e^{-\sqrt{y}}, & y>0,\\ 0, & y\leqslant 0,\end{cases}$

密度函数为 $f_Y(y)=\begin{cases}\frac{1}{2\sqrt{y}}e^{-\sqrt{y}}, & y>0,\\ 0, & y\leqslant 0.\end{cases}$

37. $f_Y(y)=\begin{cases}\frac{1}{\pi\sqrt{1-y^2}}, & -1<y<1,\\ 0 & 其他.\end{cases}$

38. 分布函数为 $F_Y(y)=\begin{cases}0, & y\leqslant 1,\\ \ln y, & 1<y<e\\ 1, & y\geqslant e,\end{cases}$

密度函数为 $f_Y(y)=\begin{cases}\frac{1}{y}, & 1<y<e,\\ 0, & 其他.\end{cases}$

39. (1) $f_Y(y)=2e^{4y-e^{2y}}$，

(2) $f_Y(y)=\begin{cases}ye^{-y}, & y>0,\\ 0, & y\leqslant 0.\end{cases}$

40. $f_Y(y)=\begin{cases}1, & 1<y<2,\\ 0, & 其他.\end{cases}$

41. $f_Y(y)=\begin{cases}\frac{1}{3}\lambda e^{-\lambda\sqrt[3]{y}}\cdot\frac{1}{\sqrt[3]{y^2}}, & y>0,\\ 0, & y\leqslant 0.\end{cases}$

42. $G(y)=\begin{cases}0, & y<0,\\ y, & 0\leqslant y<1,\\ 1, & y\geqslant 1.\end{cases}$

习　题　3

1.

X \ Y	0	1	2	3
1	0	$\frac{3}{8}$	$\frac{3}{8}$	0
3	$\frac{1}{8}$	0	0	$\frac{1}{8}$

2.

Y \ X	1	2	3	$p_{i.}$
1	0	$\frac{1}{6}$	$\frac{1}{12}$	$\frac{1}{4}$
2	$\frac{1}{6}$	$\frac{1}{6}$	$\frac{1}{6}$	$\frac{1}{2}$
3	$\frac{1}{12}$	$\frac{1}{6}$	0	$\frac{1}{4}$
$p_{.j}$	$\frac{1}{4}$	$\frac{1}{2}$	$\frac{1}{4}$	1

X	1	2	3
$p_{i.}$	$\frac{1}{4}$	$\frac{1}{2}$	$\frac{1}{4}$

Y	1	2	3
$p_{.j}$	$\frac{1}{4}$	$\frac{1}{2}$	$\frac{1}{4}$

3. (1) $a=1$；

(2) $F_X(x)=F(x,+\infty)=\begin{cases}1-2^{-x}, & x\geqslant 0,\\ 0, & x<0,\end{cases}$

$F_Y(y)=F(+\infty,y)=\begin{cases}1-2^{-y}, & y\geqslant 0\\ 0, & y<0.\end{cases}$

4. (1) $A=12$；(2) $F(x,y)=\begin{cases}(1-e^{-3x})(1-e^{-4y}), & 0<x<+\infty, 0<y<+\infty,\\ 0, & 其他；\end{cases}$

(3) $P\{0<X\leqslant 1, 0<Y\leqslant 2\}=(1-e^{-3})(1-e^{-8})$.

5. (1) $F_X(x)=\begin{cases}1-e^{-0.5x}, & x\geqslant 0,\\ 0, & 其他,\end{cases}$

$F_Y(y)=\begin{cases}1-e^{-0.5y}, & y\geqslant 0\\ 0, & 其他;\end{cases}$

(2) $f(x,y)=\begin{cases}0.25e^{-0.5(x+y)}, & x\geqslant 0,y\geqslant 0,\\ 0, & 其他,\end{cases}$

$f_X(x)=\begin{cases}0.5e^{-0.5x}, & x\geqslant 0,\\ 0, & 其他,\end{cases}$

$f_Y(y)=\begin{cases}0.5e^{-0.5y}, & y\geqslant 0,\\ 0, & 其他;\end{cases}$

(3) $e^{-0.1}$.

6. (1) $c=2$;

(2)

$Y=\cos X$	-1	1
P	$\frac{5}{9}$	$\frac{4}{9}$

(3)

$X\backslash Y$	$-\pi$	0	π
-1	$\frac{2}{9}$	0	$\frac{1}{3}$
1	0	$\frac{4}{9}$	0

(4) X 与 Y 不独立.

7. X 与 Y 不相互独立.

8. $\frac{1}{3}$.

9. (1) $f(x,y)=\begin{cases}\frac{1}{2}e^{-\frac{y}{2}}, & 0\leqslant x\leqslant 1,y>0,\\ 0, & 其他;\end{cases}$

(2) 0.1445.

10. (1) $f_X(x)=\begin{cases}\frac{1}{4}(3-x), & 0<x<2,\\ 0, & 其他,\end{cases}$

$f_Y(y)=\begin{cases}\frac{1}{4}(5-y), & 2<y<4,\\ 0, & 其他;\end{cases}$

(2) X 和 Y 不相互独立.

11. (1) $f_X(x)=\begin{cases}2x^2+\frac{2}{3}x, & 0\leqslant x\leqslant 1,\\ 0, & 其他,\end{cases}$

$f_Y(y)=\begin{cases}\frac{1}{3}+\frac{1}{6}y, & 0\leqslant y\leqslant 2,\\ 0, & 其他,\end{cases}$

X 和 Y 不相互独立;

(2) $P\{X+Y\geqslant 1\}=\frac{65}{72}$.

12. (1) $a=\frac{2}{9}$, $b=\frac{1}{9}$; (2) $a=\frac{1}{9}$, $b=\frac{2}{9}$;

(3) $a=\frac{2}{9}$, $b=\frac{1}{9}$.

13.

Y	0	1	2
$P\{Y=y_j\mid X=3\}$	0.2	0.72	0.08

14. 当 $|y|<1$ 时,

$f_{X|Y}(x|y)=\begin{cases}\frac{1}{1-|y|}, & |y|<x<1,\\ 0, & 其他;\end{cases}$

当 $0<x<1$ 时,

$f_{Y|X}(y|x)=\begin{cases}\frac{1}{2x}, & |y|<x,\\ 0, & 其他.\end{cases}$

15. (1) $c=2$; (2) X,Y 不相互独立;

(3) 当 $0<x\leqslant 1$ 时,

$f_{Y|X}(y|x)=\begin{cases}\frac{2(x+y)}{3x^2}, & 0\leqslant y\leqslant x,\\ 0, & y<0,y>x;\end{cases}$

(4) $P\{X+Y\leqslant 1\}=\frac{1}{3}$.

16. (1)

$X\backslash Y$	0	1	2
0	$\frac{1}{6}$	$\frac{1}{8}$	$\frac{1}{24}$
1	$\frac{1}{3}$	$\frac{1}{4}$	$\frac{1}{12}$

(2)

$X+Y$	0	1	2	3
P	$\frac{1}{6}$	$\frac{11}{24}$	$\frac{7}{24}$	$\frac{1}{12}$

(3)

XY	0	1	2
P	$\frac{2}{3}$	$\frac{1}{4}$	$\frac{1}{12}$

17.(1)

X	0	1	2
$P\{X=x_i\|Y=0\}$	0.2	0.5	0.3

X	0	1	2
$P\{X=x_i\|Y=1\}$	0.3	0.4	0.3

(2)

Z	0	1	2
P	0.1	0.6	0.3

(3)

Z	0	1
P	0.65	0.35

18. $f_Z(z)=\begin{cases}0, & z\leqslant 0 \text{ 或 } z\geqslant 2,\\ z, & 0<z<1,\\ 2-z, & 1\leqslant z<2.\end{cases}$

19. $f_Z(z)=\begin{cases}ze^{-z}, & z>0,\\ 0, & z\leqslant 0.\end{cases}$

20. (1) $f_Z(z)=\begin{cases}\dfrac{9}{8}z^2, & 0<z\leqslant 1,\\ \dfrac{3}{2}\left(1-\dfrac{z^2}{4}\right), & 1<z\leqslant 2,\\ 0, & \text{其他};\end{cases}$

(2) $f_Z(z)=\begin{cases}\dfrac{3}{2}(1-z^2), & 0<z<1,\\ 0, & \text{其他}.\end{cases}$

21. $f_Z(z)=\begin{cases}\dfrac{2}{(z+2)^2}, & z>0,\\ 0, & z\leqslant 0.\end{cases}$

22. $1-(1-e^{-2})^5$.

23. $f_Z(z)=$

$\begin{cases}6\lambda e^{-3\lambda z}(1-e^{-\lambda z})(^2-e^{-\lambda z})2, & z>0,\\ 0, & z\leqslant 0.\end{cases}$

习　题　4

1. $E(X)=4.1$.

2. $E(X)=11$, $E[50(13-X)]=100$.

3. $a=\dfrac{1}{2}$, $b=\dfrac{1}{\pi}$.

4. (1) $a=1$, $b=\dfrac{1}{4}$; (2) $E(X^2+2Y)=\dfrac{1}{4}$.

5. $E(X)=1$, $D(X)=\dfrac{1}{6}$.

6. $E\left(\dfrac{1}{X}\right)=\dfrac{1}{2}\ln 3$.

7. $E(Y^2)=3e^{-3}+6e^{-6}$.

8. $E\left(\dfrac{X}{X+1}\right)=\dfrac{29}{96}$.

9. $E(XY)=1$, $D(XY)=\dfrac{4}{9}$.

10. $E(X)=\dfrac{4}{5}$, $E(Y)=\dfrac{3}{5}$, $E(XY)=\dfrac{1}{2}$, $E(X+Y)=\dfrac{7}{5}$.

11. $E(|X-Y|)=\dfrac{1}{3}$, $D(|X-Y|)=\dfrac{1}{18}$.

12. $D(S)=21.42$.

13. (1) 1,3; (2) 18.4; (3) $\mu+\dfrac{1}{\lambda}$, $\sigma^2+\mu^2+2\lambda^{-2}$; (4) $N(2,9)$; (5) 2017, 12; (6) $N(1,54)$.

14. $\mathrm{cov}(X^2,Y^2)=-0.02$.

15. (1)

Y	0	1
P	0.5	0.5

(2)

$Y \backslash X$	-1	0	1
0	0	0.5	0
1	0.25	0	0.25

(3) $\rho_{XY}=0$; (4) X,Y 不相关,不独立.

16. (1) $E(Z)=\dfrac{1}{3}$, $D(Z)=3$; (2) $\rho_{XZ}=0$.

17. $E(X)=-\dfrac{1}{3}$, $D(X)=\dfrac{1}{18}$, $E(Y)=-\dfrac{1}{3}$, $D(Y)=\dfrac{1}{18}$, $\mathrm{cov}(X,Y)=-\dfrac{1}{36}$, $\rho_{XY}=-\dfrac{1}{2}$.

18. (1) X,Y 不独立; (2) $\rho_{XY}=0$.

19. $a=0.5$.

20. $\rho_{XY}=\dfrac{\alpha^2-\beta^2}{\alpha^2+\beta^2}$.

21. $E(X^3)=\lambda^3+3\lambda^2+\lambda$.

22. 协方差阵为 $\begin{bmatrix} \frac{23}{490} & -\frac{1}{147} \\ -\frac{1}{147} & \frac{46}{147} \end{bmatrix}$.

习　题　5

1. 0.9.

2. $\frac{8}{9}$.

3. $\frac{2}{3}$.

4. $1-\frac{9}{\varepsilon^2}$.

5. 0.77.

6. 0.72.

7. 略.

8. 略.

9. $\Phi\left(\frac{\sqrt{3}}{2}\right)$.

10. $N\left(\mu,\frac{\sigma^2}{n}\right)$；$N(n\mu,n\sigma^2)$；1.

11. 0.9938.

12. (1) $P(X=k)=C_{100}^k(0.2)^k(0.8)^{100-k}$ $k=0,1,2,\cdots,100$；(2)0.927.

13. (1)0；(2)0.9960.

14. $118a$.

15. 190.

习　题　6

1. 0.8293.

2. (1)0.2682；(2)0.2923；(3)0.5785.

3. 0.1.

4. λ，$\frac{\lambda}{n}$，λ.

5. (1) $p^{\sum\limits_{k=1}^{n} i_k}(1-p)^{n-\sum\limits_{i=1}^{n} i_k}$，$i_k=0$ 或 1，$k=1,\cdots,n$. (2) $P\left\{\sum\limits_{i=1}^{n}X_i=k\right\}=C_n^k p^k(1-p)^{n-k}$，$k=0,1,2,\cdots,n$. (3) p，$\frac{p(1-p)}{n}$，$p(1-p)$.

6. (1) $(2\pi)^{-5}\sigma^{-10}e^{-\frac{\sum\limits_{i=1}^{10}(x_i-\mu)^2}{2\sigma^2}}$；

(2) $\frac{1}{\sqrt{2\pi}\cdot\frac{\sigma}{\sqrt{10}}}e^{-\frac{5(x-\mu)^2}{\sigma^2}}$.

7. $F_7(x)=\begin{cases}0, & x<1,\\ \frac{3}{7}, & 1\leqslant x<2,\\ \frac{5}{7}, & 2\leqslant x<3,\\ \frac{6}{7}, & 3\leqslant x<5,\\ 1, & x\geqslant 5.\end{cases}$

8. $f_{X_{(1)}}(x)=\begin{cases}\frac{n}{\theta}\left(1-\frac{x}{\theta}\right)^{n-1}, & 0\leqslant x\leqslant\theta,\\ 0, & 其他,\end{cases}$

$f_{X_{(1)}}(x)=\begin{cases}\frac{n}{\theta^n}x^{n-1}, & 0\leqslant x\leqslant\theta,\\ 0, & 其他.\end{cases}$

9. (1) $t(n-1)$. (2) $F(3,n-3)$.

10. $c=\sqrt{\frac{3}{2}}$ 时，$Y\sim t(3)$.

11. (1) $\lambda=6.57$；(2) $\lambda=-1.8595$；(3) $\lambda=2.3060$；(4) $\lambda=-1.645$；(5) $\lambda=1.96$.

12. (1)0.00747. (2)0.93517.

13. 385.

习　题　7

1. (1) $\hat{\theta}=2\overline{X}$；(2) $\hat{\theta}=2\overline{x}=0.9634$.

2. (1) $\hat{\theta}=\frac{5}{6}$；(2) $\hat{\theta}=\frac{5}{6}$.

3. (1) $\hat{\theta}=\frac{\overline{X}}{1-\overline{X}}$；(2) $\hat{\theta}=\frac{-n}{\sum\limits_{i=1}^{n}\ln x_i}$.

4. (1) $\hat{\theta}=\frac{\overline{X}}{\overline{X}-c}$；(2) $\hat{\theta}_L=\frac{n}{\sum\limits_{i=1}^{n}\ln x_i-n\ln c}$.

5. 矩估计量 $\hat{\theta}=2\overline{X}$；极大似然估计量是 $\hat{\theta}=\max\limits_i X_i$.

6. $\hat{\alpha}=\frac{\overline{X}+\overline{Y}}{2}$，$\hat{\beta}=\frac{\overline{X}-\overline{Y}}{2}$.

7. $\hat{\mu}=\min\limits_i X_i$；$\hat{\theta}=\frac{\sum\limits_{i=1}^{n}(X_i-\min\limits_i X_i)}{n}=\overline{X}-\min\limits_i X_i$.

8. $\hat{\lambda}^2=\frac{1}{n}\sum_{i=1}^{n}X_i^2-\overline{X}$.

9. 略.

10. 证明略;$\hat{\mu}_3=\frac{1}{2}X_1+\frac{1}{2}X_2$ 最有效.

11. (1)(5.068, 6.392);(2)(5.558, 6.442).

12. (566.1,581.9).

13. $n\geqslant\frac{4\sigma_0^2}{l^2}\cdot(u_{\alpha/2})^2$.

14. (1)(1485.612,1514.3878);(2)0.95.

15. (1)(42.91,43.89);(2)(0.53,1.15).

16. (7.42,21.1).

17. (−8.2628,−0.1372).

18. (0.274,0.366).

19. (0.6457,3.6260).

20. (0.222,3.601).

习 题 8

1. 假设 $H_0:\mu=\mu_0=2, H_1:\mu\neq\mu_0=2$.

故否定 H_0,认为产品重量均值不再等于 2g.

2. 假设 $H_0:\mu=\mu_0=570, H_1:\mu\neq\mu_0=570$.

否定 H_0,认为总体均值有显著变化.

3. 假设 $H_0:\mu=\mu_0=26.8, H_1:\mu\neq\mu_0=26.8$.

否定 H_0,认为新安眠剂的疗效没有达到平均睡眠时间增加 3h.

4. 假设 $H_0:\mu=\mu_0=1.405, H_1:\mu\neq\mu_0=1.405$.

接受 H_0,认为维尼纶纤度的期望正常,无显著性变化.

5. 假设 $H_0:\mu\geqslant\mu_0=0.009, H_1:\mu<\mu_0=0.009$.

拒绝 H_0,认为有害物质的含量有显著降低.

6. 假设 $H_0:\sigma^2=8^2, H_1:\sigma^2\neq 8^2$.

接受 H_0,认为该批铜线折断力的方差与 8^2(kg^2)无显著差异.

7. 假设 $H_0:\sigma^2=\sigma_0^2=0.0002, H_1:\sigma^2\neq 0.0002$.

接受 H_0,认为这批螺钉直径的波动性较以往没有显著变化.

8. 假设 $H_0:\mu_1=\mu_2, H_1:\mu_1\neq\mu_2$.

接受 H_0,可以认为 μ_1,μ_2 基本相同.

9. 假设 $H_0:\mu_1=\mu_2, H_1:\mu_1\neq\mu_2$.

接受 H_0,认为两种烟草的尼古丁含量没有差异.

10. 假设 $H_0:\mu_1=\mu_2, H_1:\mu_1\neq\mu_2$.

拒绝 H_0,认为断裂强度有显著差异.

11. 假设 $H_0:\mu_1=\mu_2, H_1:\mu_1\neq\mu_2$.

拒绝 H_0,认为处理后平均含脂率有显著降低.

12. 假设 $H_0:\sigma_1^2=\sigma_2^2, H_0:\sigma_1^2\neq\sigma_2^2$.

接受 H_0,认为两批电子元件电阻值的方差一样.

13. 假设 $H_0:\sigma_1^2\geqslant\sigma_2^2, H_1:\sigma_1^2<\sigma_2^2$.

接受 H_0,认为新工艺生产的零件直径的方差是比旧工艺生产的零件直径的方差显著地小.

14. 假设 $H_0:p\leqslant p_0=0.05, H_0:p>p_0=0.05$.

拒绝 H_0,不能接受这批磁盘.

15. 假设 $H_0:p_1=p_2$.

接受 H_0,认为养猫与不养猫对大城市家庭灭鼠没有显著差异.

16. 假设 $H_0:p_i=P(X=i)=\frac{1}{6}(i=1,\cdots,6)$.

接受 H_0,认为骰子是均匀的.

17. 假设 $H_0:X\sim P(\lambda)$.

接受 H_0,认为每分钟呼唤次数服从泊松分布.

习 题 9

1. 丝材料对灯丝使用寿命有显著影响.

2. 有显著差异.

3. 温度对得率无显著影响,而质量分数对得率影响显著.

4.不同机器对产量没有显著影响，而不同的工人对日产量有显著影响.

5.果树品种对产量有特别显著影响.

6.推进器对火箭的射程有特别显著影响；燃料对火箭的射程有显著影响.

7.(1)$y=12.19-2.06x$；(2)$r=-0.9556$；(3)需求量 Y 与价格 x 之间的线性回归关系特别显著.

8.(1)$y=-1.4264+0.1232x$；(2)0.9845；(3)F 检验法；(4)y 的置信度为 0.95 的预测区间为

$(1.6536\mp 0.355)=(1.2986,2.0086)$.

9.假设　$H_0:\mu_1=\mu_2=\cdots=\mu_5$，$H_1:\mu_1,\mu_2,\cdots,\mu_5$ 不全相等.

拒绝原假设，即可以认为不同的储藏方法对含水率有显著性影响.

10. 假设　$H_0:\mu_1=\mu_2=\cdots=\mu_4$，$H_1:\mu_1,\mu_2,\cdots,\mu_4$ 不全相等.

拒绝原假设 H_0，即认为 4 中安眠药对兔子的安眠有显著差异.

11.(1) $\hat{Y}=-2.735+0.483x$；

(2)$\hat{\sigma}^2=\dfrac{S_{剩}}{n-2}=\dfrac{L_{yy}-\hat{\beta}_1L_{xy}}{n-2}\approx 0.918$；

(3)回归效果是显著的；

(4)[0.459,0.507].

12.(1)$\hat{y}=-11.3+36.95x$；

(2)$\hat{\sigma}^2=\dfrac{S_{剩}}{n-2}=\dfrac{L_{yy}-\hat{\beta}_1L_{xy}}{n-2}\approx 12.3637$；

(3)是显著的；

(4)[35.1085,38.7195]；

(5)$(y_0-\delta(x_0),y_0+\delta(x_0))=(415.882,448.318)$.

附表 1　二项分布表

$$P\{x \leqslant x\} = \sum_{k=0}^{x} \binom{n}{k} p^k (1-p)^{n-k}$$

n	k	p												
		0.001	0.002	0.003	0.005	0.01	0.02	0.03	0.05	0.10	0.15	0.20	0.25	0.30
2	0	0.998 0	0.996 0	0.994 0	0.990 0	0.980 1	0.960 4	0.940 9	0.902 5	0.810 0	0.722 5	0.640 0	0.562 5	0.490 0
2	1	1.000 0	1.000 0	1.000 0	1.000 0	0.999 9	0.999 6	0.999 1	0.997 5	0.990 0	0.977 5	0.960 0	0.937 5	0.910 0
3	0	0.997 0	0.994 0	0.991 0	0.985 1	0.970 3	0.941 2	0.912 7	0.857 4	0.729 0	0.614 1	0.512 0	0.421 9	0.343 0
3	1	1.000 0	1.000 0	1.000 0	0.999 9	0.999 7	0.998 8	0.997 4	0.992 8	0.972 0	0.939 3	0.896 0	0.843 8	0.784 0
3	2				1.000 0	1.000 0	1.000 0	1.000 0	0.999 9	0.999 0	0.996 6	0.992 0	0.984 4	0.973 0
4	0	0.996 0	0.992 0	0.988 1	0.980 1	0.960 6	0.922 4	0.885 3	0.814 5	0.656 1	0.522 0	0.409 6	0.316 4	0.240 1
4	1	1.000 0	1.000 0	0.999 9	0.999 9	0.999 4	0.997 7	0.994 8	0.986 0	0.947 7	0.890 5	0.819 2	0.738 3	0.651 7
4	2			1.000 0	1.000 0	1.000 0	1.000 0	0.999 9	0.999 5	0.996 3	0.988 0	0.972 8	0.949 2	0.916 3
4	3							1.000 0	1.000 0	0.999 9	0.999 5	0.998 4	0.996 1	0.991 9
5	0	0.995 0	0.990 0	0.985 1	0.975 2	0.951 0	0.903 9	0.858 7	0.773 8	0.590 5	0.443 7	0.327 7	0.237 3	0.168 1
5	1	1.000 0	1.000 0	0.999 9	0.999 8	0.999 0	0.996 2	0.991 5	0.977 4	0.918 5	0.835 2	0.737 3	0.632 8	0.528 2
5	2			1.000 0	1.000 0	1.000 0	0.999 9	0.999 7	0.998 8	0.991 4	0.973 4	0.942 1	0.896 5	0.836 9
5	3						1.000 0	1.000 0	1.000 0	0.999 5	0.997 8	0.993 3	0.984 4	0.969 2
5	4									1.000 0	0.999 9	0.999 7	0.999 0	0.997 6
6	0	0.994 0	0.988 1	0.982 1	0.970 4	0.941 5	0.885 8	0.833 0	0.735 1	0.531 4	0.377 1	0.262 1	0.178 0	0.117 6
6	1	1.000 0	0.999 9	0.999 9	0.999 6	0.998 5	0.994 3	0.987 5	0.967 2	0.885 7	0.776 5	0.655 4	0.533 9	0.420 2
6	2		1.000 0	1.000 0	1.000 0	1.000 0	0.999 8	0.999 5	0.997 8	0.984 2	0.952 7	0.901 1	0.830 6	0.744 3

续表

n	k	p												
		0.001	0.002	0.003	0.005	0.01	0.02	0.03	0.05	0.10	0.15	0.20	0.25	0.30
6	3						1.000 0	1.000 0	0.999 9	0.998 7	0.994 1	0.983 0	0.962 4	0.929 5
6	4								1.000 0	0.999 9	0.999 6	0.998 4	0.995 4	0.989 1
6	5									1.000 0	1.000 0	0.999 9	0.999 8	0.999 3
7	0	0.993 0	0.986 1	0.979 2	0.965 5	0.932 1	0.868 1	0.808 0	0.698 3	0.478 3	0.320 6	0.209 7	0.133 5	0.082 4
7	1	1.000 0	0.999 9	0.999 8	0.999 5	0.998 0	0.992 1	0.982 9	0.955 6	0.850 3	0.716 6	0.576 7	0.444 9	0.329 4
7	2		1.000 0	1.000 0	1.000 0	1.000 0	0.999 7	0.999 1	0.996 2	0.974 3	0.926 2	0.852 0	0.756 4	0.647 1
7	3						1.000 0	1.000 0	0.999 8	0.997 3	0.987 9	0.966 7	0.929 4	0.874 0
7	4								1.000 0	0.999 8	0.998 8	0.995 3	0.987 1	0.971 2
7	5									1.000 0	0.999 9	0.999 6	0.998 7	0.996 2
7	6										1.000 0	1.000 0	0.999 9	0.999 8
8	0	0.992 0	0.984 1	0.976 3	0.960 7	0.922 7	0.850 8	0.783 7	0.663 4	0.430 5	0.272 5	0.167 8	0.100 1	0.057 6
8	1	1.000 0	0.999 9	0.999 8	0.999 3	0.997 3	0.989 7	0.977 7	0.942 8	0.813 1	0.657 2	0.503 3	0.367 1	0.255 3
8	2		1.000 0	1.000 0	1.000 0	0.999 9	0.999 6	0.998 7	0.994 2	0.961 9	0.894 8	0.796 9	0.678 5	0.551 8
8	3					1.000 0	1.000 0	0.999 9	0.999 6	0.995 0	0.978 6	0.943 7	0.886 2	0.805 9
8	4							1.000 0	1.000 0	0.999 6	0.997 1	0.989 6	0.972 7	0.942 0
8	5									1.000 0	0.999 8	0.998 8	0.995 8	0.988 7
8	6										1.000 0	0.999 9	0.999 6	0.998 7
8	7											1.000 0	1.000 0	0.999 9
9	0	0.991 0	0.982 1	0.973 3	0.955 9	0.913 5	0.833 7	0.760 2	0.630 2	0.387 4	0.231 6	0.134 2	0.075 1	0.040 4
9	1	1.000 0	0.999 9	0.999 7	0.999 1	0.996 6	0.986 9	0.971 8	0.928 8	0.774 8	0.599 5	0.436 2	0.300 3	0.196 0
9	2		1.000 0	1.000 0	1.000 0	0.999 9	0.999 4	0.998 0	0.991 6	0.947 0	0.859 1	0.738 2	0.600 7	0.462 8
9	3					1.000 0	1.000 0	0.999 9	0.999 4	0.991 7	0.966 1	0.914 4	0.834 3	0.729 7

续表

n	k	p: 0.001	0.002	0.003	0.005	0.01	0.02	0.03	0.05	0.10	0.15	0.20	0.25	0.30
9	4							1.000 0	1.000 0	0.999 1	0.994 4	0.980 4	0.951 1	0.901 2
9	5									0.999 9	0.999 4	0.996 9	0.990 0	0.974 7
9	6									1.000 0	1.000 0	0.999 7	0.998 7	0.995 7
9	7											1.000 0	0.999 9	0.999 6
9	8												1.000 0	1.000 0
10	0	0.990 0	0.980 2	0.970 4	0.951 1	0.904 4	0.817 1	0.737 4	0.598 7	0.348 7	0.196 9	0.107 4	0.056 3	0.028 2
10	1	1.000 0	0.999 8	0.999 6	0.998 9	0.995 7	0.983 8	0.965 5	0.913 9	0.736 1	0.544 3	0.375 8	0.244 0	0.149 3
10	2		1.000 0	1.000 0	1.000 0	0.999 9	0.999 1	0.997 2	0.988 5	0.929 8	0.820 2	0.677 8	0.525 6	0.382 8
10	3					1.000 0	1.000 0	0.999 9	0.999 0	0.987 2	0.950 0	0.879 1	0.775 9	0.649 6
10	4							1.000 0	0.999 9	0.998 4	0.990 1	0.967 2	0.921 9	0.849 7
10	5								1.000 0	0.999 9	0.998 6	0.993 6	0.980 3	0.952 7
10	6									1.000 0	0.999 9	0.999 1	0.996 5	0.989 4
10	7										1.000 0	0.999 9	0.999 6	0.998 4
10	8											1.000 0	1.000 0	0.999 9
10	9													1.000 0
11	0	0.989 1	0.978 2	0.967 5	0.946 4	0.895 3	0.800 7	0.715 3	0.568 8	0.313 8	0.167 3	0.085 9	0.042 2	0.019 8
11	1	0.999 9	0.999 8	0.999 5	0.998 7	0.994 8	0.980 5	0.958 7	0.898 1	0.697 4	0.492 2	0.322 1	0.197 1	0.113 0
11	2	1.000 0	1.000 0	1.000 0	1.000 0	0.999 8	0.998 8	0.996 3	0.984 8	0.910 4	0.778 8	0.617 4	0.455 2	0.312 7
11	3					1.000 0	1.000 0	0.999 8	0.998 4	0.981 5	0.930 6	0.838 9	0.713 3	0.569 6
11	4							1.000 0	0.999 9	0.997 2	0.984 1	0.949 6	0.885 4	0.789 7
11	5								1.000 0	0.999 7	0.997 3	0.988 3	0.965 7	0.921 8
11	6									1.000 0	0.999 7	0.998 0	0.992 4	0.978 4
11	7										1.000 0	0.999 8	0.998 8	0.995 7

续表

n	k	p 0.001	0.002	0.003	0.005	0.01	0.02	0.03	0.05	0.10	0.15	0.20	0.25	0.30
11	8											1.000 0	0.999 9	0.999 4
11	9												1.000 0	1.000 0
12	0	0.988 1	0.976 3	0.964 6	0.941 6	0.886 4	0.784 7	0.693 8	0.540 4	0.282 4	0.142 2	0.068 7	0.031 7	0.013 8
12	1	0.999 9	0.999 7	0.999 4	0.998 4	0.993 8	0.976 9	0.951 4	0.881 6	0.659 0	0.443 5	0.274 9	0.158 4	0.085 0
12	2	1.000 0	1.000 0	1.000 0	1.000 0	0.999 8	0.998 5	0.995 2	0.980 4	0.889 1	0.735 8	0.558 3	0.390 7	0.252 8
12	3					1.000 0	0.999 9	0.999 7	0.997 8	0.974 4	0.907 8	0.794 6	0.648 8	0.492 5
12	4						1.000 0	1.000 0	0.999 8	0.995 7	0.976 1	0.927 4	0.842 4	0.723 7
12	5								1.000 0	0.999 5	0.995 4	0.980 6	0.945 6	0.882 2
12	6									0.999 9	0.999 3	0.996 1	0.985 7	0.961 4
12	7									1.000 0	0.999 9	0.999 4	0.997 2	0.990 5
12	8										1.000 0	0.999 9	0.999 6	0.998 3
12	9											1.000 0	1.000 0	0.999 8
12	10													1.000 0
13	0	0.987 1	0.974 3	0.961 7	0.936 9	0.877 5	0.769 0	0.673 0	0.513 3	0.254 2	0.120 9	0.055 0	0.023 8	0.009 7
13	1	0.999 9	0.999 7	0.999 3	0.998 1	0.992 8	0.973 0	0.943 6	0.864 6	0.621 3	0.398 3	0.233 6	0.126 7	0.063 7
13	2	1.000 0	1.000 0	1.000 0	1.000 0	0.999 7	0.998 0	0.993 8	0.975 5	0.866 1	0.692 0	0.501 7	0.332 6	0.202 5
13	3					1.000 0	0.999 9	0.999 5	0.996 9	0.965 8	0.882 0	0.747 3	0.584 3	0.420 6
13	4						1.000 0	1.000 0	0.999 7	0.993 5	0.965 8	0.900 9	0.794 0	0.654 3
13	5								1.000 0	0.999 1	0.992 5	0.970 0	0.919 8	0.834 6
13	6									0.999 9	0.998 7	0.993 0	0.975 7	0.937 6
13	7									1.000 0	0.999 8	0.998 8	0.994 4	0.981 8
13	8										1.000 0	0.999 8	0.999 0	0.996 0
13	9											1.000 0	0.999 9	0.999 3

续表

n	k	p												
		0.001	0.002	0.003	0.005	0.01	0.02	0.03	0.05	0.10	0.15	0.20	0.25	0.30
13	10												1.000 0	0.999 9
13	11													1.000 0
14	0	0.986 1	0.972 4	0.958 8	0.932 2	0.868 7	0.753 6	0.652 8	0.487 7	0.228 8	0.102 8	0.044 0	0.017 8	0.006 8
14	1	0.999 9	0.999 6	0.999 2	0.997 8	0.991 6	0.969 0	0.935 5	0.847 0	0.584 6	0.356 7	0.197 9	0.101 0	0.047 5
14	2	1.000 0	1.000 0	1.000 0	1.000 0	0.999 7	0.997 5	0.992 3	0.969 9	0.841 6	0.647 9	0.448 1	0.281 1	0.160 8
14	3					1.000 0	0.999 9	0.999 4	0.995 8	0.955 9	0.853 5	0.698 2	0.521 3	0.355 2
14	4						1.000 0	1.000 0	0.999 6	0.990 8	0.953 3	0.870 2	0.741 5	0.584 2
14	5								1.000 0	0.998 5	0.988 5	0.956 1	0.888 3	0.780 5
14	6									0.999 8	0.997 8	0.988 4	0.961 7	0.906 7
14	7									1.000 0	0.999 7	0.997 6	0.989 7	0.968 5
14	8										1.000 0	0.999 6	0.997 8	0.991 7
14	9											1.000 0	0.999 7	0.998 3
14	10												1.000 0	0.999 8
14	11													1.000 0
15	0	0.985 1	0.970 4	0.955 9	0.927 6	0.860 1	0.738 6	0.633 3	0.463 3	0.205 9	0.087 4	0.035 2	0.013 4	0.004 7
15	1	0.999 9	0.999 6	0.999 1	0.997 5	0.990 4	0.964 7	0.927 0	0.829 0	0.549 0	0.318 6	0.167 1	0.080 2	0.035 3
15	2	1.000 0	1.000 0	1.000 0	0.999 9	0.999 6	0.997 0	0.990 6	0.963 8	0.815 9	0.604 2	0.398 0	0.236 1	0.126 8
15	3				1.000 0	1.000 0	0.999 8	0.999 2	0.994 5	0.944 4	0.822 7	0.648 2	0.461 3	0.296 9
15	4						1.000 0	0.999 9	0.999 4	0.987 3	0.938 3	0.835 8	0.686 5	0.515 5
15	5							1.000 0	0.999 9	0.997 8	0.983 2	0.938 9	0.851 6	0.721 6
15	6								1.000 0	0.999 7	0.996 4	0.981 9	0.943 4	0.868 9
15	7									1.000 0	0.999 4	0.995 8	0.982 7	0.950 0
15	8										0.999 9	0.999 2	0.995 8	0.984 8

续表

n	k	p: 0.001	0.002	0.003	0.005	0.01	0.02	0.03	0.05	0.10	0.15	0.20	0.25	0.30
15	9										1.000 0	0.999 9	0.999 2	0.996 3
15	10											1.000 0	0.999 9	0.999 3
15	11												1.000 0	0.999 9
15	12													1.000 0
16	0	0.984 1	0.968 5	0.953 1	0.922 9	0.851 5	0.723 8	0.614 3	0.440 1	0.185 3	0.074 3	0.028 1	0.010 0	0.003 3
16	1	0.999 9	0.999 5	0.998 9	0.997 1	0.989 1	0.960 1	0.918 2	0.810 8	0.514 7	0.283 9	0.140 7	0.063 5	0.026 1
16	2	1.000 0	1.000 0	1.000 0	0.999 9	0.999 5	0.996 3	0.988 7	0.957 1	0.789 2	0.561 4	0.351 8	0.197 1	0.099 4
16	3				1.000 0	1.000 0	0.999 8	0.998 9	0.993 0	0.931 6	0.789 9	0.598 1	0.405 0	0.245 9
16	4						1.000 0	0.999 9	0.999 1	0.983 0	0.920 9	0.798 2	0.630 2	0.449 9
16	5							1.000 0	0.999 9	0.996 7	0.976 5	0.918 3	0.810 3	0.659 8
16	6								1.000 0	0.999 5	0.994 4	0.973 3	0.920 4	0.824 7
16	7									0.999 9	0.998 9	0.993 0	0.972 9	0.925 6
16	8									1.000 0	0.999 8	0.998 5	0.992 5	0.974 3
16	9										1.000 0	0.999 8	0.998 4	0.992 9
16	10											1.000 0	0.999 7	0.998 4
16	11												1.000 0	0.999 7
16	12													1.000 0
17	0	0.983 1	0.966 5	0.950 2	0.918 3	0.842 9	0.709 3	0.595 8	0.418 1	0.166 8	0.063 1	0.022 5	0.007 5	0.002 3
17	1	0.999 9	0.999 5	0.998 8	0.996 8	0.987 7	0.955 4	0.909 1	0.792 2	0.481 8	0.252 5	0.118 2	0.050 1	0.019 3
17	2	1.000 0	1.000 0	1.000 0	0.999 9	0.999 4	0.995 6	0.986 6	0.949 7	0.761 8	0.519 8	0.309 6	0.163 7	0.077 4
17	3				1.000 0	1.000 0	0.999 7	0.998 6	0.991 2	0.917 4	0.755 6	0.548 9	0.353 0	0.201 9
17	4						1.000 0	0.999 9	0.998 8	0.977 9	0.901 3	0.758 2	0.573 9	0.388 7
17	5							1.000 0	0.999 9	0.995 3	0.968 1	0.894 3	0.765 3	0.596 8

续表

n	k	p												
		0.001	0.002	0.003	0.005	0.01	0.02	0.03	0.05	0.10	0.15	0.20	0.25	0.30
17	6								1.000 0	0.999 2	0.991 7	0.962 3	0.892 9	0.775 2
17	7									0.999 9	0.998 3	0.989 1	0.959 8	0.895 4
17	8									1.000 0	0.999 7	0.997 4	0.987 6	0.959 7
17	9										1.000 0	0.999 5	0.996 9	0.987 3
17	10										1.000 0	0.999 9	0.999 4	0.996 8
17	11											1.000 0	0.999 9	0.999 3
17	12												1.000 0	0.999 9
17	13													1.000 0
18	0	0.982 2	0.964 6	0.947 4	0.913 7	0.834 5	0.695 1	0.578 0	0.397 2	0.150 1	0.053 6	0.018 0	0.005 6	0.001 6
18	1	0.999 8	0.999 4	0.998 7	0.996 4	0.986 2	0.950 5	0.899 7	0.773 5	0.450 3	0.224 1	0.099 1	0.039 5	0.014 2
18	2	1.000 0	1.000 0	1.000 0	0.999 9	0.999 3	0.994 8	0.984 3	0.941 9	0.733 8	0.479 7	0.271 3	0.135 3	0.060 0
18	3				1.000 0	1.000 0	0.999 6	0.998 2	0.989 1	0.901 8	0.720 2	0.501 0	0.305 7	0.164 6
18	4						1.000 0	0.999 8	0.998 5	0.971 8	0.879 4	0.716 4	0.518 7	0.332 7
18	5							1.000 0	0.999 8	0.993 6	0.958 1	0.867 1	0.717 5	0.534 4
18	6								1.000 0	0.998 8	0.988 2	0.948 7	0.861 0	0.721 7
18	7									0.999 8	0.997 3	0.983 7	0.943 1	0.859 3
18	8									1.000 0	0.999 5	0.995 7	0.980 7	0.940 4
18	9										0.999 9	0.999 1	0.994 6	0.979 0
18	10										1.000 0	0.999 8	0.998 8	0.993 9
18	11											1.000 0	0.999 8	0.998 6
18	12												1.000 0	0.999 7
18	13													1.000 0
19	0	0.981 2	0.962 7	0.944 5	0.909 2	0.826 2	0.681 2	0.560 6	0.377 4	0.135 1	0.045 6	0.014 4	0.004 2	0.001 1

续表

n	k	p												
		0.001	0.002	0.003	0.005	0.01	0.02	0.03	0.05	0.10	0.15	0.20	0.25	0.30
19	1	0.999 8	0.999 3	0.998 5	0.996 0	0.984 7	0.945 4	0.890 0	0.754 7	0.420 3	0.198 5	0.082 9	0.031 0	0.010 4
19	2	1.000 0	1.000 0	1.000 0	0.999 9	0.999 1	0.993 9	0.981 7	0.933 5	0.705 4	0.441 3	0.236 9	0.111 3	0.046 2
19	3				1.000 0	1.000 0	0.999 5	0.997 8	0.986 8	0.885 0	0.684 1	0.455 1	0.263 1	0.133 2
19	4						1.000 0	0.999 8	0.998 0	0.964 8	0.855 6	0.673 3	0.465 4	0.282 2
19	5							1.000 0	0.999 8	0.991 4	0.946 3	0.836 9	0.667 8	0.473 9
19	6								1.000 0	0.998 3	0.983 7	0.932 4	0.825 1	0.665 5
19	7									0.999 7	0.995 9	0.976 7	0.922 5	0.818 0
19	8									1.000 0	0.999 2	0.993 3	0.971 3	0.916 1
19	9										0.999 9	0.998 4	0.991 1	0.967 4
19	10										1.000 0	0.999 7	0.997 7	0.989 5
19	11											1.000 0	0.999 5	0.997 2
19	12												0.999 9	0.999 4
19	13												1.000 0	0.999 9
19	14													1.000 0
20	0	0.980 2	0.960 8	0.941 7	0.904 6	0.817 9	0.667 6	0.543 8	0.358 5	0.121 6	0.038 8	0.011 5	0.003 2	0.000 8
20	1	0.999 8	0.999 3	0.998 4	0.995 5	0.983 1	0.940 1	0.880 2	0.735 8	0.391 7	0.175 6	0.069 2	0.024 3	0.007 6
20	2	1.000 0	1.000 0	1.000 0	0.999 9	0.999 0	0.992 9	0.979 0	0.924 5	0.676 9	0.404 9	0.206 1	0.091 3	0.035 5
20	3				1.000 0	1.000 0	0.999 4	0.997 3	0.984 1	0.867 0	0.647 7	0.411 4	0.225 2	0.107 1
20	4						1.000 0	0.999 7	0.997 4	0.956 8	0.829 8	0.629 6	0.414 8	0.237 5
20	5							1.000 0	0.999 7	0.988 7	0.932 7	0.804 2	0.617 2	0.416 4
20	6								1.000 0	0.997 6	0.978 1	0.913 3	0.785 8	0.608 0
20	7									0.999 6	0.994 1	0.967 9	0.898 2	0.772 3
20	8									0.999 9	0.998 7	0.990 0	0.959 1	0.886 7

续表

n	k	p												
		0.001	0.002	0.003	0.005	0.01	0.02	0.03	0.05	0.10	0.15	0.20	0.25	0.30
20	9									1.000 0	0.999 8	0.997 4	0.986 1	0.952 0
20	10										1.000 0	0.999 4	0.996 1	0.982 9
20	11											0.999 9	0.999 1	0.994 9
20	12											1.000 0	0.999 8	0.998 7
20	13												1.000 0	0.999 7
20	14													1.000 0
25	0	0.975 3	0.951 2	0.927 6	0.882 2	0.777 8	0.603 5	0.467 0	0.277 4	0.071 8	0.017 2	0.003 8	0.000 8	0.000 1
25	1	0.999 7	0.998 8	0.997 4	0.993 1	0.974 2	0.911 4	0.828 0	0.642 4	0.271 2	0.093 1	0.027 4	0.007 0	0.001 6
25	2	1.000 0	1.000 0	0.999 9	0.999 7	0.998 0	0.986 8	0.962 0	0.872 9	0.537 1	0.253 7	0.098 2	0.032 1	0.009 0
25	3			1.000 0	1.000 0	0.999 9	0.998 6	0.993 8	0.965 9	0.763 6	0.471 1	0.234 0	0.096 2	0.033 2
25	4					1.000 0	0.999 9	0.999 2	0.992 8	0.902 0	0.682 1	0.420 7	0.213 7	0.090 5
25	5						1.000 0	0.999 9	0.998 8	0.966 6	0.838 5	0.616 7	0.378 3	0.193 5
25	6							1.000 0	0.999 8	0.990 5	0.930 5	0.780 0	0.561 1	0.340 7
25	7								1.000 0	0.997 7	0.974 5	0.890 9	0.726 5	0.511 8
25	8									0.999 5	0.992 0	0.953 2	0.850 6	0.676 9
25	9									0.999 9	0.997 9	0.982 7	0.928 7	0.810 6
25	10									1.000 0	0.999 5	0.994 4	0.970 3	0.902 2
25	11										0.999 9	0.998 5	0.989 3	0.955 8
25	12										1.000 0	0.999 6	0.996 6	0.982 5
25	13											0.999 9	0.999 1	0.994 0
25	14											1.000 0	0.999 8	0.998 2
25	15												1.000 0	0.999 5
25	16													0.999 9

续表

n	k	p												
		0.001	0.002	0.003	0.005	0.01	0.02	0.03	0.05	0.10	0.15	0.20	0.25	0.30
25	17													1.000 0
30	0	0.970 4	0.941 7	0.913 8	0.860 4	0.739 7	0.545 5	0.401 0	0.214 6	0.042 4	0.007 6	0.001 2	0.000 2	0.000 0
30	1	0.999 6	0.998 3	0.996 3	0.990 1	0.963 9	0.879 5	0.773 1	0.553 5	0.183 7	0.048 0	0.010 5	0.002 0	0.000 3
30	2	1.000 0	1.000 0	0.999 9	0.999 5	0.996 7	0.978 3	0.939 9	0.812 2	0.411 4	0.151 4	0.044 2	0.010 6	0.002 1
30	3			1.000 0	1.000 0	0.999 8	0.997 1	0.988 1	0.939 2	0.647 4	0.321 7	0.122 7	0.037 4	0.009 3
30	4					1.000 0	0.999 7	0.998 2	0.984 4	0.824 5	0.524 5	0.255 2	0.097 9	0.030 2
30	5						1.000 0	0.999 8	0.996 7	0.926 8	0.710 6	0.427 5	0.202 6	0.076 6
30	6							1.000 0	0.999 4	0.974 2	0.847 4	0.607 0	0.348 1	0.159 5
30	7								0.999 9	0.992 2	0.930 2	0.760 8	0.514 3	0.281 4
30	8								1.000 0	0.998 0	0.972 2	0.871 3	0.673 6	0.431 5
30	9									0.999 5	0.990 3	0.938 9	0.803 4	0.588 8
30	10									0.999 9	0.997 1	0.974 4	0.894 3	0.730 4
30	11									1.000 0	0.999 2	0.990 5	0.949 3	0.840 7
30	12										0.999 8	0.996 9	0.978 4	0.915 5
30	13										1.000 0	0.999 1	0.991 8	0.959 9
30	14											0.999 8	0.997 3	0.983 1
30	15											0.999 9	0.999 2	0.993 6
30	16											1.000 0	0.999 8	0.997 9
30	17												0.999 9	0.999 4
30	18												1.000 0	0.999 8
30	19													1.000 0

附表 2　泊松分布表

$$1-F(x-1)=\sum_{k=x}^{\infty}\frac{\lambda^k}{k!}e^{-\lambda}$$

x	λ=0.1	λ=0.2	λ=0.3	λ=0.4	λ=0.5	λ=0.6	λ=0.7
0	1.000 000	1.000 000	1.000 000	1.000 000	1.000 000	1.000 000	1.000 000
1	0.095 163	0.181 269	0.259 182	0.329 680	0.393 469	0.451 188	0.503 415
2	0.004 679	0.017 523	0.036 936	0.061 552	0.090 204	0.121 901	0.155 805
3	0.000 155	0.001 148	0.003 599	0.007 926	0.014 388	0.023 115	0.034 142
4	0.000 004	0.000 057	0.000 266	0.000 776	0.001 752	0.003 358	0.005 753
5	0.000 000	0.000 002	0.000 016	0.000 061	0.000 172	0.000 394	0.000 786
6	0.000 000	0.000 000	0.000 001	0.000 004	0.000 014	0.000 039	0.000 090
7	0.000 000	0.000 000	0.000 000	0.000 000	0.000 001	0.000 003	0.000 009
8	0.000 000	0.000 000	0.000 000	0.000 000	0.000 000	0.000 000	0.000 001
x	λ=0.8	λ=0.9	λ=1.0	λ=1.2	λ=1.4	λ=1.6	λ=1.8
0	1.000 000	1.000 000	1.000 000	1.000 000	1.000 000	1.000 000	1.000 000
1	0.550 671	0.593 430	0.632 121	0.698 806	0.753 403	0.798 103	0.834 701
2	0.191 208	0.227 518	0.264 241	0.337 373	0.408 167	0.475 069	0.537 163
3	0.047 423	0.062 857	0.080 301	0.120 513	0.166 502	0.216 642	0.269 379
4	0.009 080	0.013 459	0.018 988	0.033 769	0.053 725	0.078 813	0.108 708
5	0.001 411	0.002 344	0.003 660	0.007 746	0.014 253	0.023 682	0.036 407
6	0.000 184	0.000 343	0.000 594	0.001 500	0.003 201	0.006 040	0.010 378
7	0.000 021	0.000 043	0.000 083	0.000 251	0.000 622	0.001 336	0.002 569
8	0.000 002	0.000 005	0.000 010	0.000 037	0.000 107	0.000 260	0.000 562

续表

x	$\lambda=0.8$	$\lambda=0.9$	$\lambda=1.0$	$\lambda=1.2$	$\lambda=1.4$	$\lambda=1.6$	$\lambda=1.8$
9	0.000 000	0.000 000	0.000 001	0.000 005	0.000 016	0.000 045	0.000 110
10	0.000 000	0.000 000	0.000 000	0.000 001	0.000 002	0.000 007	0.000 019
11	0.000 000	0.000 000	0.000 000	0.000 000	0.000 000	0.000 001	0.000 003
x	$\lambda=2.0$	$\lambda=2.5$	$\lambda=3.0$	$\lambda=3.5$	$\lambda=4.0$	$\lambda=4.5$	$\lambda=5.0$
0	1.000 000	1.000 000	1.000 000	1.000 000	1.000 000	1.000 000	1.000 000
1	0.864 665	0.917 915	0.950 213	0.969 803	0.981 684	0.988 891	0.993 262
2	0.593 994	0.712 703	0.800 852	0.864 112	0.908 422	0.938 901	0.959 572
3	0.323 324	0.456 187	0.576 810	0.679 153	0.761 897	0.826 422	0.875 348
4	0.142 877	0.242 424	0.352 768	0.463 367	0.566 530	0.657 704	0.734 974
5	0.052 653	0.108 822	0.184 737	0.274 555	0.371 163	0.467 896	0.559 507
6	0.016 564	0.042 021	0.083 918	0.142 386	0.214 870	0.297 070	0.384 039
7	0.004 534	0.014 187	0.033 509	0.065 288	0.110 674	0.168 949	0.237 817
8	0.001 097	0.004 247	0.011 905	0.026 739	0.051 134	0.086 586	0.133 372
9	0.000 237	0.001 140	0.003 803	0.009 874	0.021 363	0.040 257	0.068 094
10	0.000 046	0.000 277	0.001 102	0.003 315	0.008 132	0.017 093	0.031 828
11	0.000 008	0.000 062	0.000 292	0.001 019	0.002 840	0.006 669	0.013 695
12	0.000 001	0.000 013	0.000 071	0.000 289	0.000 915	0.002 404	0.005 453
13	0.000 000	0.000 002	0.000 016	0.000 076	0.000 274	0.000 805	0.002 019
14	0.000 000	0.000 000	0.000 003	0.000 019	0.000 076	0.000 252	0.000 698
15	0.000 000	0.000 000	0.000 001	0.000 004	0.000 020	0.000 074	0.000 226
16	0.000 000	0.000 000	0.000 000	0.000 001	0.000 005	0.000 020	0.000 069
17	0.000 000	0.000 000	0.000 000	0.000 000	0.000 001	0.000 005	0.000 020
18	0.000 000	0.000 000	0.000 000	0.000 000	0.000 000	0.000 001	0.000 005
19	0.000 000	0.000 000	0.000 000	0.000 000	0.000 000	0.000 000	0.000 001

附表 3　标准正态分布表

$$\Phi(x)=\int_{-\infty}^{x}\frac{1}{\sqrt{2\pi}}\mathrm{e}^{-t^2/2}\mathrm{d}t$$

x	0	1	2	3	4	5	6	7	8	9
0.0	0.500 0	0.504 0	0.508 0	0.512 0	0.516 0	0.519 9	0.523 9	0.527 9	0.531 9	0.535 9
0.1	0.539 8	0.543 8	0.547 8	0.551 7	0.555 7	0.559 6	0.563 6	0.567 5	0.571 4	0.575 3
0.2	0.579 3	0.583 2	0.587 1	0.591 0	0.594 8	0.598 7	0.602 6	0.606 4	0.610 3	0.614 1
0.3	0.617 9	0.621 7	0.625 5	0.629 3	0.633 1	0.636 8	0.640 6	0.644 3	0.648 0	0.651 7
0.4	0.655 4	0.659 1	0.662 8	0.666 4	0.670 0	0.673 6	0.677 2	0.680 8	0.684 4	0.687 9
0.5	0.691 5	0.695 0	0.698 5	0.701 9	0.705 4	0.708 8	0.712 3	0.715 7	0.719 0	0.722 4
0.6	0.725 7	0.729 1	0.732 4	0.735 7	0.738 9	0.742 2	0.745 4	0.748 6	0.751 7	0.754 9
0.7	0.758 0	0.761 1	0.764 2	0.767 3	0.770 4	0.773 4	0.776 4	0.779 4	0.782 3	0.785 2
0.8	0.788 1	0.791 0	0.793 9	0.796 7	0.799 5	0.802 3	0.805 1	0.807 8	0.810 6	0.813 3
0.9	0.815 9	0.818 6	0.821 2	0.823 8	0.826 4	0.828 9	0.831 5	0.834 0	0.836 5	0.838 9
1.0	0.841 3	0.843 8	0.846 1	0.848 5	0.850 8	0.853 1	0.855 4	0.857 7	0.859 9	0.862 1
1.1	0.864 3	0.866 5	0.868 6	0.870 8	0.872 9	0.874 9	0.877 0	0.879 0	0.881 0	0.883 0
1.2	0.884 9	0.886 9	0.888 8	0.890 7	0.892 5	0.894 4	0.896 2	0.898 0	0.899 7	0.901 5
1.3	0.903 2	0.904 9	0.906 6	0.908 2	0.909 9	0.911 5	0.913 1	0.914 7	0.916 2	0.917 7
1.4	0.919 2	0.920 7	0.922 2	0.923 6	0.925 1	0.926 5	0.927 9	0.929 2	0.930 6	0.931 9
1.5	0.933 2	0.934 5	0.935 7	0.937 0	0.938 2	0.939 4	0.940 6	0.941 8	0.942 9	0.944 1
1.6	0.945 2	0.946 3	0.947 4	0.948 4	0.949 5	0.950 5	0.951 5	0.952 5	0.953 5	0.954 5
1.7	0.955 4	0.956 4	0.957 3	0.958 2	0.959 1	0.959 9	0.960 8	0.961 6	0.962 5	0.963 3

续表

x	0	1	2	3	4	5	6	7	8	9
1.8	0.964 1	0.964 9	0.965 6	0.966 4	0.967 1	0.967 8	0.968 6	0.969 3	0.969 9	0.970 6
1.9	0.971 3	0.971 9	0.972 6	0.973 2	0.973 8	0.974 4	0.975 0	0.975 6	0.976 1	0.976 7
2.0	0.977 2	0.977 8	0.978 3	0.978 8	0.979 3	0.979 8	0.980 3	0.980 8	0.981 2	0.981 7
2.1	0.982 1	0.982 6	0.983 0	0.983 4	0.983 8	0.984 2	0.984 6	0.985 0	0.985 4	0.985 7
2.2	0.986 1	0.986 4	0.986 8	0.987 1	0.987 5	0.987 8	0.988 1	0.988 4	0.988 7	0.989 0
2.3	0.989 3	0.989 6	0.989 8	0.990 1	0.990 4	0.990 6	0.990 9	0.991 1	0.991 3	0.991 6
2.4	0.9918	0.992 0	0.992 2	0.992 5	0.992 7	0.992 9	0.993 1	0.993 2	0.993 4	0.993 6
2.5	0.993 8	0.994 0	0.994 1	0.994 3	0.994 5	0.994 6	0.994 8	0.994 9	0.995 1	0.995 2
2.6	0.995 3	0.995 5	0.995 6	0.995 7	0.995 9	0.996 0	0.996 1	0.996 2	0.996 3	0.996 4
2.7	0.996 5	0.996 6	0.996 7	0.996 8	0.996 9	0.997 0	0.997 1	0.997 2	0.997 3	0.997 4
2.8	0.997 4	0.997 5	0.997 6	0.997 7	0.997 7	0.997 8	0.997 9	0.997 9	0.998 0	0.998 1
2.9	0.998 1	0.998 2	0.998 2	0.998 3	0.998 4	0.998 4	0.998 5	0.998 5	0.998 6	0.998 6
3.0	0.998 7	0.999 0	0.999 3	0.999 5	0.999 7	0.999 8	0.999 8	0.999 9	0.999 9	1.000 0

注：表中末行为函数值 $\Phi(3.0),\Phi(3.1),\cdots,\Phi(3.9)$.

附表 4　χ^2 分布表

$$P\{\chi^2 > \chi^2_\alpha(n)\} = \alpha$$

n	$\alpha=0.995$	$\alpha=0.99$	$\alpha=0.975$	$\alpha=0.95$	$\alpha=0.90$	$\alpha=0.75$
1	0.000 0	0.000 2	0.001 0	0.003 9	0.015 8	0.101 5
2	0.010 0	0.020 1	0.050 6	0.102 6	0.210 7	0.575 4
3	0.071 7	0.114 8	0.215 8	0.351 8	0.584 4	1.212 5
4	0.207 0	0.297 1	0.484 4	0.710 7	1.063 6	1.922 6
5	0.411 8	0.554 3	0.831 2	1.145 5	1.610 3	2.674 6
6	0.675 7	0.872 1	1.237 3	1.635 4	2.204 1	3.454 6
7	0.989 3	1.239 0	1.689 9	2.167 3	2.833 1	4.254 9
8	1.344 4	1.646 5	2.179 7	2.732 6	3.489 5	5.070 6
9	1.734 9	2.087 9	2.700 4	3.325 1	4.168 2	5.898 8
10	2.155 8	2.558 2	3.247 0	3.940 3	4.865 2	6.737 2
11	2.603 2	3.053 5	3.815 7	4.574 8	5.577 8	7.584 1
12	3.073 8	3.570 6	4.403 8	5.226 0	6.303 8	8.438 4
13	3.565 0	4.106 9	5.008 7	5.891 9	7.041 5	9.299 1
14	4.074 7	4.660 4	5.628 7	6.570 6	7.789 5	10.165 3
15	4.600 9	5.229 4	6.262 1	7.260 9	8.546 8	11.036 5
16	5.142 2	5.812 2	6.907 7	7.961 6	9.312 2	11.912 2
17	5.697 3	6.407 7	7.564 2	8.671 8	10.085 2	12.791 9
18	6.264 8	7.014 9	8.230 7	9.390 4	10.864 9	13.675 3
19	6.843 9	7.632 7	8.906 5	10.117 0	11.650 9	14.562 0

续表

n	$\alpha=0.995$	$\alpha=0.99$	$\alpha=0.975$	$\alpha=0.95$	$\alpha=0.90$	$\alpha=0.75$
20	7.433 8	8.260 4	9.590 8	10.850 8	12.442 6	15.451 8
21	8.033 6	8.897 2	10.282 9	11.591 3	13.239 6	16.344 4
22	8.642 7	9.542 5	10.982 3	12.338 0	14.041 5	17.239 6
23	9.260 4	10.195 7	11.688 5	13.090 5	14.848 0	18.137 3
24	9.886 2	10.856 3	12.401 1	13.848 4	15.658 7	19.037 3
25	10.519 6	11.524 0	13.119 7	14.611 4	16.473 4	19.939 3
26	11.160 2	12.198 2	13.843 9	15.379 2	17.291 9	20.843 4
27	11.807 7	12.878 5	14.573 4	16.151 4	18.113 9	21.749 4
28	12.461 3	13.564 7	15.307 9	16.927 9	18.939 2	22.657 2
29	13.121 1	14.256 4	16.047 1	17.708 4	19.767 7	23.566 6
30	13.786 7	14.953 5	16.790 8	18.492 7	20.599 2	24.477 6
31	14.457 7	15.655 5	17.538 7	19.280 6	21.433 6	25.390 1
32	15.134 0	16.362 2	18.290 8	20.071 9	22.270 6	26.304 1
33	15.815 2	17.073 5	19.046 7	20.866 5	23.110 2	27.219 4
34	16;501 3	17.789 1	19.806 2	21.664 3	23.952 2	28.136 1
35	17.191 7	18.508 9	20.569 4	22.465 0	24.796 6	29.054 0
36	17.886 8	19.232 6	21.335 9	23.268 6	25.643 3	29.973 0
37	18.585 9	19.960 3	22.105 6	24.074 9	26.492 1	30.893 3
38	19.288 8	20.691 4	22.878 5	24.883 9	27.343 0	31.814 6
39	19.995 8	21.426 1	23.654 3	25.695 4	28.195 8	32.736 9
40	20.706 6	22.164 2	24.433 1	26.509 3	29.050 5	33.660 3
41	21.420 8	22.905 6	25.214 5	27.325 6	29.907 1	34.584 6
42	22.138 4	23.650 1	25.998 7	28.144 0	30.765 4	35.509 9
43	22.859 6	24.397 6	26.785 4	28.964 7	31.625 5	36.436 1
44	23.583 6	25.148 0	27.574 5	29.787 5	32.487 1	37.363 1
45	24.311 0	25.901 2	28.366 2	30.612 3	33.350 4	38.291 0

续表

n	$\alpha=0.25$	$\alpha=0.1$	$\alpha=0.05$	$\alpha=0.025$	$\alpha=0.01$	$\alpha=0.005$
1	1.323 3	2.705 5	3.841 5	5.023 9	6.634 9	7.879 4
2	2.772 6	4.605 2	5.991 5	7.377 8	9.210 4	10.596 5
3	4.108 3	6.251 4	7.814 7	9.348 4	11.344 9	12.838 1
4	5.385 3	7.779 4	9.487 7	11.143 3	13.276 7	14.860 2
5	6.625 7	9.236 3	11.070 5	12.832 5	15.086 3	16.749 6
6	7.840 8	10.644 6	12.591 6	14.449 4	1 6.811 9	18.547 5
7	9.037 1	12.017 0	14.067 1	16.012 8	18.475 3	20.277 7
8	10.218 9	13.361 6	15.507 3	17.534 5	20.090 2	21.954 9
9	11.388 7	14.683 7	16.919 0	19.022 8	21.666 0	23.589 3
10	12.548 9	15.987 2	18.307 0	20.483 2	23.209 3	25.188 1
11	13.700 7	17.275 0	19.675 2	21.920 0	24.725 0	26.756 9
12	14.845 4	18.549 3	21.026 1	23.336 7	26.217 0	28.299 7
13	15.983 9	19.811 9	22.362 0	24.735 6	27.688 2	29.819 3
14	17.116 9	21.064 1	23.684 8	26.118 9	29.141 2	31.319 4
15	18.245 1	22.307 1	24.995 8	27.488 4	30.578 0	32.801 5
16	19.368 9	23.541 8	26.296 2	28.845 3	31.999 9	34.267 1
17	20.488 7	24.769 0	27.587 1	30.191 0	33.408 7	35.718 4
18	21.604 9	25.989 4	28.869 3	31.526 4	34.805 2	37.156 4
19	22.717 8	27.203 6	30.143 5	32.852 3	36.190 8	38.582 1
20	23.827 7	28.412 0	31.410 4	34.169 6	37.566 3	39.996 9
21	24.934 8	29.615 1	32.670 6	35.478 9	38.932 2	41.400 9
22	26.039 3	30.813 3	33.924 5	36.780 7	40.289 4	42.795 7
23	27.141 3	32.006 9	35.172 5	38.075 6	41.638 3	44.181 4
24	28.241 2	33.196 2	36.415 0	39.364 1	42.979 8	45.558 4

续表

n	$\alpha=0.25$	$\alpha=0.1$	$\alpha=0.05$	$\alpha=0.025$	$\alpha=0.01$	$\alpha=0.005$
25	29.338 8	34.3816	37.652 5	40.646 5	44.314 0	46.928 0
26	30.434 6	35.563 2	38.885 1	41.923 1	45.641 6	48.289 8
27	31.528 4	36.741 2	40.113 3	43.194 5	46.962 8	49.645 0
28	32.620 5	37.915 9	41.337 2	44.460 8	48.278 2	50.993 6
29	33.710 9	39.087 5	42.556 9	45.722 3	49.587 8	52.335 5
30	34.799 7	40.256 0	43.773 0	46.979 2	50.892 2	53.671 9
31	35.887 1	41.421 7	44.985 3	48.231 9	52.191 4	55.002 5
32	36.973 0	42.584 7	46.194 2	49.480 4	53.485 7	56.328 0
33	38.057 5	43.745 2	47.399 9	50.725 1	54.775 4	57.648 3
34	39.140 8	44.903 2	48.602 4	51.966 0	56.060 9	58.963 7
35	40.222 8	46.058 8	49.801 8	53.203 3	57.342 0	60.274 6
36	41.303 6	47.212 2	50.998 5	54.437 3	58.619 2	61.581 1
37	42.383 3	48.363 4	52.192 3	55.668 0	59.892 6	62.883 2
38	43.461 9	49.512 6	53.383 5	56.895 5	61.162 0	64.181 2
39	44.539 5	50.659 8	54.572 2	58.120 1	62.428 1	65.475 3
40	45.616 0	51.805 0	55.758 5	59.341 7	63.690 8	66.766 0
41	46.691 6	52.948 5	56.942 4	60.560 6	64.950 0	68.052 6
42	47.766 2	54.090 2	58.124 0	61.776 7	66.206 3	69.336 0
43	48.840 0	55.230 2	59.303 5	62.990 3	67.459 3	70.615 7
44	49.912 9	56.368 5	60.480 9	64.201 4	68.709 6	71.892 3
45	50.984 9	57.505 3	61.656 2	65.410 1	69.956 9	73.166 0

附表5　t 分布表

$$P\{t > t_\alpha(n)\} = \alpha$$

n	$\alpha=0.25$	$\alpha=0.1$	$\alpha=0.05$	$\alpha=0.025$	$\alpha=0.01$	$\alpha=0.005$
1	1.000 0	3.077 7	6.313 8	12.706 2	31.820 5	63.656 7
2	0.816 5	1.885 6	2.920 0	4.302 7	6.964 6	9.924 8
3	0.764 9	1.637 7	2.353 4	3.182 4	4.540 7	5.840 9
4	0.740 7	1.533 2	2.131 8	2.776 4	3.746 9	4.604 1
5	0.726 7	1.475 9	2.015 0	2.570 6	3.364 9	4.032 1
6	0.717 6	1.439 8	1.943 2	2.446 9	3.142 7	3.707 4
7	0.711 1	1.414 9	1.894 6	2.364 6	2.998 0	3.499 5
8	0.706 4	1.396 8	1.859 5	2.306 0	2.896 5	3.355 4
9	0.702 7	1.383 0	1.833 1	2.262 2	2.821 4	3.249 8
10	0.699 8	1.372 2	1.812 5	2.228 1	2.763 8	3.169 3
11	0.697 4	1.363 4	1.795 9	2.201 0	2.718 1	3.105 8
12	0.695 5	1.356 2	1.782 3	2.178 8	2.681 0	3.054 5
13	0.693 8	1.350 2	1.770 9	2.160 4	2.650 3	3.012 3
14	0.692 4	1.345 0	1.761 3	2.144 8	2.624 5	2.976 8
15	0.691 2	1.340 6	1.753 1	2.131 4	2.602 5	2.946 7
16	0.690 1	1.336 8	1.745 9	2.119 9	2.583 5	2.920 8
17	0.689 2	1.333 4	1.739 6	2.109 8	2.566 9	2.898 2
18	0.688 4	1.330 4	1.734 1	2.100 9	2.552 4	2.878 4
19	0.687 6	1.327 7	1.729 1	2.093 0	2.539 5	2.860 9

续表

n	$\alpha=0.25$	$\alpha=0.1$	$\alpha=0.05$	$\alpha=0.025$	$\alpha=0.01$	$\alpha=0.005$
20	0.687 0	1.325 3	1.724 7	2.086 0	2.528 0	2.845 3
21	0.686 4	1.323 2	1.720 7	2.079 6	2.517 6	2.831 4
22	0.685 8	1.321 2	1.717 1	2.073 9	2.508 3	2.818 8
23	0.685 3	1.319 5	1.713 9	2.068 7	2.499 9	2.807 3
24	0.684 8	1.317 8	1.710 9	2.063 9	2.492 2	2.796 9
25	0.684 4	1.316 3	1.708 1	2.059 5	2.485 1	2.787 4
26	0.684 0	1.315 0	1.705 6	2.055 5	2.478 6	2.778 7
27	0.683 7	1.313 7	1.703 3	2.051 8	2.472 7	2.770 7
28	0.683 4	1.312 5	1.701 1	2.048 4	2.467 1	2.763 3
29	0.683 0	1.311 4	1.699 1	2.045 2	2.462 0	2.756 4
30	0.682 8	1.310 4	1.697 3	2.042 3	2.457 3	2.750 0
31	0.682 5	1.309 5	1.695 5	2.039 5	2.452 8	2.744 0
32	0.682 2	1.308 6	1.693 9	2.036 9	2.448 7	2.738 5
33	0.682 0	1.307 7	1.692 4	2.034 5	2.444 8	2.733 3
34	0.681 8	1.307 0	1.690 9	2.032 2	2.441 1	2.728 4
35	0.681 6	1.306 2	1.689 6	2.030 1	2.437 7	2.723 8
36	0.681 4	1.305 5	1.688 3	2.028 1	2.434 5	2.719 5
37	0.681 2	1.304 9	1.687 1	2.026 2	2.431 4	2.715 4
38	0.681 0	1.304 2	1.686 0	2.024 4	2.428 6	2.711 6
39	0.680 8	1.303 6	1.684 9	2.022 7	2.425 8	2.707 9
40	0.680 7	1.303 1	1.683 9	2.021 1	2.423 3	2.704 5
41	0.680 5	1.302 5	1.682 9	2.019 5	2.420 8	2.701 2
42	0.680 4	1.302 0	1.682 0	2.018 1	2.418 5	2.698 1
43	0.680 2	1.301 6	1.681 1	2.016 7	2.416 3	2.695 1
44	0.680 1	1.301 1	1.680 2	2.015 4	2.414 1	2.692 3
45	0.680 0	1.300 6	1.679 4	2.014 1	2.412 1	2.689 6

附表6　F 分布表

$$P\{F > F_{\alpha}(n_1, n_2)\} = \alpha$$

$\alpha = 0.25$

n_2 \ n_1	1	2	3	4	5	6	7	8	9	10	12	15	20	24	30	40	60	120	∞
1	5.83	7.50	8.20	8.58	8.82	8.98	9.10	9.19	9.26	9.32	9.41	9.49	9.58	9.63	9.67	9.71	9.76	9.80	9.85
2	2.57	3.00	3.15	3.23	3.28	3.31	3.34	3.35	3.37	3.38	3.39	3.41	3.43	3.43	3.44	3.45	3.46	3.47	3.48
3	2.02	2.28	2.36	2.39	2.41	2.42	2.43	2.44	2.44	2.44	2.45	2.46	2.46	2.46	2.47	2.47	2.47	2.47	2.47
4	1.81	2.00	2.05	2.06	2.07	2.08	2.08	2.08	2.08	2.08	2.08	2.08	2.08	2.08	2.08	2.08	2.08	2.08	2.08
5	1.69	1.85	1.88	1.89	1.89	1.89	1.89	1.89	1.89	1.89	1.89	1.89	1.88	1.88	1.88	1.88	1.87	1.87	1.87
6	1.62	1.76	1.78	1.79	1.79	1.78	1.78	1.78	1.77	1.77	1.77	1.76	1.76	1.75	1.75	1.75	1.74	1.74	1.74
7	1.57	1.70	1.72	1.72	1.71	1.71	1.70	1.70	1.69	1.69	1.68	1.68	1.67	1.67	1.66	1.66	1.65	1.65	1.65
8	1.54	1.66	1.67	1.66	1.66	1.65	1.64	1.64	1.63	1.63	1.62	1.62	1.61	1.60	1.60	1.59	1.59	1.58	1.58
9	1.51	1.62	1.63	1.63	1.62	1.61	1.60	1.60	1 59	1.59	1.58	1.57	1.56	1.56	1.55	1.54	1.54	1.53	1.53
10	1.49	1.60	1.60	1.59	1.59	1.58	1.57	1.56	1.56	1.55	1.54	1.53	1.52	1.52	1.51	1.51	1.50	1.49	1.48
11	1.47	1.58	1.58	1.57	1.56	1.55	1.54	1.53	1.53	1.52	1.51	1.50	1.49	1.49	1.48	1.47	1.47	1.46	1.45
12	1.46	1.56	1.56	1.55	1.54	1.53	1.52	1.51	1.51	1.50	1.49	1.48	1.47	1.46	1.45	1.45	1.44	1.43	1.42
13	1.45	1.55	1.55	1.53	1.52	1.51	1.50	1.49	1.49	1.48	1.47	1.46	1.45	1.44	1.43	1.42	1.42	1.41	1.40
14	1.44	1.53	1.53	1.52	1.51	1.50	1.49	1.48	1.47	1.46	1.45	1.44	1.43	1.42	1.41	1.41	1.40	1.39	1.38
15	1.43	1.52	1.52	1.51	1.49	1.48	1.47	1.46	1.46	1.45	1.44	1.43	1.41	1.41	1.40	1.39	1.38	1.37	1.36
16	1.42	1.51	1.51	1.50	1.48	1.47	1.46	1.45	1.44	1.44	1.43	1.41	1.40	1.39	1.38	1.37	1.36	1.35	1.34
17	1.42	1.51	1.50	1.49	1.47	1.46	1.45	1.44	1.43	1.43	1.41	1.40	1.39	1.38	1.37	1.36	1.35	1.34	1.33

续表

n_2 \ n_1	1	2	3	4	5	6	7	8	9	10	12	15	20	24	30	40	60	120	∞
18	1.41	1.50	1.49	1.48	1.46	1.45	1.44	1.43	1.42	1.42	1.40	1.39	1.38	1.37	1.36	1.35	1.34	1.33	1.32
19	1.41	1.49	1.49	1.47	1.46	1.44	1.43	1.42	1.41	1.41	1.40	1.38	1.37	1.36	1.35	1.34	1.33	1.32	1.30
20	1.40	1.49	1.48	1.47	1.45	1.44	1.43	1.42	1.41	1.40	1.39	1.37	1.36	1.35	1.34	1.33	1.32	1.31	1.29
21	1.40	1.48	1.48	1.46	1.44	1.43	1.42	1.41	1.40	1.39	1.38	1.37	1.35	1.34	1.33	1.32	1.31	1.30	1.28
22	1.40	1.48	1.47	1.45	1.44	1.42	1.41	1.40	1.39	1.39	1.37	1.36	1.34	1.33	1.32	1.31	1.30	1.29	1.28
23	1.39	1.47	1.47	1.45	1.43	1.42	1.41	1.40	1.39	1.38	1.37	1.35	1.34	1.33	1.32	1.31	1.30	1.28	1.27
24	1.39	1.47	1.46	1.44	1.43	1.41	1.40	1.39	1.38	1.38	1.36	1.35	1.33	1.32	1.31	1.30	1.29	1.28	1.26
25	1.39	1.47	1.46	1.44	1.42	1.41	1.40	1.39	1.38	1.37	1.36	1.34	1.33	1.32	1.31	1.29	1.28	1.27	1.25
26	1.38	1.46	1.45	1.44	1.42	1.41	1.39	1.38	1.37	1.37	1.35	1.34	1.32	1.31	1.30	1.29	1.28	1.26	1.25
27	1.38	1.46	1.45	1.43	1.42	1.40	1.39	1.38	1.37	1.36	1.35	1.33	1.32	1.31	1.30	1.28	1.27	1.26	1.24
28	1.38	1.46	1.45	1.43	1.41	1.40	1.39	1.38	1.37	1.36	1.34	1.33	1.31	1.30	1.29	1.28	1.27	1.25	1.24
29	1.38	1.45	1.45	1.43	1.41	1.40	1.38	1.37	1.36	1.35	1.34	1.32	1.31	1.30	1.29	1.27	1.26	1.25	1.23
30	1.38	1.45	1.44	1.42	1.41	1.39	1.38	1.37	1.36	1.35	1.34	1.32	1.30	1.29	1.28	1.27	1.26	1.24	1.23
35	1.37	1.44	1.43	1.41	1.40	1.38	1.37	1.36	1.35	1.34	1.32	1.31	1.29	1.28	1.27	1.25	1.24	1.22	1.20
40	1.36	1.44	1.42	1.40	1.39	1.37	1.36	1.35	1.34	1.33	1.31	1.30	1.28	1.26	1.25	1.24	1.22	1.21	1.19
50	1.35	1.43	1.41	1.39	1.37	1.36	1.34	1.33	1.32	1.31	1.30	1.28	1.26	1.25	1.23	1.22	1.20	1.19	1.16
60	1.35	1.42	1.41	1.38	1.37	1.35	1.33	1.32	1.31	1.30	1.29	1.27	1.25	1.24	1.22	1.21	1.19	1.17	1.15
80	1.34	1.41	1.40	1.38	1.36	1.34	1.32	1.31	1.30	1.29	1.27	1.26	1.23	1.22	1.21	1.19	1.17	1.15	1.12
120	1.34	1.40	1.39	1.37	1.35	1.33	1.31	1.30	1.29	1.28	1.26	1.24	1.22	1.21	1.19	1.18	1.16	1.13	1.10
∞	1.32	1.39	1.37	1.35	1.33	1.31	1.29	1.28	1.27	1.25	1.24	1.22	1.19	1.18	1.16	1.14	1.12	1.08	1.00

$\alpha=0.10$

n_2 \ n_1	1	2	3	4	5	6	7	8	9	10	12	15	20	24	30	40	60	120	∞
1	39.86	49.50	53.59	55.83	57.24	58.20	58.91	59.44	59.86	60.19	60.71	61.22	61.74	62.00	62.26	62.53	62.79	63.06	63.33
2	8.53	9.00	9.16	9.24	9.29	9.33	9.35	9.37	9.38	9.39	9.41	9.42	9.44	9.45	9.46	9.47	9.47	9.48	9.49
3	0.54	5.46	5.39	0.34	5.31	5.28	5.27	5.25	5.24	5.23	5.22	5.20	5.18	5.18	5.17	5.16	5.15	5.14	5.13
4	4.54	4.32	4.19	4.11	4.05	4.01	3.98	3.95	3.94	3.92	3.90	3.87	3.84	3.83	3.82	3.80	3.79	3.78	3.76
5	4.06	3.78	3.62	3.52	3.45	3.40	3.37	3.34	3.32	3.30	3.27	3.24	3.21	3.19	3.17	3.16	3.14	3.12	3.10
6	3.78	3.46	3.29	3.18	3.11	3.05	3.01	2.98	2.96	2.94	2.90	2.87	2.84	2.82	2.80	2.78	2.76	2.74	2.72
7	3.59	3.26	3.07	2.96	2.88	2.83	2.78	2.75	2.72	2.70	2.67	2.63	2.59	2.58	2.56	2.54	2.51	2.49	2.47
8	3.46	3.11	2.92	2.81	2.73	2.67	2.62	2.59	2.56	2.54	2.50	2.46	2.42	2.40	2.38	2.36	2.34	2.32	2.29
9	3.36	3.01	2.81	2.69	2.61	2.55	2.51	2.47	2.44	2.42	2.38	2.34	2.30	2.28	2.25	2.23	2.21	2.18	2.16
10	3.29	2.92	2.73	2.61	2.52	2.46	2.41	2.38	2.35	2.32	2.28	2.24	2.20	2.18	2.16	2.13	2.11	2.08	2.06
11	3.23	2.86	2.66	2.54	2.45	2.39	2.34	2.30	2.27	2.25	2.21	2.17	2.12	2.10	2.08	2.05	2.03	2.00	1.97
12	3.18	2.81	2.61	2.48	2.39	2.33	2.28	2.24	2.21	2.19	2.15	2.10	2.06	2.04	2.01	1.99	1.96	1.93	1.90
13	3.14	2.76	2.56	2.43	2.35	2.28	2.23	2.20	2.16	2.14	2.10	2.05	2.01	1.98	1.96	1.93	1.90	1.88	1.85
14	3.10	2.73	2.52	2.39	2.31	2.24	2.19	2.15	2.12	2.10	2.05	2.01	1.96	1.94	1.91	1.89	1.86	1.83	1.80
15	3.07	2.70	2.49	2.36	2.27	2.21	2.16	2.12	2.09	2.06	2.02	1.97	1.92	1.90	1.87	1.85	1.82	1.79	1.76
16	3.05	2.67	2.46	2.33	2.24	2.18	2.13	2.09	2.06	2.03	1.99	1.94	1.89	1.87	1.84	1.81	1.78	1.75	1.72
17	3.03	2.64	2.44	2.31	2.22	2.15	2.10	2.06	2.03	2.00	1.96	1.91	1.86	1.84	1.81	1.78	1.75	1.72	1.69
18	3.01	2.62	2.42	2.29	2.20	2.13	2.08	2.04	2.00	1.98	1.93	1.89	1.84	1.81	1.78	1.75	1.72	1.69	1.66
19	2.99	2.61	2.40	2.27	2.18	2.11	2.06	2.02	1.98	1.96	1.91	1.86	1.81	1.79	1.76	1.73	1.70	1.67	1.63
20	2.97	2.59	2.38	2.25	2.16	2.09	2.04	2.00	1.96	1.94	1.89	1.84	1.79	1.77	1.74	1.71	1.68	1.64	1.61
21	2.96	2.57	2.36	2.23	2.14	2.08	2.02	1.98	1.95	1.92	1.87	1.83	1.78	1.75	1.72	1.69	1.66	1.62	1.59
22	2.95	2:56	2.35	2.22	2.13	2.06	2.01	1.97	1.93	1.90	1.86	1.81	1.76	1.73	1.70	1.67	1.64	1.60	1.57
23	2.94	2.55	2.34	2.21	2.11	2.05	1.99	1.95	1.92	1.89	1.84	1.80	1.74	1.72	1.69	1.66	1.62	1.59	1.55

续表

n_2 \ n_1	1	2	3	4	5	6	7	8	9	10	12	15	20	24	30	40	60	120	∞
24	2.93	2.54	2.33	2.19	2.10	2.04	1.98	1.94	1.91	1.88	1.83	1.78	1.73	1.70	1.67	1.64	1.61	1.57	1.53
25	2.92	2.53	2.32	2.18	2.09	2.02	1.97	1.93	1.89	1.87	1.82	1.77	1.72	1.69	1.66	1.63	1.59	1.56	1.52
26	2.91	2.52	2.31	2.17	2.08	2.01	1.96	1.92	1.88	1.86	1.81	1.76	1.71	1.68	1.65	1.61	1.58	1.54	1.50
27	2.90	2.51	2.30	2.17	2.07	2.00	1.95	1.91	1.87	1.85	1.80	1.75	1.70	1.67	1.64	1.60	1.07	1.53	1.49
28	2.89	2.50	2.29	2.16	2.06	2.00	1.94	1.90	1.87	1.84	1.79	1.74	1.69	1.66	1.63	1.59	1.56	1.52	1.48
29	2.89	2.50	2.28	2.15	2.06	1.99	1.93	1.89	1.86	1.83	1.78	1.73	1.68	1.60	1.62	1.58	1.55	1.51	1.47
30	2.88	2.49	2.28	2.14	2.05	1.98	1.93	1.88	1.85	1.82	1.77	1.72	1.67	1.64	1.61	1.57	1.54	1.50	1.46
35	2.85	2.46	2.25	2.11	2.02	1.95	1.90	1.85	1.82	1.79	1.74	1.69	1.63	1.60	1.57	1.53	1.50	1.46	1.41
40	2.84	2.44	2.23	2.09	2.00	1.93	1.87	1.83	1.79	1.76	1.71	1.66	1.61	1.57	1.04	1.51	1.47	1.42	1.38
50	2.81	2.41	2.20	2.06	1.97	1.90	1.84	1.80	1.76	1.73	1.68	1.63	1.57	1.54	1.50	1.46	1.42	1.38	1.33
60	2.79	2.39	2.18	2.04	1.95	1.87	1.82	1.77	1.74	1.71	1.66	1.60	1.54	1.01	1.48	1.44	1.40	1.35	1.29
80	2.77	2.37	2.15	2.02	1.92	1.85	1.79	1.75	1.71	1.68	1.63	1.57	1.51	1.48	1.44	1.40	1.36	1.31	1.24
120	2.75	2.35	2.13	1.99	1.90	1.82	1.77	1.72	1.68	1.65	1.60	1.55	1.48	1.45	1.41	1.37	1.32	1.26	1.19
∞	2.71	2.30	2.08	1.94	1.85	1.77	1.72	1.67	1.63	1 60	1.55	1.49	1.42	1.38	1.34	1.30	1.24	1.17	1.00

$\alpha=0.05$

n_2 \ n_1	1	2	3	4	5	6	7	8	9	10	12	15	20	24	30	40	60	120	∞
1	161.45	199.50	215.71	224.58	230.16	233.99	236.77	238.88	240.54	241.88	243.90	245.95	248.02	249.05	250.10	251.14	252.20	253.25	254.31
2	18.51	19.00	19.16	19.25	19.30	19.33	19.35	19.37	19.38	19.40	19.41	19.43	19.45	19.45	19.46	19.47	19.48	19.49	19.50
3	10.13	9.55	9.28	9.12	9.01	8.94	8.89	8.85	8.81	8.79	8.74	8.70	8.66	8.64	8.62	8.59	8.57	8.55	8.53
4	7.71	6.94	6.59	6.39	6.26	6.16	6.09	6.04	6.00	5.96	5.91	5.86	5.80	5.77	5.75	5.72	5.69	5.66	5.63
5	6.61	5.79	5.41	5.19	5.05	4.95	4.88	4.82	4.77	4.74	4.68	4.62	4.56	4.53	4.50	4.46	4.43	4.40	4 36
6	5.99	5.14	4.76	4.53	4.39	4.28	4.21	4.15	4.10	4.06	4.00	3.94	3.87	3.84	3.81	3.77	3.74	3.70	3.67

续表

n_2 \ n_1	1	2	3	4	5	6	7	8	9	10	12	15	20	24	30	40	60	120	∞
7	5.59	4.74	4.35	4.12	3.97	3.87	3.79	3.73	3.68	3.64	3.57	3.51	3.44	3.41	3.38	3.34	3.30	3.27	3.23
8	5.32	4.46	4.07	3.84	3.69	3.58	3.50	3.44	3.39	3.35	3.28	3.22	3.15	3.12	3.08	3.04	3.01	2.97	2.93
9	5.12	4.26	3.86	3.63	3.48	3.37	3.29	3.23	3.18	3.14	3.07	3.01	2.94	2.90	2.86	2.83	2.79	2.75	2.71
10	4.96	4.10	3.71	3.48	3.33	3.22	3.14	3.07	3.02	2.98	2.91	2.85	2.77	2.74	2.70	2.66	2.62	2.58	2.54
11	4.84	3.98	3.59	3.36	3.20	3.09	3.01	2.95	2.90	2.85	2.79	2.72	2.65	2.61	2.57	2.53	2.49	2.45	2.40
12	4.75	3.89	3.49	3.26	3.11	3.00	2.91	2.85	2.80	2.75	2.69	2.62	2.54	2.51	2.47	2.43	2.38	2.34	2.30
13	4.67	3.81	3.41	3.18	3.03	2.92	2.83	2.77	2.71	2.67	2.60	2.53	2.46	2.42	2.38	2.34	2.30	2.25	2.21
14	4.60	3.74	3.34	3.11	2.96	2.85	2.76	2.70	2.65	2.60	2.53	2.46	2.39	2.35	2.31	2.27	2.22	2.18	2.13
15	4.54	3.68	3.29	3.06	2.90	2.79	2.71	2.64	2.59	2.54	2.48	2.40	2.33	2.29	2.25	2.20	2.16	2.11	2.07
16	4.49	3.63	3.24	3.01	2.85	2.74	2.66	2.59	2.54	2.49	2.42	2.35	2.28	2.24	2.19	2.15	2.11	2.06	2.01
17	4.45	3.59	3.20	2.96	2.81	2.70	2.61	2.55	2.49	2.45	2.38	2.31	2.23	2.19	2.15	2.10	2.06	2.01	1.96
18	4.41	3.55	3.16	2.93	2.77	2.66	2.58	2.51	2.46	2.41	2.34	2.27	2.19	2.15	2.11	2.06	2.02	1.97	1.92
19	4.38	3.52	3.13	2.90	2.74	2.63	2.54	2.48	2.42	2.38	2.31	2.23	2.16	2.11	2.07	2.03	1.98	1.93	1.88
20	4.35	3.49	3.10	2.87	2.71	2.60	2.51	2.45	2.39	2.35	2.28	2.20	2.12	2.08	2.04	1.99	1.95	1.90	1.84
21	4.32	3.47	3.07	2.84	2.68	2.57	2.49	2.42	2.37	2.32	2.25	2.18	2.10	2.05	2.01	1.96	1.92	1.87	1.81
22	4.30	3.44	3.05	2.82	2.66	2.55	2.46	2.40	2.34	2.30	2.23	2.15	2.07	2.03	1.98	1.94	1.89	1.84	1.78
23	4.28	3.42	3.03	2.80	2.64	2.53	2.44	2.37	2.32	2.27	2.20	2.13	2.05	2.01	1.96	1.91	1.86	1.81	1.76
24	4.26	3.40	3.01	2.78	2.62	2.51	2.42	2.36	2.30	2.25	2.18	2.11	2.03	1.98	1.94	1.89	1.84	1.79	1.73
25	4.24	3.39	2.99	2.76	2.60	2.49	2.40	2.34	2.28	2.24	2.16	2.09	2.01	1.96	1.92	1.87	1.82	1.77	1.71
26	4.23	3.37	2.98	2.74	2.59	2.47	2.39	2.32	2.27	2.22	2.15	2.07	1.99	1.95	1.90	1.85	1.80	1.75	1.69
27	4.21	3.35	2.96	2.73	2.57	2.46	2.37	2.31	2.25	2.20	2.13	2.06	1.97	1.93	1.88	1.84	1.79	1.73	1.67
28	4.20	3.34	2.95	2.71	2.56	2.45	2.36	2.29	2.24	2.19	2.12	2.04	1.96	1.91	1.87	1.82	1.77	1.71	1.65
29	4.18	3.33	2.93	2.70	2.55	2.43	2.35	2.28	2.22	2.18	2.10	2.03	1.94	1.90	1.85	1.81	1.75	1.70	1.64

续表

n_2 \ n_1	1	2	3	4	5	6	7	8	9	10	12	15	20	24	30	40	60	120	∞
30	4.17	3.32	2.92	2.69	2.53	2.42	2.33	2.27	2.21	2.16	2.09	2.01	1.93	1.89	1.84	1.79	1.74	1.68	1.62
35	4.12	3.27	2.87	2.64	2.49	2.37	2.29	2.22	2.16	2.11	2.04	1.96	1.88	1.83	1.79	1.74	1.68	1.62	1.56
40	4.08	3.23	2.84	2.61	2.45	2.34	2.25	2.18	2.12	2.08	2.00	1.92	1.84	1.79	1.74	1.69	1.64	1.58	1.51
50	4.03	3.18	2.79	2.56	2.40	2.29	2.20	2.13	2.07	2.03	1.95	1.87	1.78	1.74	1.69	1.63	1.58	1.51	1.44
60	4.00	3.15	2.76	2.53	2.37	2.25	2.17	2.10	2.04	1.99	1.92	1.84	1.75	1.70	1.65	1.59	1.53	1.47	1.39
80	3.96	3.11	2.72	2.49	2.33	2.21	2.13	2.06	2.00	1.95	1.88	1.79	1.70	1.65	1.60	1.54	1.48	1.41	1.32
120	3.92	3.07	2.68	2.45	2.29	2.18	2.09	2.02	1.96	1.91	1.83	1.75	1.66	1.61	1.55	1.50	1.43	1.35	1.25
∞	3.84	3.00	2.60	2.37	2.21	2.10	2.01	1.94	1.88	1.83	1.75	1.67	1.57	1.52	1.46	1.39	1.32	1.22	1.00

$\alpha=0.025$

n_2 \ n_1	1	2	3	4	5	6	7	8	9	10	12	15	20	24	30	40	60	120	∞
1	647.79	799.48	864.15	899.60	921.83	937.11	948.20	956.64	963.28	968.63	976.72	984.87	993.08	997.27	1001.4	1 005.6	1009.8	1014.0	1018.3
2	38.51	39.00	39.17	39.25	39.30	39.33	39.36	39.37	39.39	39.40	39.41	39.43	39.45	39.46	39.46	39.47	39.48	39.49	39.00
3	17.44	16.04	15.44	15.10	14.88	14.73	14.62	14.54	14.47	14.42	14.34	14.25	14.17	14.12	14.08	14.04	13.99	13.95	13.90
4	12.22	10.65	9.98	9.60	9.36	9.20	9.07	8.98	8.90	8.84	8.70	8.66	8.i6	8.51	8.46	8.41	8.36	8.31	8.26
5	10.01	8.43	7.76	7.39	7.15	6.98	6.85	6.76	6.68	6.62	6.52	6.43	6.33	6.28	6.23	6.18	6.12	6.07	6.02
6	8.81	7.26	6.60	6.23	5.99	5.82	5.70	5.60	5.52	5.46	5.37	5.27	5.17	5.12	5.07	5.01	4.96	4.90	4.85
7	8.07	6.54	5.89	5.52	5.29	5.12	4.99	4.90	4.82	4.76	4.67	4.57	4.47	4.41	4.36	4.31	4.25	4.20	4.14
8	7.57	6.06	5.42	5.05	4.82	4.65	4.53	4.43	4.36	4.30	4.20	4.10	4.00	3.95	3.89	3.84	3.78	3.73	3.67
9	7.21	5.71	5.08	4.72	4.48	4.32	4.20	4.10	4.03	3.96	3.87	3.77	3.67	3.61	3.56	3.51	3.45	3.39	3.33
10	6.94	5.46	4.83	4.47	4.24	4.07	3.95	3.85	3.78	3.72	3.62	3.52	3.42	3.37	3.31	3.26	3.20	3.14	3.08
11	6.72	5.26	4.63	4.28	4.04	3.88	3.76	3.66	3.59	3.53	3.43	3.33	3.23	3.17	3.12	3.06	3.00	2.94	2.88
12	6.55	5.10	4.47	4.12	3.89	3.73	3.61	3.51	3.44	3.37	3.28	3.18	3.07	3.02	2.96	2.91	2.85	2.79	2.72

续表

n_2 \ n_1	1	2	3	4	5	6	7	8	9	10	12	15	20	24	30	40	60	120	∞
13	6.41	4.97	4.35	4.00	3.77	3.60	3.48	3.39	3.31	3.25	3.15	3.05	2.95	2.89	2.84	2.78	2.72	2.66	2.60
14	6.30	4.86	4.24	3.89	3.66	3.50	3.38	3.29	3.21	3.15	3.05	2.95	2.84	2.79	2.73	2.67	2.61	2.55	2.49
15	6.20	4.77	4.15	3.80	3.58	3.41	3.29	3.20	3.12	3.06	2.96	2.86	2.76	2.70	2.64	2.59	2.52	2.46	2.40
16	6.12	4.69	4.08	3.73	3.50	3.34	3.22	3.12	3.05	2.99	2.89	2.79	2.68	2.63	2.57	2.51	2.45	2.38	2.32
17	6.04	4.62	4.01	3.66	3.44	3.28	3.16	3.06	2.98	2.92	2.82	2.72	2.62	2.56	2.50	2.44	2.38	2.32	2.25
18	5.98	4.56	3.95	3.61	3.38	3.22	3.10	3.01	2.93	2.87	2.77	2.67	2.56	2.50	2.44	2.38	2.32	2.26	2.19
19	5.92	4.51	3.90	3.56	3.33	3.17	3.05	2.96	2.88	2.82	2.72	2.62	2.51	2.45	2.39	2.33	2.27	2.20	2.13
20	5.87	4.46	3.86	3.51	3.29	3.13	3.01	2.91	2.84	2.77	2.68	2.57	2.46	2.41	2.35	2.29	2.22	2.16	2.09
21	5.83	4.42	3.82	3.48	3.25	3.09	2.97	2.87	2.80	2.73	2.64	2.53	2.42	2.37	2.31	2.25	2.18	2.11	2.04
22	5.79	4.38	3.78	3.44	3.22	3.05	2.93	2.84	2.76	2.70	2.60	2.50	2.39	2.33	2.27	2.21	2.14	2.08	2.00
23	5.75	4.35	3.75	3.41	3.18	3.02	2.90	2.81	2.73	2.67	2.57	2.47	2.36	2.30	2.24	2.18	2.11	2.04	1.97
24	5.72	4.32	3.72	3.38	3.15	2.99	2.87	2.78	2.70	2.64	2.54	2.44	2.33	2.27	2.21	2.15	2.08	2.01	1.94
25	5.69	4.29	3.69	3.35	3.13	2.97	2.85	2.75	2.68	2.61	2.51	2.41	2.30	2.24	2.18	2.12	2.05	1.98	1.91
26	5.66	4.27	3.67	3.33	3.10	2.94	2.82	2.73	2.65	2.59	2.49	2.39	2.28	2.22	2.16	2.09	2.03	1.95	1.88
27	5.63	4.24	3.65	3.31	3.08	2.92	2.80	2.71	2.63	2.57	2.47	2.36	2.25	2.19	2.13	2.07	2.00	1.93	1.85
28	5.61	4.22	3.63	3.29	3.06	2.90	2.78	2.69	2.61	2.55	2.45	2.34	2.23	2.17	2.11	2.05	1.98	1.91	1.83
29	5.59	4.20	3.61	3.27	3.04	2.88	2.76	2.67	2.59	2.53	2.43	2.32	2.21	2.15	2.09	2.03	1.96	1.89	1.81
30	5.57	4.18	3.59	3.25	3.03	2.87	2.75	2.65	2.57	2.51	2.41	2.31	2.20	2.14	2.07	2.01	1.94	1.87	1.79
35	5.48	4.11	3.52	3.18	2.96	2.80	2.68	2.58	2.50	2.44	2.34	2.23	2.12	2.06	2.00	1.93	1.86	1.79	1.70
40	5.42	4.05	3.46	3.13	2.90	2.74	2.62	2.53	2.45	2.39	2.29	2.18	2.07	2.01	1.94	1.88	1.80	1.72	1.64
50	5.34	3.97	3.39	3.05	2.83	2.67	2.55	2.46	2.38	2.32	2.22	2.11	1.99	1.93	1.87	1.80	1.72	1.64	1.55
60	5.29	3.93	3.34	3.01	2.79	2.63	2.51	2.41	2.33	2.27	2.17	2.06	1.94	1.88	1.82	1.74	1.67	1.58	1.48
80	5.22	3.86	3.28	2.95	2.73	2.57	2.45	2.35	2.28	2.21	2.11	2.00	1.88	1.82	1.75	1.68	1.60	1.51	1.40
120	5.15	3.80	3.23	2.89	2.67	2.52	2.39	2.30	2.22	2.16	2.05	1.94	1.82	1.76	1.69	1.61	1.53	1.43	1.31
∞	5.02	3.69	3.12	2.79	2.57	2.41	2.29	2.19	2.11	2.05	1.94	1.83	1.71	1.64	1.57	1.48	1.39	1.27	1.00

$\alpha=0.01$

n_2 \ n_1	1	2	3	4	5	6	7	8	9	10	12	15	20	24	30	40	60	120	∞
1	4 052.2	4 999.3	5 403.5	5 624.3	5 764.0	5 859.0	5 928.3	5 981.0	6 022.4	6 055.9	6 106.7	6 157.0	6 208.7	6 234.3	6 260.4	6 286.4	6 313.0	6 339.5	6 365.6
2	98.50	99.00	99.16	99.25	99.30	99.33	99.36	99.38	99.39	99.40	99.42	99.43	99.45	99.46	99.47	99.48	99.48	99.49	99.50
3	34.12	30.82	29.46	28.71	28.24	27.91	27.67	27.49	27.34	27.23	27.05	26.87	26.69	26.60	26.50	26.41	26.32	26.22	26.13
4	21.20	18.00	16.69	15.98	15.52	15.21	14.98	14.80	14.66	14.55	14.37	14.20	14.02	13.93	13.84	13.75	13.65	13.56	13.46
5	16.26	13.27	12.06	11.39	10.97	10.67	10.46	10.29	10.16	10.05	9.89	9.72	9.55	9.47	9.38	9.29	9.20	9.11	9.02
6	13.75	10.92	9.78	9.15	8.75	8.47	8.26	8.10	7.98	7.87	7.72	7.56	7.40	7.31	7.23	7.14	7.06	6.97	6.88
7	12.25	9.55	8.45	7.85	7.46	7.19	6.99	6.84	6.72	6.62	6.47	6.31	6.16	6.07	5.99	5.91	5.82	5.74	5.65
8	11.26	8.65	7.59	7.01	6.63	6.37	6.18	6.03	5.91	5.81	5.67	5.52	5.36	5.28	5.20	5.12	5.03	4.95	4.86
9	10.56	8.02	6.99	6.42	6.06	5.80	5.61	5.47	5.35	5.26	5.11	4.96	4.81	4.73	4.65	4.57	4.48	4.40	4.31
10	10.04	7.56	6.55	5.99	5.64	5.39	5.20	5.06	4.94	4.85	4.71	4.56	4.41	4.33	4.25	4.17	4.08	4.00	3.91
11	9.65	7.21	6.22	5.67	5.32	5.07	4.89	4.74	4.63	4.54	4.40	4.25	4.10	4.02	3.94	3.86	3.78	3.69	3.60
12	9.33	6.93	5.95	5.41	5.06	4.82	4.64	4.50	4.39	4.30	4.16	4.01	3.86	3.78	3.70	3.62	3.54	3.45	3.36
13	9.07	6.70	5.74	5.21	4.86	4.62	4.44	4.30	4.19	4.10	3.96	3.82	3.66	3.59	3.51	3.43	3.34	3.25	3.17
14	8.86	6.51	5.56	5.04	4.69	4.46	4.28	4.14	4.03	3.94	3.80	3.66	3.51	3.43	3.35	3.27	3.18	3.09	3.00
15	8.68	6.36	5.42	4.89	4.56	4.32	4.14	4.00	3.89	3.80	3.67	3.52	3.37	3.29	3.21	3.13	3.05	2.96	2.87
16	8.53	6.23	5.29	4.77	4.44	4.20	4.03	3.89	3.78	3.69	3.55	3.41	3.26	3.18	3.10	3.02	2.93	2.84	2.75
17	8.40	6.11	5.19	4.67	4.34	4.10	3.93	3.79	3.68	3.59	3.46	3.31	3.16	3.08	3.00	2.92	2.83	2.75	2.65
18	8.29	6.01	5.09	4.58	4.25	4.01	3.84	3.71	3.60	3.51	3.37	3.23	3.08	3.00	2.92	2.84	2.75	2.66	2.57
19	8.18	5.93	5.01	4.50	4.17	3.94	3.77	3.63	3.52	3.43	3.30	3.15	3.00	2.92	2.84	2.76	2.67	2.58	2.49
20	8.10	5.85	4.94	4.43	4.10	3.87	3.70	3.56	3.46	3.37	3.23	3.09	2.94	2.86	2.78	2.69	2.61	2.52	2.42
21	8.02	5.78	4.87	4.37	4.04	3.81	3.64	3.51	3.40	3.31	3.17	3.03	2.88	2.80	2.72	2.64	2.55	2.46	2.36
22	7.95	5.72	4.82	4.31	3.99	3.76	3.59	3.45	3.35	3.26	3.12	2.98	2.83	2.75	2.67	2.58	2.50	2.40	2.31
23	7.88	5.66	4.76	4.26	3.94	3.71	3.54	3.41	3.30	3.21	3.07	2.93	2.78	2.70	2.62	2.54	2.45	2.35	2.26

续表

n_2 \ n_1	1	2	3	4	5	6	7	8	9	10	12	15	20	24	30	40	60	120	∞
24	7.82	5.61	4.72	4.22	3.90	3.67	3.50	3.36	3.26	3.17	3.03	2.89	2.74	2.66	2.58	2.49	2.40	2.31	2.21
25	7.77	5.57	4.68	4.18	3.85	3.63	3.46	3.32	3.22	3.13	2.99	2.85	2.70	2.62	2.54	2.45	2.36	2.27	2.17
26	7.72	5.53	4.64	4.14	3.82	3.59	3.42	3.29	3.18	3.09	2.96	2.81	2.66	2.58	2.50	2.42	2.33	2.23	2.13
27	7.68	5.49	4.60	4.11	3.78	3.56	3.39	3.26	3.15	3.06	2.93	2.78	2.63	2.55	2.47	2.38	2.29	2.20	2.10
28	7.64	5.45	4.57	4.07	3.75	3.53	3.36	3.23	3.12	3.03	2.90	2.75	2.60	2.52	2.44	2.35	2.26	2.17	2.06
29	7.60	5.42	4.54	4.04	3.73	3.50	3.33	3.20	3.09	3.00	2.87	2.73	2.57	2.49	2.41	2.33	2.23	2.14	2.03
30	7.56	5.39	4.51	4.02	3.70	3.47	3.30	3.17	3.07	2.98	2.84	2.70	2.55	2.47	2.39	2.30	2.21	2.11	2.01
35	7.42	5.27	4.40	3.91	3.59	3.37	3.20	3.07	2.96	2.88	2.74	2.60	2.44	2.36	2.28	2.19	2.10	2.00	1.89
40	7.31	5.18	4.31	3.83	3.51	3.29	3.12	2.99	2.89	2.80	2.66	2.52	2.37	2.29	2.20	2.11	2.02	1.92	1.80
50	7.17	5.06	4.20	3.72	3.41	3.19	3.02	2.89	2.78	2.70	2.56	2.42	2.27	2.18	2.10	2.01	1.91	1.80	1.68
60	7.08	4.98	4.13	3.65	3.34	3.12	2.95	2.82	2.72	2.63	2.50	2.35	2.20	2.12	2.03	1.94	1.84	1.73	1.60
80	6.96	4.88	4.04	3.56	3.26	3.04	2.87	2.74	2.64	2.55	2.42	2.27	2.12	2.03	1.94	1.85	1.75	1.63	1.49
120	6.85	4.79	3.95	3.48	3.17	2.96	2.79	2.66	2.56	2.47	2.34	2.19	2.03	1.95	1.86	1.76	1.66	1.53	1.38
∞	6.63	4.61	3.78	3.32	3.02	2.80	2.64	2.51	2.41	2.32	2.18	2.04	1.88	1.79	1.70	1.59	1.47	1.32	1.00

$\alpha=0.005$

n_2 \ n_1	1	2	3	4	5	6	7	8	9	10	12	15	20	24	30	40	60	120	∞
1	16 212	19 997	21 614	22 001	23 056	23 440	23 715	23 924	24 091	24 222	24 427	24 632	24 837	24 937	25 041	25 146	25 254	25 358	25 466
2	198.5	199.0	199.2	199.2	199.3	199.3	199.4	199.4	199.4	199.4	199.4	199.4	199.4	199.4	199.5	199.5	199.5	199.5	199.5
3	55.55	49.80	47.47	46.20	45.39	44.84	44.43	44.13	43.88	43.68	43.39	43.08	42.78	42.62	42.47	42.31	42.15	41.99	41.83
4	31.33	26.28	24.26	23.15	22.46	21.98	21.62	21.35	21.14	20.97	20.70	20.44	20.17	20.03	19.89	19.75	19.61	19.47	19.32
5	22.78	18.31	16.53	15.56	14.94	14.51	14.20	13.96	13.77	13.62	13.38	13.15	12.90	12.78	12.66	12.53	12.40	12.27	12.14
6	18.63	14.54	12.92	12.03	11.46	11.07	10.79	10.57	10.39	10.25	10.03	9.81	9.59	9.47	9.36	9.24	9.12	9.00	8.88

续表

n_2 \ n_1	1	2	3	4	5	6	7	8	9	10	12	15	20	24	30	40	60	120	∞
7	16.24	12.40	10.88	10.05	9.52	9.16	8.89	8.68	8.51	8.38	8.18	7.97	7.75	7.64	7.53	7.42	7.31	7.19	7.08
8	14.69	11.04	9.60	8.81	8.30	7.95	7.69	7.50	7.34	7.21	7.01	6.81	6.61	6.50	6.40	6.29	6.18	6.06	5.95
9	13.61	10.11	8.72	7.96	7.47	7.13	6.88	6.69	6.54	6.42	6.23	6.03	5.83	5.73	5.62	5.52	5.41	5.30	5.19
10	12.83	9.43	8.08	7.34	6.87	6.54	6.30	6.12	5.97	5.85	5.66	5.47	5.27	5.17	5.07	4.97	4.86	4.75	4.64
11	12.23	8.91	7.60	6.88	6.42	6.10	5.86	5.68	5.54	5.42	5.24	5.05	4.86	4.76	4.65	4.55	4.45	4.34	4.23
12	11.75	8.51	7.23	6.52	6.07	5.76	5.52	5.35	5.20	5.09	4.91	4.72	4.53	4.43	4.33	4.23	4.12	4.01	3.90
13	11.37	8.19	6.93	6.23	5.79	5.48	5.25	5.08	4.94	4.82	4.64	4.46	4.27	4.17	4.07	3.97	3.87	3.76	3.65
14	11.06	7.92	6.68	6.00	5.56	5.26	5.03	4.86	4.72	4.60	4.43	4.25	4.06	3.96	3.86	3.76	3.66	3.55	3.44
15	10.80	7.70	6.48	5.80	5.37	5.07	4.85	4.67	4.54	4.42	4.25	4.07	3.88	3.79	3.69	3.59	3.48	3.37	3.26
16	10.58	7.51	6.30	5.64	5.21	4.91	4.69	4.52	4.38	4.27	4.10	3.92	3.73	3.64	3.54	3.44	3.33	3.22	3.11
17	10.38	7.35	6.16	5.50	5.07	4.78	4.56	4.39	4.25	4.14	3.97	3.79	3.61	3.51	3.41	3.31	3.21	3.10	2.98
18	10.22	7.21	6.03	5.37	4.96	4.66	4.44	4.28	4.14	4.03	3.86	3.68	3.50	3.40	3.30	3.20	3.10	2.99	2.87
19	10.07	7.09	5.92	5.27	4.85	4.56	4.34	4.18	4.04	3.93	3.76	3.59	3.40	3.31	3.21	3.11	3.00	2.89	2.78
20	9.94	6.99	5.82	5.17	4.76	4.47	4.26	4.09	3.96	3.85	3.68	3.50	3.32	3.22	3.12	3.02	2.92	2.81	2.69
21	9.83	6.89	5.73	5.09	4.68	4.39	4.18	4.01	3.88	3.77	3.60	3.43	3.24	3.15	3.05	2.95	2.84	2.73	2.61
22	9.73	6.81	5.65	5.02	4.61	4.32	4.11	3.94	3.81	3.70	3.54	3.36	3.18	3.08	2.98	2.88	2.77	2.66	2.55
23	9.63	6.73	5.58	4.95	4.54	4.26	4.05	3.88	3.75	3.64	3.47	3.30	3.12	3.02	2.92	2.82	2.71	2.60	2.48
24	9.55	6.66	5.52	4.89	4.49	4.20	3.99	3.83	3.69	3.59	3.42	3.25	3.06	2.97	2.87	2.77	2.66	2.55	2.43
25	9.48	6.60	5.46	4.84	4.43	4.15	3.94	3.78	3.64	3.54	3.37	3.20	3.01	2.92	2.82	2.72	2.61	2.50	2.38
26	9.41	6.54	5.41	4.79	4.38	4.10	3.89	3.73	3.60	3.49	3.33	3.15	2.97	2.87	2.77	2.67	2.56	2.45	2.33
27	9.34	6.49	5.36	4.74	4.34	4.06	3.85	3.69	3.56	3.45	3.28	3.11	2.93	2.83	2.73	2.63	2.52	2.41	2.29
28	9.28	6.44	5.32	4.70	4.30	4.02	3.81	3.65	3.52	3.41	3.25	3.07	2.89	2.79	2.69	2.59	2.48	2.37	2.25
29	9.23	6.40	5.28	4.66	4.26	3.98	3.77	3.61	3.48	3.38	3.21	3.04	2.86	2.76	2.66	2.56	2.45	2.33	2.21

续表

n_2 \ n_1	1	2	3	4	5	6	7	8	9	10	12	15	20	24	30	40	60	120	∞
30	9.18	6.35	5.24	4.62	4.23	3.95	3.74	3.58	3.45	3.34	3.18	3.01	2.82	2.73	2.63	2.52	2.42	2.30	2.18
35	8.98	6.19	5.09	4.48	4.09	3.81	3.61	3.45	3.32	3.21	3.05	2.88	2.69	2.60	2.50	2.39	2.28	2.16	2.04
40	8.83	6.07	4.98	4.37	3.99	3.71	3.51	3.35	3.22	3.12	2.95	2.78	2.60	2.50	2.40	2.30	2.18	2.06	1.93
50	8.63	5.90	4.83	4.23	3.85	3.58	3.38	3.22	3.09	2.99	2.82	2.65	2.47	2.37	2.27	2.16	2.05	1.93	1.79
60	8.49	5.79	4.73	4.14	3.76	3.49	3.29	3.13	3.01	2.90	2.74	2.57	2.39	2.29	2.19	2.08	1.96	1.83	1.69
80	8.33	5.67	4.61	4.03	3.65	3.39	3.19	3.03	2.91	2.80	2.64	2.47	2.29	2.19	2.08	1.97	1.85	1.72	1.56
120	8.18	5.54	4.50	3.92	3.55	3.28	3.09	2.93	2.81	2.71	2.54	2.37	2.19	2.09	1.98	1.87	1.75	1.61	1.43
∞	7.88	5.30	4.28	3.72	3.35	3.09	2.90	2.74	2.62	2.52	2.36	2.19	2.00	1.90	1.79	1.67	1.53	1.36	1.00

$\alpha=0.001$

n_2 \ n_1	1	2	3	4	5	6	7	8	9	10	12	15	20	24	30	40	60	120	∞
1	405 312	499 725	540 257	562 668	576 496	586 033	593 185	597 954	602 245	605 583	610 352	616 074	620 842	623 703	626 087	628 471	631 332	634 193	636 578
2	998.4	998.8	999.3	999.3	999.3	999.3	999.3	999.3	999.3	999.3	999.3	999.3	999.3	999.3	999.3	999.3	999.3	999.3	999.3
3	167.1	148.5	141.1	137.1	134.6	132.8	131.6	130.6	129.9	129.2	128.3	127.4	126.4	125.9	125.4	125.0	124.4	124.0	123.5
4	74.13	61.25	56.17	53.43	51.72	50.52	49.65	49.00	48.47	48.05	47.41	46.76	46.10	45.77	45.43	45.08	44.75	44.40	44.05
5	47.18	37.12	33.20	31.08	29.75	28.83	28.17	27.65	27.24	26.91	26.42	25.91	25.39	25.13	24.87	24.60	24.33	24.06	23.79
6	35.51	27.00	23.71	21.92	20.80	20.03	19.46	19.03	18.69	18.41	17.99	17.56	17.12	16.90	16.67	16.44	16.21	15.98	15.75
7	29.25	21.69	18.77	17.20	16.21	15.52	15.02	14.63	14.33	14.08	13.71	13.32	12.93	12.73	12.53	12.33	12.12	11.91	11.70
8	25.41	18.49	15.83	14.39	13.48	12.86	12.40	12.05	11.77	11.54	11.19	10.84	10.48	10.30	10.11	9.92	9.73	9.53	9.33
9	22.86	16.39	13.90	12.56	11.71	11.13	10.70	10.37	10.11	9.89	9.57	9.24	8.90	8.72	8.55	8.37	8.19	8.00	7.81
10	21.04	14.90	12.55	11.28	10.48	9.93	9.52	9.20	8.96	8.75	8.45	8.13	7.80	7.64	7.47	7.30	7.12	6.94	6.76
11	19.69	13.81	11.56	10.35	9.58	9.05	8.65	8.35	8.12	7.92	7.63	7.32	7.01	6.85	6.68	6.52	6.35	6.18	6.00
12	18.64	12.97	10.80	9.63	8.89	8.38	8.00	7.71	7.48	7.29	7.00	6.71	6.40	6.25	6.09	5.93	5.76	5.59	5.42

续表

n_2 \ n_1	1	2	3	4	5	6	7	8	9	10	12	15	20	24	30	40	60	120	∞
13	17.82	12.31	10.21	9.07	8.35	7.86	7.49	7.21	6.98	6.80	6.52	6.23	5.93	5.78	5.63	5.47	5.30	5.14	4.97
14	17.14	11.78	9.73	8.62	7.92	7.44	7.08	6.80	6.58	6.40	6.13	5.85	5.56	5.41	5.25	5.10	4.94	4.77	4.60
15	16.59	11.34	9.34	8.25	7.57	7.09	6.74	6.47	6.26	6.08	5.81	5.54	5.25	5.10	4.95	4.80	4.64	4.48	4.31
16	16.12	10.97	9.01	7.94	7.27	6.80	6.46	6.20	5.98	5.81	5.55	5.27	4.99	4.85	4.70	4.54	4.39	4.23	4.06
17	15.72	10.66	8.73	7.68	7.02	6.56	6.22	5.96	5.75	5.58	5.32	5.05	4.78	4.63	4.48	4.33	4.18	4.02	3.85
18	15.38	10.39	8.49	7.46	6.81	6.35	6.02	5.76	5.56	5.39	5.13	4.87	4.59	4.45	4.30	4.15	4.00	3.84	3.67
19	15.08	10.16	8.28	7.27	6.62	6.18	5.85	5.59	5.39	5.22	4.97	4.70	4.43	4.29	4.14	3.99	3.84	3.68	3.51
20	14.82	9.95	8.10	7.10	6.46	6.02	5.69	5.44	5.24	5.08	4.82	4.56	4.29	4.15	4.00	3.86	3.70	3.54	3.38
21	14.59	9.77	7.94	6.95	6.32	5.88	5.56	5.31	5.11	4.95	4.70	4.44	4.17	4.03	3.88	3.74	3.58	3.42	3.26
22	14.38	9.61	7.80	6.81	6.19	5.76	5.44	5.19	4.99	4.83	4.58	4.33	4.06	3.92	3.78	3.63	3.48	3.32	3.15
23	14.20	9.47	7.67	6.70	6.08	5.65	5.33	5.09	4.89	4.73	4.48	4.23	3.96	3.82	3.68	3.53	3.38	3.22	3.05
24	14.03	9.34	7.55	6.59	5.98	5.55	5.24	4.99	4.80	4.64	4.39	4.14	3.87	3.74	3.59	3.45	3.29	3.14	2.97
25	13.88	9.22	7.45	6.49	5.89	5.46	5.15	4.91	4.71	4.56	4.31	4.06	3.79	3.66	3.52	3.37	3.22	3.06	2.89
26	13.74	9.12	7.36	6.41	5.80	5.38	5.07	4.83	4.64	4.48	4.24	3.99	3.72	3.59	3.44	3.30	3.15	2.99	2.82
27	13.61	9.02	7.27	6.33	5.73	5.31	5.00	4.76	4.57	4.41	4.17	3.92	3.66	3.52	3.38	3.23	3.08	2.92	2.75
28	13.50	8.93	7.19	6.25	5.66	5.24	4.93	4.69	4.50	4.35	4.11	3.86	3.60	3.46	3.32	3.18	3.02	2.86	2.69
29	13.39	8.85	7.12	6.19	5.59	5.18	4.87	4.64	4.45	4.29	4.05	3.80	3.54	3.41	3.27	3.12	2.97	2.81	2.64
30	13.29	8.77	7.05	6.12	5.53	5.12	4.82	4.58	4.39	4.24	4.00	3.75	3.49	3.36	3.22	3.07	2.92	2.76	2.59
35	12.90	8.47	6.79	5.88	5.30	4.89	4.59	4.36	4.18	4.03	3.79	3.55	3.29	3.16	3.02	2.87	2.72	2.56	2.38
40	12.61	8.25	6.59	5.70	0.13	4.73	4.44	4.21	4.02	3.87	3.64	3.40	3.15	3.01	2.87	2.73	2.57	2.41	2.23
50	12.22	7.96	6.34	5.46	4.90	4.51	4.22	4.00	3.82	3.67	3.44	3.20	2.95	2.82	2.68	2.53	2.38	2.21	2.03
60	11.97	7.77	6.17	5.31	4.76	4.37	4.09	3.86	3.69	3.54	3.32	3.08	2.83	2.69	2.55	2.41	2.25	2.08	1.89
80	11.67	7.54	5.97	5.12	4.58	4.20	3.92	3.70	3.53	3.39	3.16	2.93	2.68	2.54	2.41	2.26	2.10	1.92	1.72
120	11.38	7.32	5.78	4.95	4.42	4.04	3.77	3.55	3.38	3.24	3.02	2.78	2.53	2.40	2.26	2.11	1.95	1.77	1.54
∞	10.83	6.91	5.42	4.62	4.10	3.74	3.47	3.27	3.10	2.96	2.74	2.51	2.27	2.13	1.99	1.84	1.66	1.45	1.00

附表 7　相关系数检验表

$$P\{|r|>r_{\alpha}\}=\alpha$$

$n-2$	$\alpha=0.25$	$\alpha=0.1$	$\alpha=0.05$	$\alpha=0.025$	$\alpha=0.01$	$\alpha=0.005$
1	0.923 9	0.987 7	0.996 9	0.999 2	0.999 9	1.000 0
2	0.750 0	0.900 0	0.950 0	0.975 0	0.990 0	0.995 0
3	0.634 7	0.805 4	0.878 3	0.923 7	0.958 7	0.974 0
4	0.557 9	0.729 3	0.811 4	0.868 0	0.917 2	0.941 7
5	0.502 9	0.669 4	0.754 5	0.816 6	0.874 5	0.905 6
6	0.461 2	0.621 5	0.706 7	0.771 3	0.834 3	0.869 7
7	0.428 4	0.582 2	0.666 4	0.731 8	0.797 7	0.835 9
8	0.401 6	0.549 4	0.631 9	0.697 3	0.764 6	0.804 6
9	0.379 3	0.521 4	0.602 1	0.666 9	0.734 8	0.775 9
10	0.360 3	0.497 3	0.576 0	0.640 0	0.707 9	0.749 6
11	0.343 8	0.476 2	0.552 9	0.615 9	0.683 5	0.725 5
12	0.329 5	0.457 5	0.532 4	0.594 3	0.661 4	0.703 4
13	0.316 8	0.440 9	0.514 0	0.574 8	0.641 1	0.683 1
14	0.305 4	0.425 9	0.497 3	0.557 0	0.622 6	0.664 3
15	0.295 2	0.412 4	0.482 1	0.540 8	0.605 5	0.647 0
16	0.286 0	0.400 0	0.468 3	0.525 8	0.589 7	0.630 8
17	0.277 5	0.388 7	0.455 5	0.512 1	0.575 1	0.615 8
18	0.269 8	0.378 3	0.443 8	0.499 3	0.561 4	0.601 8
19	0.262 7	0.368 7	0.432 9	0.487 5	0.548 7	0.588 6

续表

$n-2$	$\alpha=0.25$	$\alpha=0.1$	$\alpha=0.05$	$\alpha=0.025$	$\alpha=0.01$	$\alpha=0.005$
20	0.256 1	0.359 8	0.422 7	0.476 4	0.536 8	0.576 3
21	0.250 0	0.351 5	0.413 2	0.466 0	0.525 6	0.564 7
22	0.244 3	0.343 8	0.404 4	0.456 3	0.515 1	0.553 7
23	0.239 0	0.336 5	0.396 1	0.447 2	0.505 2	0.543 4
24	0.234 0	0.329 7	0.388 2	0.438 6	0.495 8	0.533 6
25	0.229 3	0.323 3	0.380 9	0.430 5	0.486 9	0.524 3
26	0.224 8	0.317 2	0.373 9	0.422 8	0.478 5	0.515 4
27	0.220 7	0.311 5	0.367 3	0.415 5	0.470 5	0.507 0
28	0.216 7	0.306 1	0.361 0	0.408 5	0.462 9	0.499 0
29	0.213 0	0.300 9	0.355 0	0.401 9	0.455 6	0.491 4
30	0.209 4	0.296 0	0.349 4	0.395 6	0.448 7	0.484 0
35	0.194 0	0.274 6	0.324 6	0.368 1	0.418 2	0.451 8
40	0.181 5	0.257 3	0.304 4	0.345 6	0.393 2	0.425 2
45	0.171 2	0.242 9	0.287 6	0.326 7	0.372 1	0.402 8
50	0.162 4	0.230 6	0.273 2	0.310 6	0.354 2	0.383 6
60	0.148 3	0.210 8	0.250 0	0.284 5	0.324 8	0.352 2
70	0.137 3	0.195 4	0.231 9	0.264 1	0.301 7	0.327 4
80	0.128 5	0.182 9	0.217 2	0.247 5	0.283 0	0.307 2
90	0.121 1	0.172 6	0.205 0	0.233 6	0.267 3	0.290 3
100	0.114 9	0.163 8	0.194 6	0.221 9	0.254 0	0.275 9
150	0.093 9	0.133 9	0.159 3	0.181 8	0.208 3	0.226 6
200	0.081 3	0.116 1	0.138 1	0.157 7	0.180 9	0.196 8